高等学校机械基础系列课程

材料成形技术基础

主　编　何红媛　周一丹

副主编　黄明宇　李集仁

编　者　何红媛　周一丹　黄明宇　李集仁　万晓峰

主　审　张远明

U0254503

东 南 大 学 出 版 社

·南京·

内 容 摘 要

本教材根据"教育部高等学校机械基础课程教学指导分委员会"于 2012 年颁布的《高等学校机械基础系列课程现状调查分析报告暨机械基础系列课程教学基本要求》,并吸取了多年课程改革成果与实践经验编写而成的。教材的主要内容为工程材料的成形技术,包括铸造、锻压、焊接、粉末冶金、非金属材料及其成形技术和材料成形方法的选择等内容。几乎涵盖了机械制造生产工程中除切削加工成形以外的工程材料成形方法和工艺。

本教材可供机械工程、机械设计制造及自动化专业使用,也可供其他机械类专业和近机类专业选用以及有关工程技术人员参考。

图书在版编目(CIP)数据

材料成形技术基础/何红媛,周一丹主编．—南京:
东南大学出版社,2015.1(2023.7 重印)
高等学校机械基础系列课程/张远明主编
ISBN 978-7-5641-5349-6

Ⅰ.①材… Ⅱ.①何… ②周… Ⅲ.①工程材料—成型—高等学校—教材 Ⅳ.①TB3

中国版本图书馆 CIP 数据核字(2014)第 273739 号

材料成形技术基础

出版发行	东南大学出版社	
社　　址	南京市四牌楼 2 号　邮编　210096	
出 版 人	白云飞	
责任编辑	施　恩	
网　　址	http://www.seupress.com	
电子邮箱	press@ seupress.com	
经　　销	全国各地新华书店	
印　　刷	广东虎彩云印刷有限公司	
版　　次	2015 年 1 月第 1 版　2023 年 7 月第 4 次印刷	
开　　本	787 mm×1 092 mm　1/16	
印　　张	16.25	
字　　数	416 千	
书　　号	ISBN 978-7-5641-5349-6	
定　　价	40.00 元	

本社图书若有印装质量问题,请直接与营销部联系。电话(传真):025-83791830

前　言

本教材编写的主要依据是教育部高等学校机械基础课程教学指导分委员会于 2012 年颁布的《高等学校机械基础系列课程现状调查分析报告暨机械基础系列课程教学基本要求》，并吸取了多年课程改革成果与实践经验。教材的主要内容为工程材料的成形技术，包括铸造、锻压、焊接、粉末冶金、非金属材料及其成形技术和材料成形方法的选择等内容，几乎涵盖了机械制造生产工程中除切削加工成形以外的工程材料成形方法和工艺。

教材在结构设计上将工程材料与成形技术加以融汇和交叉。先修课程"工程材料"的一些基本知识点在本教材中仅仅作为贯穿课程体系的连接点，对这些知识点尽量做到内容以够用为度而不做深入、详细的阐述，各章以基础知识、成形方法、成形工艺、结构工艺性、新技术或新进展为框架，重点内容落在成形方法，注重介绍当前成形技术的新工艺、新技术、新进展，以培养学生对高新技术的研发兴趣，开拓学生的创新潜力。

教材在编写思想上着力体现精彩中见朴实、简单中见创新、平淡中见功夫。力求通俗易懂，便于自学。本教材中名词、概念和计量单位都采用国家新的标准与计量单位。

本教材可供机械工程、机械设计制造及自动化专业使用，也可供其他机械类专业和近机类专业选用以及有关工程技术人员参考。

本教材主要内容共 6 章：第 1 章为铸造，第 2 章为锻压，第 3 章为焊接，第 4 章为粉末冶金，第 5 章为非金属材料及其成形技术，第 6 章为材料成形方法的选择。

参加本教材编写的有东南大学何红媛(绪论、第 5 章)，南通大学周一丹(第 6 章)，南通大学黄明宇(第 3 章)，东南大学李集仁(第 2 章、第 4 章)，南通大学万晓峰(第 1 章)，由张远明主审。

由于编者水平所限，书中难免有错误和不妥之处，敬请读者批评指正。

编　者

目　录

0 绪 论

　　材料是用来制造机器零件、构件和其他可供使用物质的总称。

　　材料是人类生产和生活的物质基础。材料的发展推动人类社会的进步,人类从最早使用的石器材料发展到如今文明社会大量使用的各类合金材料、非金属材料及复合材料便能充分说明这一点。而人类社会的进步又促进材料的发展。人类物质生活水平的提高和生产技术的发展是人类社会进步的重要标志,同时,人类进一步认识自然世界和改造自然世界的欲望更加强烈,发展生产、改善生活成为人类最基本的实践活动。在认识世界和改造世界的漫长岁月里,人类凭借自己的聪明才智,相继研制和开发了各种新材料、新工艺,促进了材料的发展。

　　20世纪70年代人们把信息、材料和能源誉为当代文明的三大支柱。80年代以高技术群为代表的新技术革命,又把新材料、信息技术和生物技术并列为新技术革命的重要标志。材料除了具有重要性和普遍性以外,还具有多样性。由于其多种多样,分类方法也就没有一个统一标准。按化学组成分,材料可分为金属材料、无机非金属材料、有机非金属材料和复合材料。按用途来分,又可分为电子材料、航空航天材料、核材料、建筑材料、能源材料、生物材料等。若按用途来分,还可以分为结构材料与功能材料;传统材料与新型材料。结构材料主要是利用材料的力学性能,常用以制造受力构件;功能材料则主要是利用材料的物理、化学性质或生物功能等。传统材料是指在工业中已批量生产并大量应用的成熟材料,如钢铁、水泥、塑料、橡胶等。这类材料由于其应用范围广泛、生产批量大、生产效率高、产值高,且又是很多支柱产业的基础,所以又称为基础材料。新型材料又称先进材料,是指那些正在发展,且具有优异性能和应用前景的一类材料,如:集成电路材料、信息储存材料、光导纤维与光通信材料、敏感材料、超导材料、太阳能电池材料、储氢材料、生态环境材料、生物材料、智能材料等。当然,新型材料与传统材料之间并没有明显的界限,传统材料通过采用新技术,提高技术含量,提高性能,大幅度增加附加值而成为新型材料;新材料在经过长期生产与应用之后也就成为传统材料。传统材料是发展新材料和高技术的基础,而新型材料又往往能推动传统材料的进一步发展。目前,材料的发展趋势可以归纳为以下几个方面:①从均质材料向复合材料发展;②由结构材料为主向功能材料、多功能材料并重的方向发展;③材料结构的尺度向越来越小的方向发展,如组成材料的颗粒尺寸向微米(100万分之一米)级发展的材料,由于颗粒极度细化,使有些性能发生了截然不同的变化,比如以前给人以极脆印象的陶瓷,居然可以用来制造发动机零件;④由被动性材料向具有主动性的智能材料方向发展;⑤通过仿生途径来发展新材料。

　　材料只有经过各种不同的成形方法加工,使其成为毛坯或制品后,才具有使用价值。合理的成形工艺,先进的成形技术才能使材料成为所需的毛坯或制品。随着人类社会的进步,生产力的发展,材料的成形技术也经历了从简单的手工操作到如今复杂的、大型化的、智能化和机械化生产的发展过程。我国古代劳动人民对材料及其成形技术的研究远远超过同时代的欧洲,直到 17 世纪,我国还一直处于世界领先地位,为世界文明和人类进步作出了巨大贡献。

我国祖先最早用火烧制陶器和瓷器,五代时期我国陶瓷技术已登峰造极,当时生产的瓷器被誉为"青如天、明如镜、薄如纸、声如磬"。瓷器已成为中国文化的象征。

我国的铸造技术和锻造技术闻名于世,1939 年在河南安阳出土的商代晚期(至今已有 3 000 多年)青铜器司母戊鼎重达 875 kg,体积庞大,花纹精巧。1965 年在湖北江陵县楚墓中出土的越王勾践青铜宝剑,虽然埋在地下已有 2 000 多年,但其刃口锋利异常,当试验者握剑轻轻一挥,竟把叠在一起的十九层白纸截断。

我国的焊接技术也有着悠久的历史,在河南辉县战国墓中,殉葬铜器的耳和足是用钎焊方法与本体连接的,这比欧洲国家应用钎焊技术还早 2 000 多年。

我国还是最早使用胶粘剂的国家之一,在陕西临潼秦始皇陵二号出土的两乘大型彩绘铜车马,每乘各有一车四马,由一名御官俑驾驭,其材料以青铜为主,并配以金银饰品。造型逼真的铜马和装饰华丽的铜车,反映了秦朝时期我国祖先精湛的冶铸技术,而金银饰品之间连接是用无机胶粘剂胶接的,说明了早在 2 000 多年前,我们的祖先已掌握了无机胶接技术。

我国明朝科学家宋应星编著的《天工开物》一书中记载了冶铁、炼钢、铸钟、锻铁、淬火等各种金属的加工方法,它是世界上有关金属加工工艺最早的科学著作之一。

我们的祖先在材料及其成形技术方面有过辉煌的成就,但是在新中国成立前的近百年,由于长期的封建统治,尤其是外国侵略者的掠夺和剥削,使我国的科学技术处于落后状态。新中国成立后,我国的工农业生产和科学技术得到了迅速发展,特别是党的十一届三中全会以来,在改革开放正确路线指引下,广大科技工作者努力攀登世界科学技术高峰,使我国科学技术领域内的各个方面都取得了举世瞩目的伟大成就。如与材料及其成形技术有着密切联系的卫星技术,我国自 1999 年 11 月 6 日首次成功发射"神舟"1 号飞船以来,已先后 8 次将神舟系列飞船送上太空,并从"神舟 5 号"开始完成载人飞行。我国已成为世界上具有此项先进技术的少数几个国家之一,处于世界领先水平。

"材料成形技术基础"是高等院校机械类专业必修的一门综合性的技术基础课。本课程主要涉及工程材料的成形技术,其内容包括:金属材料的铸造、锻压、焊接、粉末冶金、高分子材料的成形、陶瓷的成形、复合材料的成形等。其基本要求是:学生在先修课程"工程材料"和"金工实习"的基础上,通过本课程的学习,能够根据不同材料的使用性能特点和工艺性能特点,根据各种毛坯或制品的成形方法、成形原理及其成形的工艺特点,具有正确选择成形方法和制定工艺及参数的初步能力;具有综合运用工艺知识分析零件结构工艺性的初步能力;了解有关新材料、新工艺、新技术及其发展趋势。为学习其他有关课程及以后从事机械设计与制造方面的工作,奠定必要的基础。

"材料成形技术基础"是一门内容广泛,技术性和实践性较强的课程,建议安排在"工程材料"和"金工实习"课以后讲授,要尽可能利用现代化教学手段(多媒体教学、网络视频教学等)以提高学生的感性认识。教学形式应多样化,可通过课堂讨论或实验,加深学生对课程内容的理解,应把学生素质和能力的培养贯穿于整个讲课过程中。努力使本课程的教学达到上述的基本要求。

1 铸造

铸造是液态金属成形的一种方法,铸造过程是将熔化后的金属液在重力或外力(压力、离心力、电磁力等)的作用下浇入到具有一定形状和尺寸的铸型型腔中,待凝固、冷却后形成具有型腔形状的金属制品的成形过程。所铸出的金属制品称为铸件。铸造是生产金属毛坯或零件的主要方法之一。各类机械产品中铸件所占的比重很大,如机床、内燃机、重型机械中,铸件占机器总重的70%～90%,汽车中铸件占20%,拖拉机、液压泵、阀和通用机械中铸件占65%～80%。因此,在机器制造业中铸造应用极其广泛。

我国的铸造技术可以追溯到6 000年前,是世界上较早掌握冶铸技术的文明古国之一。距今2 400多年的曾乙侯青铜编钟(总重2.5 t左右,共64件,铸造精巧,音律准确,音色优美),著名的当阳铁塔(重40 t),北京明永乐大钟(重约46 t)、北京颐和园的铜亭、武当山金顶的金殿等,这些都向世人展现了我国古代冶铸工艺的水平和高超技艺。随着工业技术的发展,铸造技术的发展也很迅速,特别是19世纪末和20世纪上半叶,出现了许多新的铸造方法,如低压铸造、陶瓷型铸造、连续铸造等。诸多现代铸造新技术及铸造机械化、自动化应用使铸造生产水平和铸件的质量显著提高。

与其他零件成形工艺相比,铸造成形具有工艺灵活性大、材料适应性强、生产成本低等特点,可以生产各种形状、尺寸的毛坯,特别适宜制造具有复杂内腔的零件,如箱体、缸体、叶片、叶轮等。铸件的尺寸可小至几毫米,大至几十米;重量可以小至几克,大到数百吨。能够适应大多数金属材料的成形,对不宜锻压和焊接的材料,铸造具有独特的优点。铸造原材料来源丰富,价格低廉,铸件形状接近于零件,既节约金属材料,又可减少切削加工量。一般铸件在机器中占总质量的40%～80%,而其制造成本只占机器总成本的25%～30%。但铸造生产也存在不足。如铸造组织疏松、晶粒粗大,易产生多种缺陷(缩孔、缩松、气孔等),因此铸件一般用于受力不大或受简单静载荷(特别适合于受压应力)的零件,如箱体、床身、支架、机座等,如图1-1所示。此外,铸造工序较多,且难以控制尺寸精确和表面质量,使得铸件废品率较高;生产环境差,工人劳动强度较大。

图1-1 生产中常用铸件

随着铸造技术的发展,铸造生产的机械化、自动化水平不断提高,铸造工艺的不足之处逐渐得以克服。各种铸造新工艺和新方法的应用使得铸造质量、精度、成品率显著提高,生产成本也大为降低,铸造成形技术正向着精密化、大型化、高质量、自动化和清洁化的方向发展。

1.1 铸造成形理论基础

铸件是由液态金属在铸型中凝固冷却而成。因此,铸造合金的液态结构、性质、结晶凝固特点以及在铸造过程中表现出来的工艺性能(也称为铸造性能,包括充型流动性、收缩性、偏析、气体及夹杂物等)对铸件的质量有极为重要的影响,是制定合理的铸造工艺,获得理想铸件的重要依据。

1.1.1 金属的凝固

1)液态金属的结构与性质

液态金属是通过加热将金属由固态熔化转变为熔融状态而得到的。熔化后的液态金属由许多呈有序排列且强烈游动的小原子集团所组成,集团中的原子存在很大的能量起伏、结构起伏和剧烈的热运动,温度越高,原子集团尺寸越小,游动越快。所有的原子集团都处在瞬息万变的状态,时大时小,时聚时散,时有时无。这些结构特点决定了液态金属的热膨胀、热导率、粘度、表面张力等特性。这些物理性质对金属的浇注、凝固过程及铸件质量都有很大影响。

(1)液态金属的热胀冷缩

绝大多数金属的液态密度都比固态时小,如 Cu 为 7.93 g/cm^3,Zn 为 6.92 g/cm^3,这是由于液态时金属原子的热运动加剧,原子排列中空位和空穴增多,体积也较固态明显膨胀。同理,几乎所有的金属,凝固时体积都要缩小,如 Al 凝固时的体收缩为 6.6%,Cu 为 2.6%。这一特性对铸件的形成过程十分重要,并受到合金的种类、成分等的影响。

(2)液态金属的比热容和导热系数

金属的过热热量与过热温度和比热容有关。比热容大的金属在过热温度相同时,含有较多的热量,保持液态时间长,流动性好。同样,液态金属的热导率(导热系数)对流动性影响也较大,导热系数大的合金,热量散失快,保持液态的时间短,流动阻力增加,流动性差。

(3)液态金属的粘度和表面张力

粘度表征的是液体在层流运动时,妨碍着液体流动的各液层之间的内摩擦阻力。液态金属的粘度与其温度、压力、化学成分及杂质含量等有关。几乎所有金属的粘度都随温度的升高而降低,液态金属中固态杂质的数量愈多,粘度也愈大。同一合金的成分不同,粘度也有差别。如共晶成分的铁碳合金,在相同条件下,其粘度要比其他成分的低。液态金属的粘度对金属在铸型中的流动性,对金属中的气体、夹杂物、熔渣的上浮,以至对铸件的补缩均有明显的影响。

液态金属表面张力的大小,对液态金属的充型及是否能获得轮廓清晰的健全铸件影响较大。相同条件下,表面张力小的液态金属较表面张力大的有利于充型。特别是有些薄壁铸件,表面张力对其轮廓清晰程度的影响较为明显,在充型时需要保证一定的附加压力以克服表面张力,这在制定铸造工艺时要加以考虑。

2)液态金属的凝固(方式)

金属或合金在铸型中由液态转变为固态的过程称为凝固。铸造的实质是液态金属逐步冷却凝固而成形。液态金属或合金凝固后一般得到晶体组织,因而金属的凝固又称为结晶。液态合金的凝固与结晶,是铸件形成过程的关键问题,其在很大程度上决定了铸件的铸态组织及某些铸造缺陷(如浇不足、缩孔、缩松、裂纹等)的形成,冷却凝固对铸件质量,特别是铸件力学性能,起决定性的作用。所以,认识铸件凝固规律及控制途径,对于防止铸造缺陷,提高铸件性能是十分重要的。

在铸件凝固过程中,沿垂直铸型型壁的断面上一般存在三个区域,即固相区、凝固区和液相区,其中,对铸件质量影响较大的主要是液相和固相并存的凝固区的宽窄。依据凝固区的宽窄,通常将铸件的凝固方式分为三种类型:逐层凝固方式、糊状凝固(或称体积凝固)方式和中间凝固方式,如图1-2所示。

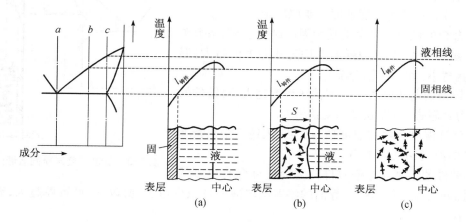

图1-2 铸件的凝固方式

(1)逐层凝固方式

恒温下结晶的纯金属或共晶成分合金在凝固过程中其铸件断面上因不存在液、固并存的凝固区(图1-2a),断面上的固相和液相由一条界线(凝固前沿)清楚地分开。随着温度的下降,固体层不断加厚,逐步达到铸件中心,这种情况称为逐层凝固方式。

(2)糊状凝固方式

如果合金的结晶温度范围很宽,或因铸件断面温度分布较平坦,则在铸件凝固的某段时间内,铸件表面温度尚高于固相线,没有固体层,其液、固并存的凝固区域很宽,甚至贯穿整个铸件断面,如图1-2(c)。这种凝固方式与水泥类似,即先呈糊状而后固化,故这种情况称为糊状凝固方式。

(3)中间凝固方式

如果合金的结晶温度范围较窄,或因铸件断面的温度梯度较大,铸件断面上液、固并存的凝固区域宽度介于前二者之间时,则属于中间凝固方式,如图1-2(b)。

铸件的凝固方式与铸造缺陷密切相关。一般来说,逐层凝固时,合金的充型能力强,便于防止缩孔和缩松等铸造缺陷;糊状凝固时,难以获得组织致密的铸件。

3）影响铸件凝固方式的因素

铸件的凝固方式取决于凝固区域宽度，凝固区域宽度又由合金结晶温度间隔和铸件断面温度梯度两个因素决定。这两个因素共同影响凝固方式。合金的结晶温度范围仅与它的化学成分有关，而铸件的温度梯度却与合金和铸型的热物理特性、浇注条件、铸件结构等诸多因素相关。

（1）合金的结晶温度范围

合金的结晶温度范围愈小，凝固区域愈窄，愈倾向于逐层凝固。例如：砂型铸造时，低碳钢为逐层凝固；高碳钢因结晶温度范围很宽，为糊状凝固。

（2）铸件断面的温度梯度

在合金结晶温度范围已定的前提下，凝固区域的宽窄取决于铸件断面的温度梯度（图1-3 中）。若铸件的温度梯度由小变大（$T_1 \rightarrow T_2$），则其对应的凝固区由宽变窄（$S_1 \rightarrow S_2$）。铸件的温度梯度主要取决于：

① 合金的性质　合金的凝固温度越低、导温系数越大、结晶潜热越大，铸件内部温度均匀化能力就越大，温度梯度就越小（如多数铝合金）。

② 铸型的蓄热能力　铸型蓄热系数越大，对铸件的激冷能力就越强，铸件温度梯度就越大。

③ 浇注温度　浇注温度越高，因带入铸型中热量增多，铸件的温度梯度就越小。

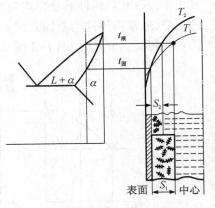

图1-3　温度梯度对凝固区域的影响

④ 铸件的壁厚　厚壁铸件比之薄壁件含有更多的热量，凝固时，厚壁件与铸型界面的温差比之薄壁件减少愈多，所以，铸件壁厚越大，温度梯度就越小。

通过以上讨论可以得出：倾向于逐层凝固的合金（如灰铸铁、铝硅合金等）便于铸造，应尽量选用；当必须采用倾向于糊状凝固的合金（如：锡青铜、铝铜合金、球墨铸铁等）时，可考虑采用适当的工艺措施（例如，选用金属铸型铸造），以减小其凝固区域。

1.2.2　金属与合金的铸造性能

金属与合金的铸造性能是指铸造成形过程中获得外形准确、内部健全铸件的能力，是材料的一项重要工艺性能。铸造性能通常用金属液的充型能力、收缩性等衡量。掌握金属与合金的铸造性能，对采取合理的工艺措施，防止缺陷，提高铸件质量有重要意义。

1）合金的充型能力

液态合金充满铸型、获得形状完整、轮廓清晰铸件的能力，称为液态合金的充型能力。充型能力不足，会使铸件产生浇不足或冷隔等缺陷。如图1-4所示，所谓浇不足是指铸件的形状不完整；冷隔则是指铸件上某处由于两股或两股以上金属液流未熔合而形成的接缝。充型能力首先取决于液态金属本身的流动能力（即流动性），同时又受外界条件，如铸型性质、浇注条件、铸件结构等因素影响。延长液态金属在铸型中的流动时间、加快流动速度，都可以提高合金的充型能力。

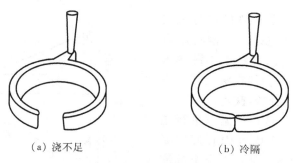

（a）浇不足   （b）冷隔

图 1-4 铸件缺陷示意图

影响合金充型能力的主要因素：

（1）合金的流动性

合金的流动性是指液态合金自身的流动能力，它是影响充型能力的重要因素。流动性好的金属，浇注时金属液容易充满铸型的型腔，能获得轮廓清晰、尺寸精确、薄而形状复杂的铸件；还有利于金属液中夹杂物和气体的上浮排出。相反，金属的流动性差，则铸件易出现冷隔、浇不足、气孔、夹渣等缺陷。通常用浇注的螺旋形试样的长度来衡量合金的流动性。如图 1-5 所示的螺旋形试样，其截面为等截面的梯形，试样上隔 50 mm 长度有一个凸点，以便于计量其长度。合金的流动性愈好，其长度就愈长。

影响流动性的因素有很多，如合金的种类、成分和结晶特征及其他物理量等。

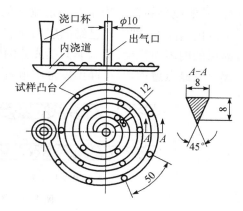

图 1-5 螺旋形标准试样

表 1-1 常用铸造合金的流动性

铸造合金		铸型材料	浇注温度/℃	螺旋线长度/mm
灰铸铁	$w_{C+Si}=6.2\%$	砂型	1 300	1 800
	$w_{C+Si}=5.2\%$	砂型	1 300	1 000
	$w_{C+Si}=4.2\%$	砂型	1 300	600
硅黄铜		砂型	1 100	1 000
铝硅合金		金属型	700	750
铸钢	$w_C=0.4\%$	砂型	1 600	100

① 合金的种类 合金的流动性与合金的熔点、导热系数、粘度等物理参数有关。不同种类的合金具有不同的流动性，根据流动性试验测得的螺旋线长度（表 1-1），常用铸造合金中，灰铸铁、硅黄铜的流动性较好，铝合金次之，铸钢较差。

② 合金的成分和结晶特征 同类合金中，化学成分不同，合金的结晶特征不同，其流动性也不一样。图 1-6 为铁碳合金的化学成分与其流动性的关系曲线。可见，纯铁和共晶铸

铁的流动性较好。亚共晶铸铁的成分愈接近共晶成分,其流动性愈好。铸钢的熔点高,钢液的浇注温度较高,在铸型中散热很快,迅速结晶出的树枝晶会使钢液很快失去流动能力,因而其流动性比铸铁差。

纯金属和共晶合金是在恒温下进行结晶的,液态合金从铸型表面到中心逐层凝固,凝固层的内表面光滑,对液态合金的流动阻力小,故流动性好,如图1-7(a)所示,尤其是共晶合金的凝固温度最低,延长了合金处于液态的时间,因而流动性最好。此外,其他成分的合金均是在一定宽度的温度

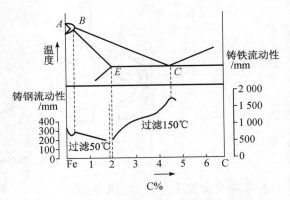

图1-6 铁碳合金含碳量与流动性的关系

范围内结晶的,即在其已结晶层和纯液态区之间存在一个液、固两相共存的区域,使得已结晶层的内表面粗糙,所以非共晶成分的合金流动性变差,如图1-7(b)所示。且随合金成分偏离共晶点愈远,其结晶温度范围愈宽,流动性愈差。

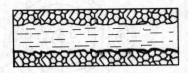
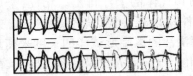

(a) 在恒温下凝固　　　　　　　　　(b) 在一定的温度范围内凝固

图1-7 不同结晶特征合金的流动性

③ 杂质和含气量　液态金属中出现的固体杂质将使熔体的粘度增加,合金的流动性下降。如灰铁中锰和硫,多以MnS(熔点1 650℃)的形式悬浮在铁液中,阻碍铁液的流动,使流动性下降。

同样,熔融金属中含气量越少,合金的流动性越好。

(2) 浇注条件

① 浇注温度　浇注温度对合金充型能力的影响极为显著。浇注温度越高,液态合金带入铸型的热量越多,在铸型中保持液态流动的能力愈强,且使液态合金的粘度及其与铸型之间的温度差都减小,从而改善了流动性,提高了充型能力。因此,对薄壁铸件或流动性较差的合金可适当提高浇注温度,以防产生浇不足和冷隔。但是浇注温度过高,又会使液态合金吸气严重、收缩增大,反而易使铸件产生其他缺陷,如气孔、缩孔、缩松、粘砂和晶粒粗大等。故在保证液态合金流动性足够的前提下,浇注温度应尽可能低。

② 充型压力　金属液在流动方向上所受的压力越大,则流速越大,充型能力就越好。因此,常采用增加浇道的高度或人工加压的方法(如压力铸造、低压铸造等)来提高液态合金的充型能力。

(3) 铸型的充型条件

液态合金充型时,铸型的阻力及铸型对合金的冷却作用,都将影响合金的充型能力。铸

型中凡能增大液态合金流动阻力、降低流速和加快其冷却的因素,均会降低其充型能力。如铸型型腔过窄、预热温度过低、排气能力太差及铸型导热过快等,均使液态合金的充型能力降低。

（4）铸件结构

铸件的壁愈薄、结构形状愈复杂,液态合金的充型能力愈差。应采取适当提高浇注温度、提高充型压力和预热铸型等措施来改善其充型能力。

2）合金的收缩

（1）合金收缩的过程

合金从浇注、凝固直至冷却到室温的过程中,其体积或尺寸缩减的现象,称为收缩。收缩是合金固有的物理特征,但如果在铸造过程中,不能对收缩进行控制,常常会导致铸件产生缩孔、缩松、变形和裂纹等缺陷。因此,必须研究合金的收缩规律,以获得合格的铸件。

如图 1-8 所示,铸造合金从浇注到铸型开始到冷却至室温,经历了三个收缩阶段:

① 液态收缩　液态合金从浇注温度到开始凝固的液相线温度之间,合金处于液态下的收缩。它使型腔内液面下降。

② 凝固收缩　即从凝固开始温度到凝固终了温度之间,合金处于凝固过程的收缩。在一般情况下,凝固收缩仍主要表现为液面的下降。

③ 固态收缩　即从凝固终了温度至室温之间,合金处于固态下的收缩。此阶段的收缩表现为铸件线性尺寸的减小。

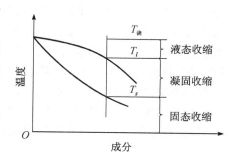

图 1-8　合金收缩的三个阶段

合金的总收缩为上述三种收缩的总和。合金的液态收缩和凝固收缩表现为合金体积的缩减,常用体积收缩率表示,是形成铸件缩孔和缩松缺陷的基本原因。合金的固态收缩,直观地表现为铸件轮廓尺寸的减小,因而常用铸件单位长度上的收缩量,即线收缩率来表示,是铸件产生内应力、变形和裂纹的基本原因。

（2）影响合金收缩的因素

合金的实际收缩率与其化学成分、浇注温度、铸件结构和铸型条件有关。

① 化学成分　不同合金的收缩率不同,在常用铸造合金中,铸钢收缩率最大,而灰铸铁最小,这是因为灰铸铁中的碳在凝固过程中以石墨析出,石墨的比容大,产生体积膨胀,部分抵消了合金的收缩。灰铸铁中的碳、硅含量越高,其石墨化能力越强,故灰铸铁的收缩率越小;而硫可阻碍石墨析出,使灰铸铁收缩率增大。

② 浇注温度　浇注温度越高,过热度越大,合金的液态收缩增加,因而总收缩率就越大。

③ 铸件结构和铸型条件　铸件在铸型中的凝固收缩往往不是自由收缩而是受阻收缩,其阻力来源于两个方面:铸件各个部分的冷却速度不同,引起各部分收缩不一致,相互约束而产生阻力;铸型和型芯对收缩的机械阻力。因此,铸件的实际收缩率比自由收缩率要小一些。铸件结构越复杂,铸型硬度越高,铸件的收缩阻力就越大,铸件的收缩减小,但铸造应力

增大。

1.1.3 铸件的质量与缺陷

铸造性能对铸件质量有显著影响,而铸件质量与铸造缺陷直接相关。铸造成形中的铸件的缺陷主要有缩孔、缩松、铸造应力、变形、裂纹和气孔等。

1)缩孔和缩松

浇入铸型中的液态合金,在随后的冷却和凝固过程中,若其液态收缩和凝固收缩引起的容积缩减得不到金属液的补充,则在铸件上最后凝固的部位形成孔洞。其中容积较大的集中孔洞叫缩孔,细小且分散的孔叫缩松。缩孔和缩松可使铸件力学性能、致密性和物理化学性能大大降低,以至成为废品,是极其有害的铸造缺陷之一。

（1）缩孔和缩松的形成

① 缩孔　在恒温或很小的结晶温度范围内结晶的铸造合金（如纯金属和共晶成分合金）,铸件壁以逐层凝固的方式进行凝固,容易形成缩孔。缩孔的形成过程如图1-9所示。液态金属充满铸型后,由于铸型吸热,靠近型壁的金属冷却较快,先凝固而形成铸件外壳;内部金属液的收缩因受外壳阻碍,不能得到补充,故其液面开始下降;铸件继续冷却,凝固层加厚,内部剩余的液体由于液态收缩和补充凝固层的凝固收缩,体积减小,液面继续下降,如此过程一直延续到凝固终了,结果在铸件最后凝固的区域形成了缩孔,缩孔形状呈倒锥形,内表面粗糙。缩孔通常隐藏在铸件上部或最后凝固部位,有时在机械加工后可暴露出来。总之,铸造合金的液态收缩和凝固收缩愈大,缩孔的体积就愈大。

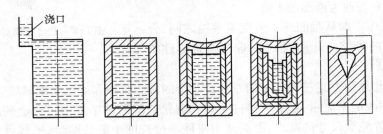

图1-9　缩孔的形成过程示意图

② 缩松　形成缩松的基本原因和形成缩孔的相同,但形成条件却不同。它主要出现在结晶温度范围宽、以糊状凝固方式凝固的合金中。缩松的形成过程如图1-10所示。铸件首先从外层开始凝固,因凝固过程中存在液—固两相区,形成树枝状结晶,凝固前沿凹凸不平,当两侧的凝固前沿向中心汇聚时,树枝晶相互接触,将金属液分隔成许多小的封闭区域。当这些数量众多的小液体区凝固时,因树枝晶的阻碍得不到补

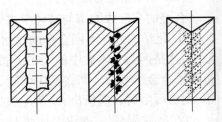

图1-10　缩松的形成过程示意图

缩,就形成了缩松。缩松分为宏观缩松和显微缩松两种。宏观缩松是用肉眼或放大镜可以看出的分散细小缩松。显微缩松是分布在晶粒之间的微小缩孔,要用显微镜才能观察到,这种缩松分布更为广泛,甚至遍布铸件的整个截面。

（2）缩孔和缩松的防止

防止铸件中产生缩孔和缩松的基本原则是针对该合金的收缩和凝固特点制定正确的铸造工艺,使铸件在凝固过程中建立良好的补缩条件,尽可能使分散缩松转化为集中缩孔,并使缩孔出现在铸件最后凝固的地方,并在铸件最后凝固的地方设置冒口,使缩孔转移到冒口部位,切除后便可得到无缩孔的致密铸件。主要的工艺措施有:

① 采用冒口、冷铁的定向凝固 定向凝固是指采用一些适当的工艺措施,使铸件从远离冒口的部位到冒口之间建立一个逐渐递增的温度梯度,实现由远离冒口的部分向冒口方向的定向凝固。如图 1-11 中的部位 I 先凝固,其次是铸件部位 II 和部位 III 相继凝固,最后是冒口自身的凝固。这样,铸件最先凝固部位 I 由凝固和冷却引起的体积缩减,可由较后凝固的部位 II 的液态合金补充;部位 II 的收缩由部位 III 的液态合金补充;最后部位 III 的收缩由冒口中的液态合金来补充,使铸件各部位的收缩均能得到补充,缩孔转移至冒口部位,切除冒口后便可获得致密的铸件。

为了实现定向凝固,除在铸件的厚大部位安放冒口外,还可以采用其他一些冷铁和补贴等工艺措施。冷铁的作用是加快铸件某处的冷却速度,以控制或改变铸件的凝固顺序,通常是采用钢、铸铁或铜等材料制成的激冷物。

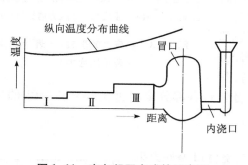

图 1-11 定向凝固方式的示意图

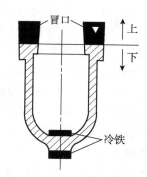

图 1-12 冒口冷铁的应用

如图 1-12 所示,由于铸件上容易产生缩孔的厚大部位不止一个,仅靠铸件顶部的冒口补缩,难以保证铸件底部厚大部位不出现缩孔。为此,在该处设置冷铁,以加快其冷却速度,使其最先凝固,以实现自下而上的定向凝固。

② 合理确定内浇口位置及浇注工艺 内浇口的引入位置和浇注方法要按照定向凝固的原则确定。通常,内浇口应从铸件厚大处引入,尽可能靠近冒口或由冒口引入。采用高的浇注温度缓慢地浇注。

③ 选用结晶温度间隔小的合金 结晶温度范围宽的合金,倾向于糊状凝固,易形成缩松。结晶温度间隔小的纯金属和共晶成分合金倾向于逐层凝固,易形成集中缩孔。

2）铸造应力

铸件完全凝固后便进入了固态收缩阶段,若铸件的固态收缩受到阻碍,将在铸件内部产生应力,称为铸造应力。它是铸件产生变形和裂纹的基本原因。铸造应力按产生的原因不同,主要可分为热应力、机械应力两种。

（1）热应力

铸件在凝固和冷却过程中,由于壁厚不均或各部分冷却速度不同,使铸件各部分的收缩不同步而引起的应力,称为热应力。它在铸件落砂后仍然存在于铸件内部,是一种残留应力。

铸造热应力引起框架式铸件(由两根细杆Ⅰ和一根粗杆Ⅱ组成)的变形过程如图1-13所示。图1-13上部表示杆Ⅰ和杆Ⅱ的冷却曲线,$T_{临}$表示金属弹塑性临界温度。图1-13(a)表示$t_0 \rightarrow t_1$间铸件处于高温固态,尽管杆Ⅰ和杆Ⅱ冷速不同,收缩不一致,但两杆都是塑性变形,尚无应力产生。继续冷却到$t_1 \rightarrow t_2$间,此时杆Ⅰ温度较低,已进入弹性状态,但杆Ⅱ仍处于塑性状态。杆Ⅰ冷却快,收缩早,受到杆Ⅱ的限制,将上下梁拉弯。此时,杆Ⅱ处于压应力状态,杆Ⅰ处于拉应力状态,如图1-13(b)。图1-13(c)表示杆Ⅱ温度还比较高,强度较低但塑性较好,产生压缩塑性变形使热应力消失。进一步冷却至$t_2 \rightarrow t_3$间,杆Ⅰ冷至室温,收缩终止,而杆Ⅱ冷却慢,继续收缩又受到杆Ⅰ的限制。此时,杆Ⅱ处于拉应力状态,杆Ⅰ处于压应力状态,如图1-13(d)。

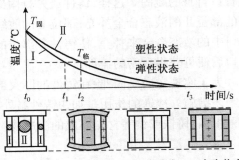

(a) 无应力 (b) 产生应力 (c) 应力消失 (d) 产生热应力

图 1-13　热应力的形成(+ 表示拉应力;
－表示压应力)

可见,热应力使冷却较慢的厚壁处或心部受拉伸,冷却较快的薄壁处或表面受压缩,铸件的壁厚差别愈大,合金的线收缩率愈高,弹性模量愈大,热应力愈大。定向凝固时,由于铸件各部分冷却速度不一致,产生的热应力较大,铸件易出现变形和裂纹。

（2）机械应力

铸件在固态收缩时,因受到铸型、型芯、浇冒口等外力阻碍而产生的应力称为收缩应力。一般铸件冷却到弹性状态后,收缩受阻都会产生收缩应力。收缩应力使铸件产生拉应力或切应力,并且是暂时的。在落砂、打断浇冒口后,这种应力也随之消失。但是如果在某一瞬间收缩应力和热应力同时作用超过了铸件的强度极限时,铸件将产生裂纹,如图1-14所示。

（3）减小和消除铸造应力的措施

① 合理设计铸件的结构。铸件的形状愈复杂,各部分壁厚相差愈大,冷却时温度愈不均匀,铸造应力愈大。因此,在设计铸件时应尽量使铸件形状简单、对称、壁厚均匀。

② 选择线收缩率小、弹性模量小的合金作为铸造合金。

③ 采用同时凝固工艺。所谓同时凝固是指采取一些工艺措施,使铸件各部分温差很小,几乎同时进行凝固,如图1-15所示。因各部分温差小,不易产生热应力和热裂,铸件变形小。

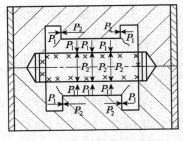

图 1-14　法兰收缩受机械阻碍

P_1—铸件对砂型的作用力;
P_2—砂型对铸件的反作用力

④ 设法改善铸型、型芯的退让性,合理设置浇冒口等。

⑤ 对铸件进行时效处理是消除铸造应力的有效措施。时效分自然时效、热时效和共振时效等。所谓自然时效,是将铸件置于露天场地半年以上,让其内应力消除。热时效(人工时效)又称去应力退火,是将铸件加热到 550～650℃,保温 2～4 小时,随炉冷却至 150～200℃ 之间,然后出炉。共振法是将铸件在其共振频率下震动 10～60 分钟,以消除铸件中的残留应力。

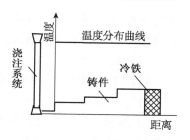

图 1-15　铸件的同时凝固

3) 铸件的变形与裂纹

带有残余应力的铸件是不稳定的,会自发地变形使残余应力减少而趋于稳定。如对于厚薄不均匀,截面不对称及具有细长特点的杆类、板类和轮类等铸件,当残余铸造应力超过铸件材料的屈服点时,往往会发生塑性变形。当铸件的内应力超过金属的强度极限时,铸件便产生裂纹。

(1) 铸件的变形

如前所述,在热应力的作用下,铸件薄的部分受压应力,厚的部分受拉应力,但铸件总是力图通过变形来减缓其内应力。因此,铸件常发生不同程度的变形。变形的结果是受拉应力的部位趋于缩短变形、受压应力的部位趋于伸长变形,以使铸件中的残余应力减小或消除。图 1-16(a) 为床身铸件,其导轨部分较厚,受拉应力;其床壁部分较薄,受压应力,于是床身发生朝着导轨方向的弯曲,使导轨下凹。图 1-16(b) 为不同截面梁形件的变形,为防止

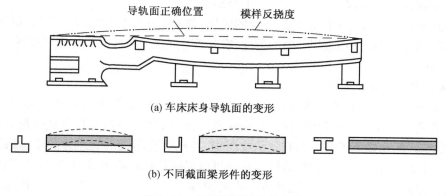

(a) 车床床身导轨面的变形

(b) 不同截面梁形件的变形

图 1-16　不同截面铸件的变形

变形,应尽可能使铸件的壁厚均匀或使其截面形状对称,如图中工字截面梁结构。图 1-17 为一平板铸件,其中心部位散热较边缘要慢,所以受拉应力;边缘处则受压应力,且平板的上表面比下表面冷却得快,于是平板发生了如图所示的变形。

铸件的变形往往使铸件精度降低,严重时可以使铸件报废,应予防止。因铸件变形是由铸造应力引起,减小和防止铸造应力的办法,是防止铸件变形的有效措施。此外,工艺上还可以采取某些措施,如反变形法,即在制造模样时,预先将模样做成与铸件变形相反的形状,以补偿

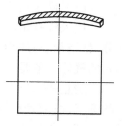

图 1-17　平板铸件的变形

铸件的变形。图 1-16(a)所示的机床床身,由于导轨较厚,侧壁较薄,铸造后产生挠曲变形。若将模样做出如图双点划线表示的反挠度,铸造后会使导轨变得平直。

(2) 铸件的裂纹

铸件中的裂纹是一种严重的铸造缺陷,常导致铸件报废。按照铸造裂纹形成的温度范围可分为热裂和冷裂两种。

① 热裂 热裂是在铸件凝固末期的高温下形成的。其形状特征是:裂纹短、缝隙宽、形状曲折、缝内金属呈氧化色。因为在凝固末期,铸件绝大部分已凝固成固态,但其强度和塑性较低,当铸件的收缩受到铸型、型芯和浇注系统等的机械阻碍时,将在铸件内部产生铸造应力,若铸造应力的大小超过了铸件在该温度下的强度极限,即产生热裂。热裂是铸钢件、可锻铸铁件以及一些铝合金铸件的常见缺陷,一般出现在铸件的应力集中部位,如尖角、截面突变处或热节处等。

防止热裂的措施有:选择结晶温度范围窄的合金生产铸件,因为结晶温度范围愈宽的合金,其液、固两相区的绝对收缩量愈大,产生热裂的倾向也愈大;减少铸造合金中的有害杂质,如减少铁-碳合金中的磷、硫含量,提高铸造合金的高温强度,防止热裂性;改善铸型和型芯的退让性,减小机械应力;减小浇、冒口对铸件收缩的阻碍,内浇口的设置应符合同时凝固原则。

② 冷裂 冷裂是铸件在较低的温度下,即处于弹性状态时形成的裂纹。其形状特征是:裂纹细小、呈连续直线状、裂纹表面有金属光泽或呈微氧化色。常出现在形状复杂的、大型铸件的、受拉应力的部位,尤其易出现在应力集中处。此外,一般脆性大、塑性差的合金,如白口铁、高碳钢及一些合金钢等也易产生冷裂纹。

凡是减小铸造内应力或降低合金脆性的措施,都能防止冷裂的形成。例如:钢和铸铁中的磷能显著降低合金的冲击韧性,增加脆性,容易产生冷裂倾向,因此在金属熔炼中必须严格加以限制。

4) 铸件中的气孔及防止

气孔是铸造生产中最常见的缺陷之一。据统计,铸件废品中约三分之一是由于气孔造成的。气孔是气体在铸件中形成的孔洞,表面常常比较光滑,明亮或略带氧化色,一般呈梨形、椭圆形等。气孔减小了合金的有效承载面积,并在气孔附近引起应力集中,降低铸件的力学性能。同时,铸件中存在的弥散性气孔还可以促使疏松缺陷形成,从而降低了铸件的气密性。气孔对铸件的耐蚀性和耐热性也有不利影响。按气孔产生的原因和气体来源不同,气孔大致可分为侵入气孔、析出气孔和反应气孔三类。

(1) 侵入气孔

侵入气孔是浇注过程中熔融金属和铸型之间的热作用,使砂型或型芯中的挥发物(水分、粘结剂、附加物)挥发生成以及型腔中原有的空气侵入熔融金属内部所形成的气孔。侵入的气体一般是水蒸气、一氧化碳、二氧化碳、氧气、碳氢化合物等。

防止侵入气孔产生的主要措施有:减小型(芯)砂的发气量、发气速度、增加铸型、型芯的透气性;或是在铸型表面刷涂料,使型砂与熔融金属隔开,阻止气体侵入等。

(2) 析出气孔

溶解于熔融金属中的气体在冷却和凝固过程中,由于溶解度的下降而从合金中析出,在铸件中形成的气孔,称析出气孔。析出性气孔分布较广,有时遍及整个铸件截面,影响铸件的力学性能及气密性。

防止析出性气孔的主要措施有:减少合金的吸气量;对金属进行除气处理;提高冷却速度或使铸件在压力下凝固,阻止气体析出等。

（3）反应气孔

浇入铸型的熔融金属与铸型材料、芯撑、冷铁或熔渣之间发生化学反应产生的气体在铸型中形成的孔洞,称为反应气孔。由铸型、芯撑、冷铁等与合金反应形成的气孔,多位于铸件皮下 $1 \sim 2$ mm 处,直径约 $1 \sim 3$ mm,称皮下气孔或针孔。反应气孔形成的原因和方式较为复杂。不同合金防止的方法也有所区别,但芯撑、冷铁表面无油,无锈并保持干燥,是防止反应气孔出现的主要措施之一。

1.2 常用的铸造方法

铸造成形的方法有很多,主要分为砂型铸造和特种铸造两大类。砂型铸造是以型砂为主要造型材料制备铸型的铸造工艺方法。传统上,将有别于砂型铸造工艺的其他铸造方法统称为特种铸造,根据充型条件和铸型的不同,常用的特种铸造方法有金属型铸造、压力铸造、熔模铸造、离心铸造、实型铸造等。

1.2.1 砂型铸造方法

砂型铸造不受合金种类、铸件形状和尺寸的限制,适应各种批量的生产,尤其在单件和成批生产中,具有操作灵活、设备简单、生产准备时间短等优点,是应用最广的铸造方法,目前我国砂型铸造生产的铸件占铸件总产量的 80% 以上。

图 1-18 所示为砂型铸造的基本工艺过程。根据零件的形状和尺寸,设计和制造模样和型芯盒;配置型砂和芯砂;用模样制造砂型;用型芯盒制造型芯;把烘干的型芯装入砂型并合型;将熔化的液态金属浇入铸型;凝固后经落砂、清理、检验即得铸件。图 1-19 为铸件生产流程示意图。

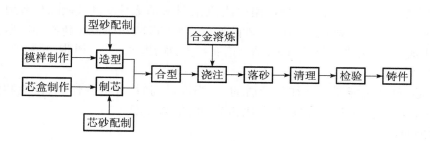

图 1-18 砂型铸造工艺过程

砂型铸造中的铸型是由型砂(型芯砂)等造型材料制成的。它一般由上型、下型、型芯、型腔和浇注系统组成,如图 1-20 所示。铸型之间的接合面称为分型面。铸型中造型材料所包围的空腔部分,即形成铸件本体的空腔称为型腔。液态金属通过浇注系统流入并充填型腔,产生的气体从出气口、砂型等处排出。

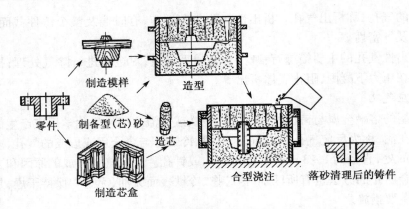

图 1-19　砂型铸造生产流程示意图

1）模样与芯盒

在造型时为了获得与铸件的形状和尺寸相适应的铸型型腔,必须用一个与铸件的形状和尺寸相适应的模样,模样决定了铸型型腔即铸件外部轮廓的形状和尺寸,除比铸件尺寸大出一个收缩量外,还需带有合箱时放置型芯用的型芯头。对有孔或其他中空铸件,需要由型芯来获得,用于制造型芯的工艺装备称为芯盒。用芯盒制造的型芯决定了铸件内部轮廓的形状和尺寸,考虑到金属的收缩,芯盒的尺寸应比铸件放大一个收缩率。

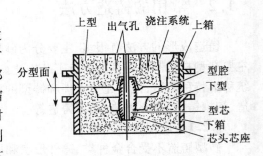

图 1-20　砂型铸造铸型示意图

模样和芯盒是用来造型和造芯的基本工艺装备,通常用不易变形的优质木材、金属或塑料制成。

2）造型材料

造型材料是指用于制造砂型(芯)的材料,主要包括型砂和芯砂。用于造型和造芯用的型(芯)砂应具有一定的强度、透气性、耐火性、退让性和溃散性。其性能除与造型(或制芯)时的紧实度有关外,主要取决于型(芯)砂的成分。型(芯)砂由原砂(新砂和旧砂)、粘结剂和附加物组成,原砂主要成分是 SiO_2,粘结剂有粘土、桐油、水玻璃、树脂、塑料等,附加物有木屑、煤粉、水等。

对型(芯)砂的性能要求往往是矛盾的,如强度过高时,其透气性、退让性和溃散性就差,所以要合理确定型(芯)砂的成分配比和造型时的紧实度。

3）造型与造芯

造型(芯)是砂型铸造的重要工序,按型(芯)砂紧实型和起模方法不同,大体分手工和机器造型两大类。手工造型主要用于单件或小批量铸件的生产,而机器造型则主要用于大批量的铸件制造。

（1）手工造型

全部用手工或手动工具完成的造型工序称为手工造型。手工造型操作灵活、大小铸件均能适应。在实际生产中,由于铸件的结构特点、批量大小、使用要求及生产条件的不同,所用的造型方法也不一样,常用手工造型方法的特点和应用见表 1-2。

表 1-2 常用手工造型方法的特点和应用

造型方法	简 图	主要特点	应 用
整模造型	浇口棒	模样为整体,分型面为平面,型腔在同一砂箱中,不会产生错型缺陷,操作简单	最大截面在端部且为一平面的铸件,应用较广
分模造型	浇口棒	模样在最大截面处分开,型腔位于上、下型中,操作较简单	最大截面在中部的铸件,常用于回转体类铸件
挖砂造型	A(最大截面处) A	整体模样,分型面为一曲面,需挖去阻碍起模的型砂才能取出模样,对工人的操作技能要求高,生产率低	适宜中小型、分型面不平的铸件单件、小批生产
活块造型		将妨碍起模的部分做成活动的,取出模样主体部分后,再小心将活块取出,造型费工时	用于单件小批生产,带有凸起部分的、难以起模的铸件
刮板造型	木桩	刮板形状和铸件截面相适应,代替实体模样,可省去制模的工序,操作要求高	单件小批生产,大、中型轮类、管类铸件
三箱造型		用上、中、下三个砂箱,有两个分型面,铸件的中间截面小,用两个砂箱时取不出模样,必须分模,中箱高度有一定要求,操作复杂	单件小批生产,适合于中间截面小、两端截面大的铸件

下面以整模造型为例,具体说明其造型步骤。如图 1-21 所示为齿轮坯整模两箱造型的工艺步骤。

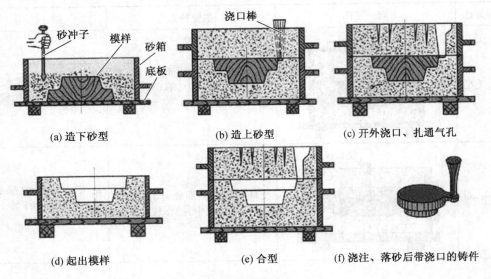

(a) 造下砂型　　　　　　(b) 造上砂型　　　　　　(c) 开外浇口、扎通气孔

(d) 起出模样　　　　　　(e) 合型　　　　　　(f) 浇注、落砂后带浇口的铸件

图 1-21　齿轮坯整模两箱造型

整模造型的型腔全在一个砂箱里,能避免错箱等缺陷,铸件形状、尺寸精度较高。模样制造和造型都较简单,多用于最大截面在端部的、形状简单的铸件生产。手工造型对模样的要求不高,一般采用成本较低的木模。对于尺寸较大的回转体或等截面的铸件,还可以采用成本更低的刮板造型法。因此,尽管手工造型的生产率较低、获得铸件的尺寸精度及表面质量也较差,且对工人的技术水平要求较高,但在实际生产中很难完全以机器造型取代。尤其是对于单件、小批铸件的生产。

（2）机器造型

机器造型主要是将手工造型中的紧砂和起模工步实现了机械化的方法。与手工造型相比,不仅提高了生产率、改善劳动条件而且提高了铸件精度和表面质量。但是机器造型所用的造型设备和工艺装备的费用高、生产准备时间长,只适用于中、小铸件成批或大量的生产。

① 紧砂方法

目前机器造型绝大多数都是以压缩空气为动力来紧实型砂的。机器造型的紧砂方法主要有震压、抛砂等方式,其中以震压式应用最广。图 1-22 所示为震压紧砂机构的工作原理。工作时首先将压缩空气自震击气缸进气口引入震击气缸,使震击活塞带动工作台及砂箱上升,震击活塞上升使震击气缸的排气口露出,压气排出,工作台便下落,完成一次震动。如此反复多次,将型砂紧实。当压缩空气引入压实气缸时,工作台再次上升,压头压入砂箱,最后排出压实气缸内的压缩空气,砂箱下降,完成全部紧实过程。

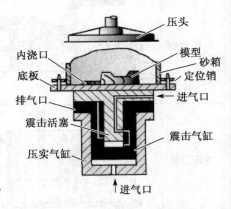

图 1-22　震压紧砂机构工作原理

抛砂紧实如图 1-23 所示,它是利用电动机驱动抛砂机头的叶片,连续地将传送带运来的型砂在机头内初步紧实,再靠离心力的作用将已呈团状的型砂快速(30~60 m/s)地抛到砂箱中,如此将型砂逐层紧实。也就是在完成填砂的同时进行紧实,其效率高、型砂紧实度均匀,可用于任何批量的大、中型铸件或大型芯子的制造。

此外,还有微震压实造型、高压造型、射砂挤压造型等紧砂方法。

② 起模方法

型砂紧实以后,就要从型砂中正确地把模样起出,使砂箱内留下完整的型腔。造型机大都装有起模机构,如图 1-24 所示,其动力也多半是应用压缩空气,目前应用广泛的起模机构有顶箱、漏模和翻转三种。

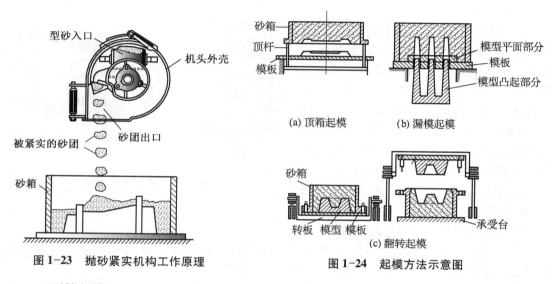

图 1-23 抛砂紧实机构工作原理

图 1-24 起模方法示意图

a. 顶箱起模

图 1-24(a)为顶箱起模示意图。型砂紧实后,开动顶箱机构,使四根顶杆自模板四角的孔(或缺口)中上升,而把砂箱顶起,此时固定模型的模板仍留在工作台上,这样就完成起模工序。顶箱起模的造型机构比较简单,但起模时易漏砂,因此只适用于型腔简单且高度较小的铸型,多用于制造上箱,以省去翻箱工序。

b. 漏模起模

采用漏模起模方法如图 1-24(b)所示。为了避免起模时掉砂,将模型上难以起模部分做成可以从漏板的孔中漏下,即将模型分成两部分,模型本身的平面部分固定在模板上,模型上的各凸起部分可向下抽出,在起模过程中由于模板托住型砂,因而可以避免掉砂,漏模起模一般用于形状复杂或高度较大的铸型以及有垂直于分型面的表面的铸型。

c. 翻转起模

翻转起模的方法如图 1-24(c)所示。型砂紧实后,砂箱夹持器将砂箱夹持在造型机转板上,在翻转气缸推动下,砂箱随同模板、模型一起翻转 180°,然后承受台上升,接住砂箱后,夹持器打开,砂箱随承受台下降,与模板脱离而起模。这种起模方法不易掉砂。适用于型腔较深,形状复杂的铸型。由于下箱通常比较复杂些,且本身为了合箱的需要,也需翻转

180°,因此翻转起模多用来制造下箱。

4）合箱与浇注

（1）铸型合箱

当铸型各个部分已做好,并经过检查无误时,就可以进行合箱。合箱前应将铸型型腔表面涂刷极细的耐火涂料,提高铸型型腔表面的光滑程度和防止粘砂,并将型芯按要求安放在铸型中,然后将砂箱合在一起,合箱时应注意上下箱的定位。当上下箱错移时,浇出的铸件必然产生错移,严重的错移会因某些部位的加工余量不足而报废。同时还需要将上下箱夹紧或压紧,否则会在浇注时,由于金属液对上下箱的浮力而将上箱抬起,金属液沿分型面流出并使铸件高度增大。

（2）浇注

浇注是将金属液注入铸型型腔的过程,在获得铸型型腔的同时,还需制出浇注系统。浇注系统是金属液由铸型外流入铸型内的一系列通道的总称。浇注系统一般由外浇口、直浇道、横浇道、内浇道和冒口组成,如图 1-25 所示。但并非每个铸件都需要这几个部分,应根据铸件结构、合金种类和性能要求而定。如对于形状简单、要求不高的小铸件,可以只有直浇道和内浇道,而无横浇道。

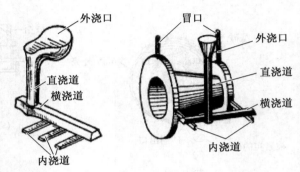

图 1-25　典型浇注系统

浇注系统各个组成部分的作用如下：

① 外浇口　漏斗形的浇口杯,可单独制造或直接在铸型内形成,起承接来自浇包的液态金属并使之流入直浇道的作用,还有一定的挡渣作用。

② 直浇道　浇注系统中的垂直通道,通常带有一定的锥度,连接浇口杯和横浇道,引导金属液从浇口杯流入横浇道,并为液态金属充满整个型腔提供足够的充型压力,加长直浇道可提高熔融金属的充型能力。

③ 横浇道　浇注系统中的水平通道部分,横断面多为梯形,一般开在砂型的分型面上,用以连接直浇道和内浇道,作用是挡渣和减缓金属液流动的速度,使之平稳地分流至内浇道。

④ 内浇道　金属液直接流入型腔的通道,横断面多为扁梯形或三角形,它的作用是控制金属液流入型腔的方向和速度,调节铸件各部分的冷却速度,对铸件质量影响很大,因此,内浇道不应开在铸件的重要部位（如重要加工面和定位基准面）,因内浇道的金属液冷却慢,晶粒粗大,力学性能差;内浇道的方向不要正对砂型壁或型芯,以避免冲坏铸型。

⑤ 冒口　冒口的主要作用是在浇注时使型腔内的空气顺利排出;同时,利用冒口中的充填金属液对铸件进行补缩。由于上述作用,冒口的位置必须设在型腔的最高处或设在离内浇道最远的地方。

金属液应在一定的温度范围内按规定的速度注入铸型。合理选择浇注温度,对保证铸件质量起重要作用,一般要求金属液出炉时的温度尽可能高一些,以利于减少杂质和使熔渣上浮。但是在浇注时,则应在保证金属液有足够流动性的前提下,温度尽可能低一些。因为浇注温度过高,金属液中气体较多,液态收缩量增大,使铸件易产生气孔、缩孔和粘砂等缺陷。浇注温度过低,金属液粘度大,流动性差,充满铸型型腔的能力下降,铸件易产生冷隔、浇不足等缺陷。

较快的浇注速度能使金属液很快充满铸型型腔,减少氧化,减小铸件各部分温差,利于铸件的均匀冷却。但浇注速度过快对铸型的冲刷力大,易产生冲砂;不利于排气,易产生气孔。浇注速度慢会增加铸件各部分温差,有利于冒口补缩。但浇注速度过慢,金属液对铸型的烘烤作用剧烈,易使型腔拱起脱落;金属液与空气接触时间长,氧化严重,使铸件产生粘砂、夹渣、冷隔、浇不足等缺陷。生产中要根据铸件特点来掌握浇注速度。一般对于薄壁件、形状复杂铸件要用较快的浇注速度;对于厚壁件、形状简单件可按慢—快—慢的原则控制浇注速度。

同时,浇注过程要注意挡渣,让金属液充满外浇口,使金属液均匀、连续不断地流入铸型,直到冒口出现金属液为止。浇注结束时,往冒口顶面覆盖保温剂,以提高冒口的补缩能力。浇注时既可采用手动浇注,也可采用自动浇注,自动浇注通常用于自动造型线、离心铸管机等。

5) 落砂、清理与检验

(1) 落砂和清理

落砂是指用手工或机器使铸件与型砂、砂箱分开并取出铸件的过程,小型铸造车间常由人工落砂,大型铸造车间多用振动落砂机落砂。落砂时应注意开箱时间,若开箱过早铸件尚未完全凝固,会发生烫伤事故,还会使铸件产生变形、裂纹以及表面硬化等缺陷。

落砂后应对铸件进行初步检验,有缺陷的铸件应根据缺陷的性质和程度,决定是报废还是修补。缺陷修补常采用软轴砂轮机将表面缺陷磨去,然后进行补焊。检验合格的铸件通常采用铁锤敲击、机械切割或气割等方法进行铸件表面清理,表面清理包括去除浇口、冒口、表面粘砂和毛刺等。

(2) 检验

由于各种原因在铸件上会产生一些缺陷,铸件检验就是用肉眼或借助于尖嘴锤找出铸件表层或皮下的铸造缺陷,如气孔、砂眼、粘砂、缩孔、冷隔、浇不足等,对铸件内部的缺陷还可采用耐压试验、磁粉探伤、超声波探伤、金相检验、力学性能试验等方法。

铸件的常见缺陷主要分为成形缺陷、表面缺陷和内部缺陷三类。成形缺陷有:浇不足、冷隔、错移、胀箱和变形等。表面缺陷有:粘砂、结疤和表面裂纹等。内部缺陷有:缩孔、缩松、气孔、夹渣、砂眼、偏析等。对铸件的管理应特别注意废品隔离,否则会在后续的加工以及产品的使用中造成重大事故和重大损失。

1.2.2 特种铸造方法

特种铸造工艺方法很多,有金属型铸造、压力铸造、低压铸造、熔模铸造、离心铸造等。这些铸造方法在提高铸件精度和表面质量、改善铸件机械性能、提高生产效率、改善劳动条件以及降低铸件生产成本等方面各有优势。

1) 金属型铸造

将金属液浇注到金属铸型中,待其冷却后获得铸件的方法叫金属型铸造。由于金属型能反复使用多次,故又称为永久型铸造。

（1）金属型的结构

根据分型面位置的不同,金属型可分为整体式、垂直分型式、水平分型式和复合分型式几种结构,如图1-26所示。其中垂直分型式金属型开设浇注系统和取出铸件比较方便,易实现机械化,应用较广。垂直分型式金属型的结构由底座、定型、动型等部分组成,浇注系统在垂直的分型面上,为改善金属型的通气性,在分型面处开有 $0.2 \sim 0.4$ mm 深的通气槽。移动动型、合上铸型后进行浇注,铸件凝固后移开动型取出铸件。

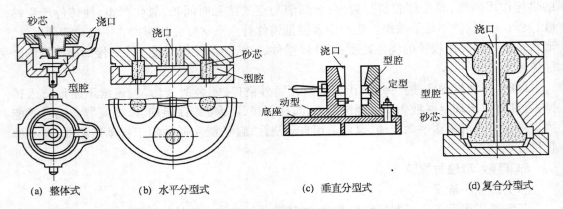

(a) 整体式 　　 (b) 水平分型式 　　 (c) 垂直分型式 　　 (d) 复合分型式

图1-26　金属型的种类

制造金属型的材料熔点一般应高于浇注合金的熔点。如浇注锡、锌、镁等低熔点合金,可用灰铸铁制造金属型;浇注铝、铜等合金,则要用合金铸铁或钢制金属型。

（2）金属型铸造的工艺过程

由于金属型导热速度快,没有退让性和透气性,直接浇注易产生浇不到、冷隔等缺陷及内应力和变形,因此金属型铸造必须采取一定的工艺措施:

① 预热金属型,减缓铸型冷却速度。

② 表面喷刷防粘砂耐火涂料,以减缓铸件的冷却速度,防止金属液直接冲刷铸型。

③ 控制开型时间,因金属型无退让性,铸件在铸型中停留时间过长,易引起过大的铸造应力而导致铸件开裂或取出铸件困难。因此,铸件冷凝后,应及时从铸型中取出。通常铸铁件出型温度为 $780 \sim 950℃$,开型时间为 $10 \sim 60$ s。

（3）金属型铸造的特点和应用范围

① 铸件冷却速度快,晶粒细小、组织致密,力学性能比砂型铸件高约25%。

② 铸件尺寸精度高,尺寸公差等级为 CT7 ~ CT9,表面质量好,表面粗糙度 Ra 值可达 $12.5 \sim 6.3$ μm,机械加工余量小。

③ 金属型使用寿命长,可一型多铸,提高生产率,且节约造型材料。

④ 金属型制造成本高,由于冷却速度快,不宜生产大型、形状复杂和薄壁铸件。受金属型材料熔点的限制,熔点高的合金不适宜用金属型铸造。

金属型铸造适用于铜合金、铝合金等有色金属铸件的大批量生产,如活塞、汽缸盖等。对于铸铁件只限于形状简单的中、小件生产。

2）压力铸造

熔融金属在高压下快速压入铸型中,并在压力下凝固的铸造方法称为压力铸造,简称压铸。常用的压射比压为 5 ~ 150 MPa,充型速度为 0.5 ~ 50 m/s,充型时间为 0.01 ~ 0.2 s。高压、高速充填铸型是压铸的重要特征。

（1）压铸设备及压铸工艺过程

压铸是在专门的压铸机上完成的,压铸机的主要类型有冷压室压铸机和热压室压铸机两类。热压室压铸机的压室与熔化金属液的坩埚连成一体,适用于压铸一些低熔点合金铸件,如铅、锡和锌等合金件。冷压室压铸机熔化炉与压室分开,广泛用于压铸铝、镁、铜等合金铸件。卧式冷压室压铸机应用最广,其工作过程如图 1-27 所示。合型后,将定量金属液浇入压室,压射柱塞将液态金属压入型腔,保压冷凝后开型,利用顶杆顶出铸件。

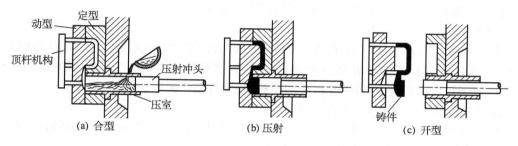

图 1-27 卧式冷压室压铸机的工作原理

（2）压力铸造的特点和应用范围

① 铸件的尺寸精度高,达 CT6 ~ CT8;表面粗糙度低,Ra 为 3.2 ~ 0.8 μm。使一些铸件无需机加工就可直接使用,并可直接铸出极薄件或带有小孔、螺纹的铸件。

② 铸件冷却快,又是在压力下结晶,故晶粒细小,表层紧实,铸件的强度、硬度高。

③ 生产率高,每小时可压铸 50 ~ 150 次,最高可达 500 次,便于实现自动化、半自动化。

④ 压射速度高,型腔气体难以完全排出,厚壁处难以进行补缩,压铸件内部常存在气孔、缩孔、缩松缺陷。因此,压铸件不能进行热处理或在高温下使用,否则压铸件气孔中的气体会膨胀,引起变形和破坏。

⑤ 压铸设备投资大,铸型制造成本高,周期长,故只适用于大批量生产。

目前压力铸造主要用于生产铝、锌、铜、镁等非铁金属与合金件。如汽车、仪表、计算机、航空等行业各类中小型薄壁铸件,如发动机气缸体、气缸盖、仪表壳体、电动转子、各类工艺品、装饰品等。近年来,真空压铸、加氧压铸、半固态压铸等新工艺的出现,使压铸的应用范围日益扩大。

3）低压铸造

低压铸造是介于金属型铸造和压力铸造之间的一种铸造方法,是在 0.02 ~ 0.07 MPa 的低压下将金属液注入型腔,并在压力下凝固成形而获得铸件的方法。

（1）低压铸造工艺过程

低压铸造工艺过程如图 1-28 所示。将干燥的压缩空气或惰性气体通入盛有金属液的密封坩埚中,使金属液在低压气体作用下沿升液管上升,经浇道进入铸型型腔;当金属液充满型腔后,保持(或增大)压力直至铸件完全凝固;然后使坩埚与大气相通,撤去压力,使升液管和浇道中尚未凝固的金属液在重力作用下流回坩埚;最后开启铸型,取出铸件。

低压铸造时,铸件无须另设冒口,而由浇道兼起补缩作用。为使铸件实现自上而下的定向凝固,浇道的截面尺寸必须足够大,且应开在铸件的厚壁处。选择适合的增压速度、工作压力及保压时间对保证铸件质量非常重要。

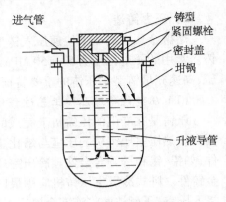

图1-28　低压铸造示意图

（2）低压铸造的特点和应用范围

低压铸造可弥补压力铸造的某些不足,利于获得优质铸件。其主要优点如下:

① 浇注压力和速度便于调节,可适应不同材料的铸型(如金属型、砂型、熔模型壳等)。同时,充型平稳,对铸型的冲击力小,气体较易排除,尤能有效地克服铝合金的针孔缺陷。

② 便于实现定向凝固,以防止缩孔和缩松,使铸件组织致密,力学性能好。

③ 不用冒口,金属的利用率可达90%~98%。

④ 铸件的表面质量高于金属型铸件,可生产出壁厚为1.5~2 mm的薄壁铸件。此外,低压铸造设备费用较压铸设备低。

低压铸造目前主要用于铝合金铸件(如汽缸体、缸盖、活塞、曲轴箱、壳体等)的大量生产,也可以用于球墨铸铁、铜合金等较大铸件,如球墨铸铁曲轴、铜合金螺旋桨等。

4）挤压铸造

挤压铸造也称"液态模锻",是将定量金属液浇入铸型型腔内并施加较大的机械压力,使其成形、结晶凝固后获得毛坯或零件的一种工艺方法。它是一种介于铸造与锻造之间的成形方法,既能接近甚至达到同种合金锻件的内部组织和力学性能,又能实现高效率的大批量生产,与普通压铸件相比,可较大限度地提高力学及使用性能,与普通锻件相比,又可节约能源。

（1）挤压铸造的方式和工艺过程

按成形时液体金属充填的特性和受力情况,主要分为柱塞挤压、直接冲头挤压、间接冲头挤压等,如图1-29所示。其中柱塞挤压铸造,液体金属不产生充型运动,适合于形状简单

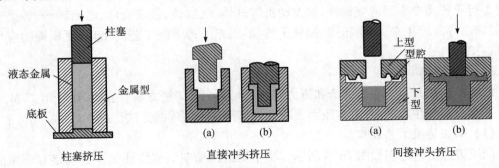

图1-29　挤压铸造方式示意图

的厚壁铸件和铸锭;直接冲头挤压铸造,合模加压时液态金属流动充填挤压冲头与凹模组成的封闭型腔中,挤压冲头直接挤压在铸件上,适合于壁较薄、形状复杂的铸件;间接冲头挤压铸造,冲头加压时液态金属充填已合模的型腔中,冲头通过内浇道将压力传递到铸件中,适合于产量较大、形状较复杂的中、小型铸件。

挤压铸造的工艺过程主要包括:

① 铸型准备 对铸型清理、型腔内喷涂料和预热等,使铸型处于待注状态。

② 浇注 将定量的金属液浇入型腔。

③ 合型加压 将上、下型锁紧,依靠冲头压力使金属液充满型腔,进而升压并在预定的压力下保持一定时间,使金属液凝固。

④ 取出铸件 卸压、开型、取出铸件。

图 1-30 所示为汽车轮毂挤压铸造工艺过程。

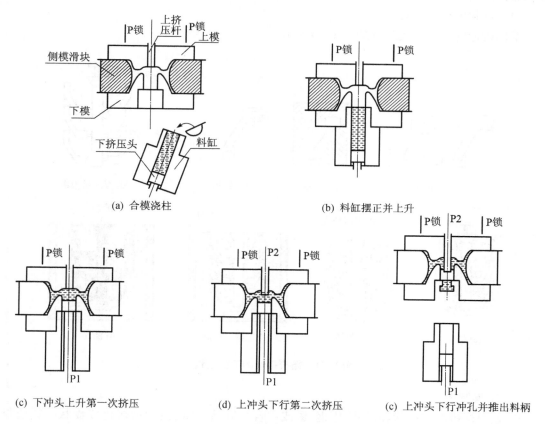

图 1-30 轮毂挤压铸造工艺过程示意图

（2）挤压铸造的特点和应用范围

① 压铸件的尺寸精度高(CT5~CT7),表面粗糙度小(Ra6.3~1.6 μm),铸件的加工余量小。

② 无需设浇冒口,金属利用率高。

③ 铸件组织致密,晶粒细小,力学性能好。

④ 工艺简单,节省能源和劳动力,易实现机械化和自动化生产,生产率比金属型铸造高。

⑤ 铸型型腔内的金属液中夹杂物无法排出,要求准确定量浇注,否则影响铸件的尺寸精度。

挤压铸造主要用于生产强度要求较高、气密性好、薄板类铸件。如各种阀体、活塞、机架、轮毂、耙片和铸铁锅等。

5) 熔模铸造

用易熔材料制成模样,在模样上涂挂若干层耐火涂料,待硬化后熔出模样形成无分型面的型壳,经高温焙烧后即可浇注获得铸件的方法称为熔模铸造。由于易熔材料通常采用蜡料,故这种方法又称为失蜡铸造。

(1) 熔模铸造工艺过程

熔模铸造的主要工艺过程如图 1-31 所示。

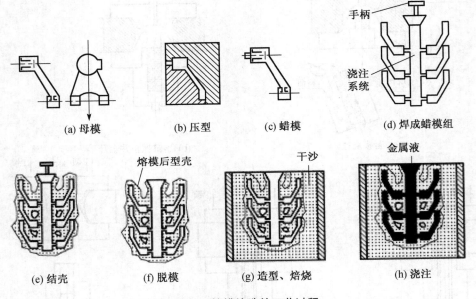

图 1-31 熔模铸造的工艺过程

① 蜡模制造

首先根据铸件的形状和尺寸,用钢、铜或铝合金制造压型,然后把熔化成糊状的蜡质材料(常用 50% 石蜡 + 50% 硬脂酸)压入压型中,待冷却凝固后取出,修去分型面上的毛刺后得到单个的蜡模。为能一次铸出多个铸件,可将多个蜡模粘合在一个蜡制的浇注系统上,构成蜡模组。

② 型壳制造

将蜡模浸入石英粉水玻璃涂料中,取出后撒上石英粉(砂),再浸入氯化铵的溶液中进行硬化。重复上述过程 4 ~ 6 次,制成 5 ~ 10 mm 厚的耐火型壳。待型壳干燥后,置于 90 ~

95℃的热水中浸泡,熔出蜡料即得到一个中空的型壳。

③ 焙烧、浇注

将型壳在850～950℃的炉内进行焙烧,去除残留的蜡料和水分,并提高型壳的强度,将焙烧后的型壳趁热置于砂箱中,并在其周围填充砂子或铁丸固定之,即可进行浇注。

（2）熔模铸造的特点和应用范围

① 由于铸型精密,没有分型面,型腔表面极光洁,故铸件精度高、表面质量好,是少切削、无切削加工工艺的重要方法之一,其尺寸精度可达CT5～CT7,表面粗糙度 Ra 为 6.3～1.6 μm。如熔模铸造的涡轮发动机叶片,铸件精度已达到无加工余量的要求。

② 可制造形状复杂铸件,其最小壁厚可达0.3 mm,最小铸出孔径为0.5 mm。对由几个零件组合成的复杂部件,可用熔模铸造一次铸出。

③ 铸造合金种类不受限制,用于高熔点和难切削合金,如高合金钢、耐热合金等,更具显著的优越性。

④ 生产批量基本不受限制,既可成批、大批量生产,又可单件、小批量生产。

⑤ 工序繁杂,生产周期长,原辅材料费用比砂型铸造高,生产成本较高,铸件不宜太大、太长,一般限于25 kg 以下。

熔模铸造适合于形状复杂、精密的中小型铸件(质量一般不超过25 kg);可生产高熔点、难切削的合金铸件。如用于形状复杂的涡轮发电机、增压器、汽轮机的叶片和叶轮,复杂刀具等,可生产各种不锈钢、耐热钢、磁钢等的精密铸件。

6）离心铸造

离心铸造是将金属液浇入高速旋转的铸型,在离心力的作用下凝固成铸件的铸造方法。离心铸造多用于生产中空的回转体铸件,铸造时不用型芯便可形成内孔。

（1）离心铸造的类型

根据铸型旋转轴空间位置不同,离心铸造机可分为立式和卧式两大类,如图1-32所示。

铸型在立式离心铸造机上绕垂直轴旋转,由于离心力和液态金属本身重力的共同作用,使金属液自由表面(内表面)呈抛物面,铸件沿高度方向的壁厚不均匀(上薄、下厚)。铸件高度差愈大、直径愈小,铸型转速愈低,则铸件上下壁厚差愈大。因此,立式离心铸造适用于高度不大的环类铸件。

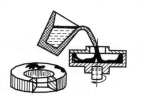 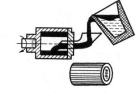

(a) 立式离心铸造　　　(b) 卧式离心铸造

图1-32　离心铸造示意图

当铸型在卧式离心铸造机上绕水平轴旋转时,由于铸件各部分的冷却成形条件基本相同,所得铸件的壁厚在轴向和径向都是均匀的,因此,卧式离心铸造适用于铸造长度较大的套筒及管类铸件,如铜衬套、铸铁缸套、水管等。

（2）离心铸造的特点和应用范围

① 生产空心旋转体铸件时,可省去型芯、浇注系统和冒口,简化工艺,节约了金属。

② 在离心力作用下结晶,补缩条件好,铸件组织致密,力学性能好。

③ 便于浇注双金属铸件,如在钢套内镶铸一薄层铜衬套,不仅表面强度高,内部耐磨性

好,还可节省价格较贵的铜料。

④ 铸件内自由表面粗糙,尺寸误差大,品质差。不适用于易产生偏析的合金。

离心铸造主要用来大量生产管筒类铸件,如铁管、铜套、缸套、双金属钢背铜套、耐热钢辊道、无缝钢管毛坯、造纸机干燥滚筒等,还可用来生产轮盘类铸件,如泵轮、电机转子等。

7）其他铸造方法

（1）连续铸造

往水冷金属型(结晶器)中连续浇注金属,连续凝固成形的方法称为连续铸造。水冷金属型结构决定金属断面形状。一般可以分为连续铸管和连续铸锭两种,适宜浇注的合金有钢、铸铁、铜、铝及其他合金。从理论上讲,连续铸造可以铸出任意长的铸件,但在实际生产中,由于设备、场地的限制和产品的要求,往往只间断地生产某一长度的铸件,属半连续铸造。

连续铸造铸铁管的工艺原理如图 1-33 所示。将符合要求的熔融铁水从浇包中浇入浇注系统,铁水均匀、连续不断地进入外结晶器与内结晶器间的间隙中,并凝固成有一定强度的外壳,管壁心部尚呈半凝固状态。结晶器开始振动,同时引管装置和升降盘向下运动,引导铸铁管以一定速度从结晶器底部连续不断地拉出,当拉到所需长度时,停止浇注,放倒铸铁管,然后开始第二次循环。当前生产的连续铸管主要用于自来水管道和煤气管道的制造。

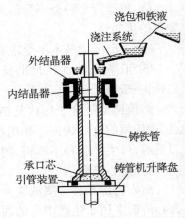

图 1-33 连续铸管的工作原理图

连续铸造铸件冷却迅速,晶粒细化,易实现机械化,生产率高。连续铸造无浇口、冒口,金属利用率高。而且合金是定向凝固,不含非金属夹杂物,没有缩孔、缩松等缺陷。连续铸造还可以连铸连轧,减少工序,节约原材料,提高工效。

（2）陶瓷型铸造

陶瓷型铸造是指用陶瓷质耐火材料制成铸型而获得铸件的方法。这是在砂型铸造和熔模铸造的基础上发展起来的一种精密铸造新工艺。

陶瓷型铸造的主要工艺过程如图 1-34 所示。为节省昂贵的陶瓷材料和提高铸型的透气性,通常先用水玻璃砂制出砂套(相当于砂型铸造的背砂)。制造砂套的模样 A 比铸件母模 B 应增大一个陶瓷材料的厚度。砂套的制造方法与砂型铸造相同;然后用铸件模样、陶瓷材料(如锆英粉、刚玉、铝矾土和硅酸乙酯水解液),经灌浆、结胶、焙烧等工艺制成陶瓷铸型。然后合型进行浇注,便可获得轮廓清晰的铸件。

陶瓷型的材料与熔模铸造的壳型相似,故铸件的精度和表面质量与熔模铸造相当;可适合于高熔点、难加工材料的铸造;而且与熔模铸造相

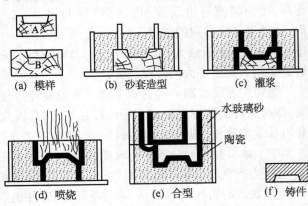

(a) 模样   (b) 砂套造型   (c) 灌浆

(d) 喷烧   (e) 合型   (f) 铸件

图 1-34 陶瓷型铸造的工艺过程

比,铸件大小基本不受限制,工艺简单、投资少、生产周期短。但陶瓷型铸造原材料价格贵,因有灌浆工序,不适宜于铸造大批量、形状复杂的铸件,且生产工艺过程难以实现自动化和机械化。

陶瓷型铸造适宜于制造小批量、较大尺寸的精密铸件,较多用于各种模具的生产(如压铸模、塑料模、锻模等),还用于生产喷嘴、压缩机转子、阀体、齿轮、钻探用钻头、开凿隧道用刀具等。

（3）壳型铸造

铸造生产中,砂型(芯)直接承受液体金属作用的只是表面一层厚度仅为数毫米的砂壳,其余的砂只起支撑这一层砂壳的作用。若只用一层薄壳来制造铸件,将减少砂处理的大量工作,并能减少环境污染。制壳方法有翻斗法(如图1-35所示)和吹砂法(如图1-36所示)两种。翻斗法用来制造壳型,吹砂法用来制造壳芯。

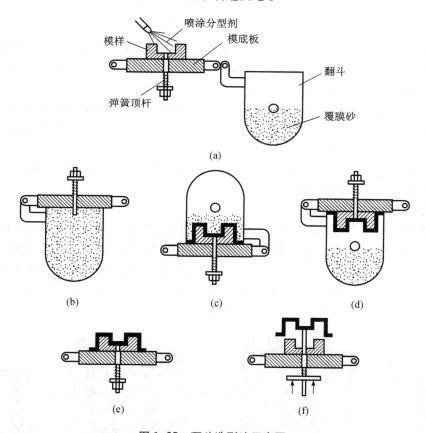

图1-35 翻斗造型法示意图

翻斗法制造壳型的过程如下:先将金属模板预热到250~300℃,并在表面喷涂分型剂。将模板置于翻斗上,并紧固。翻斗翻转180°,使斗中覆膜砂落在热模板上,保持15~20 s(称为结壳时间),覆膜砂上的树脂软化重熔,在砂粒间接触部位形成"桥",将砂粒粘结在一起,并沿模板形成一定厚度和塑性状态的型壳。然后翻斗复位,未反应的覆膜砂落回斗中。

将附着在模板上的塑性薄壳继续加热 30 ~ 50 s（称为烘烤时间）。顶出型壳，得到厚度为 5 ~ 15 mm 的壳型。

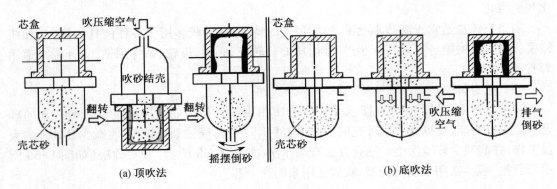

图 1-36　吹砂造芯法示意图

吹砂法分为顶吹法和底吹法两种，顶吹法吹砂压力为 0.1 ~ 0.35 MPa，吹砂时间为 15 ~ 35 s；底吹法则分别为 0.4 ~ 0.5 MPa，15 ~ 35 s。顶吹法设备较复杂，适合制造复杂的壳芯，底吹法设备较简单，常用于小壳芯的制造。

与砂型铸造相比，壳型铸造的覆膜砂可以较长期储存，且砂的消耗量少；无须捣砂，能获得尺寸精确的壳型及壳芯；壳型（芯）强度高，质量小，易搬运；壳型（芯）透气性好，可用细原砂得到表面光洁的铸件；不需砂箱，壳型及壳芯可长期存放。

通常，壳型铸造多用来生产液压件、凸轮轴、曲轴、耐蚀泵体、履带板及集装箱角件等表面粗糙度和尺寸精度要求较高的钢铁铸件。

（4）实型铸造

实型铸造又称消失模铸造或气化模铸造。其原理是用泡沫塑料代替木模和金属模样，造型后不取出模样，当浇入高温金属液时泡沫塑料模样气化消失，金属液填充模样的位置，冷却凝固后获得铸件的方法。图 1-37 所示为实型铸造工艺过程示意图。采用聚苯乙烯发泡板材，通过分块、制作和粘合或直接发泡成形为整体气化模，然后在气化模表面挂涂料并使其干燥，填干砂后振动紧实，浇注后落砂清理。

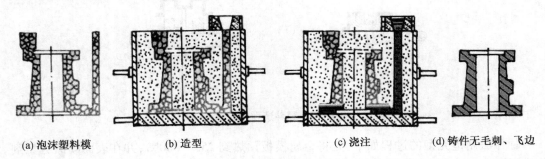

(a) 泡沫塑料模　　(b) 造型　　　　(c) 浇注　　　(d) 铸件无毛刺、飞边

图 1-37　实型铸造的工艺过程

实型铸造时不用起模、无需分型、不用型芯、不合型，大大简化了造型工艺，使铸件的尺寸精度和表面粗糙度与熔模铸造相近。同时，由于采用了干砂造型，使砂处理系统大大简

化,极易实现落砂,改善劳动条件。但实型铸造气化模容易造成空气污染,泡沫塑料模具设计生产周期长,成本高,生产大尺寸的铸件时,由于模样易变形,须采取适当的防变形措施。

实型铸造适用于各类合金(钢、铁、铜、铝等合金),适合于结构复杂(铸件的形状可相当复杂)、难以起模或活块和外芯较多的铸件,如模具、气缸头、管件、曲轴、叶轮、壳体、艺术品、床身、机座等。

1.2.3 铸造方法的选择

各种铸造方法各有其特点和最适宜的应用范围。在选择铸造方法时,必须根据铸件的结构形状、尺寸、重量、合金种类、技术要求、生产批量以及铸造车间的设备和技术状况等进行全面综合分析,才能正确地选择出一种在现有或可能的条件下,质量满足使用要求,成本最低的铸造方法。表1-3给出了几种常用铸造方法的工艺特点及其适用范围。一般说来,砂型铸造虽有不少缺点,但其适应性最强,它仍然是目前最基本的铸造方法,砂型铸造的铸件约占全部铸件总量的90%以上。特种铸造往往是在某种特定条件下,才能充分发挥其优越性。当铸件批量小时,砂型铸造的成本最低,几乎是熔模铸造的1/10。金属型铸造和压力铸造的成本,随铸件批量加大而迅速下降,当批量超过10 000件时,压力铸造的成本反而最低。可以用一些技术经济指标来综合评价铸造技术的经济性。表1-4给出了常用几种铸造工艺经济指标对比,表中数字1至5分别表示指标由优到劣的程度,可供选择铸造方法时参考。

表1-3 几种铸造工艺过程特点及其适用范围

比较项目 \ 铸造方法	砂型铸造	熔模铸造	金属型铸造	压力铸造	低压铸造	离心铸造
合金种类	不限	钢件为主	有色金属为主	铝、锌、镁等低熔点合金	有色金属为主	铸铁、铜合金为主
铸件尺寸、重量	不限	小型	中、小型	小型	中、小型	中、小型
铸件精度	低	较高	较高	高	取决于铸型种类	取决于铸型种类
表面质量	差	较高	较高	高	取决于铸型种类	内控差
内部质量、机械性能	差	较好	较好	好	较好	较好
加工余量	大	小或不加工	小	不加工	小	内孔大
生产效率	低、中	低、中	较高	高	中	较高
适宜生产批量	不限	成批	大批	大批	成批	成批
应用举例	各种铸件	飞机发动机涡轮叶片、复杂刀具、汽车和拖拉机零件	铝活塞、汽缸体、油泵壳体等	飞机、汽车、拖拉机、仪器、仪表及日用五金零件等	发动机缸体、缸盖、箱体、船用螺旋桨等	各种铸铁管套、环、滑动轴承等

表1-4 各种铸造工艺技术经济指标对比

鉴定技术或经济指标	铸造方法				
	砂型	熔模	陶瓷型	金属型	压铸
尺寸无限制	1	4	2	2	5
可获得的铸件结构复杂程度	2	1	3	4	5
适用各种合金	1	1	1	4	5
工艺装备的价值	1	2	2	4	5
持续时间的掌握	1	3	4	2	5
最小的经济批量	1	2	1	4	5
随着批量扩大继续增加经济性	4	5	5	2	1
生产率(速度)	4	5	5	2	1
铸件表面粗糙度	5	2	2	4	1
薄壁的铸件	4	1	2	5	1
适宜的产量	4	2	4	3	1
尺寸公差等级	5	2	2	3	1
机械化和自动化的难易	5	4	5	1	1

1.3 铸造工艺设计

铸造工艺设计是根据铸件的结构特征、技术要求、生产批量、生产条件等因素,确定铸造工艺方案和工艺参数,其主要内容包括制定铸件的浇注位置、分型面、浇注系统、铸造工艺参数(机械加工余量、起模斜度、铸造圆角、收缩率、芯头等)等的确定,然后用规定的工艺符号或文字绘制成铸造工艺图。铸造工艺图是指导铸造生产的技术文件,也是验收铸件的主要依据。

1.3.1 浇注位置和分型面的选择

1)浇注位置的选择

浇注位置是指浇注时铸件在铸型中所处的位置。铸件的浇注位置对铸件的质量、尺寸精度、造型工艺的难易程度都有很大的影响。通常按下列基本原则确定浇注位置。

(1)铸件的重要工作面或主要加工面朝下或位于侧面

铸件上部凝固速度慢,晶粒粗大,金属液中的气体、熔渣及铸型中的砂粒会上浮,有可能使铸件的上部出现气孔、夹渣、砂眼等缺陷,而铸件下部组织致密,缺陷少,质量优于上部。当铸件有几个重要工作面或加工面时,应将主要的和较大的重要面朝下或侧立。受力部位也应置于下部。无法避免在铸件上部出现的加工面,应适当加大加工余量,以保证加工后的铸件质量。图1-38机床床身导轨和锥齿轮的锥面都是主要的工作面,浇注时应朝下。图1-39吊车卷筒,主要加工面为外侧柱面,采用立位浇注,卷筒的全部圆周表面位于侧位,保证质量均匀一致。

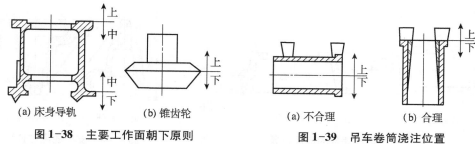

图 1-38 主要工作面朝下原则 　图 1-39 吊车卷筒浇注位置

（2）铸件的大平面朝下或倾斜浇注

浇注时炽热的金属液对铸型的上部有强烈的热辐射，引起顶面型砂膨胀拱起甚至开裂，在铸件表面出现夹砂、砂眼等缺陷。图 1-40 铸件大平面朝下可避免大平面产生铸造缺陷。

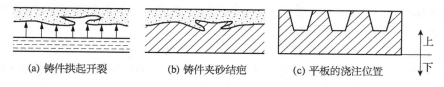

图 1-40 大平面在浇注时的位置

（3）面积较大的薄壁部分应置于铸型下部或垂直、倾斜位置

图 1-41 为箱盖铸件，将薄壁部分置于铸型上部，易产生浇不足、冷隔等缺陷，置于铸型下部后，可避免出现缺陷。

（4）铸件的厚大部分应放在顶部或在分型面的侧面

易形成缩孔的铸件，应将截面较厚的部分置于上部或侧面，便于安放冒口，使铸件自下而上（朝冒口方向）定向凝固，如图 1-42 所示双排链轮的浇注位置。

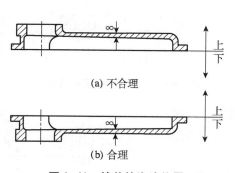

图 1-41 箱盖的浇注位置

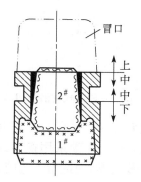

图 1-42 双排链轮的浇注位置（1、2—芯编号）

（5）尽量减少型芯的数量，且便于安放、固定和排气

图 1-43 为床腿铸件，采用图（a）方案，中间空腔需一个很大型芯，增加了制芯的工作量；采用图（b）方案，中间空腔由自带芯形成，简化了造型工艺。图 1-44 支架方案便于合型和排气，且安放型芯牢靠，合理。

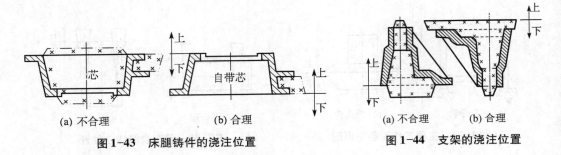

(a) 不合理　　　　(b) 合理

图 1-43　床腿铸件的浇注位置

(a) 不合理　　(b) 合理

图 1-44　支架的浇注位置

2）分型面的选择

分型面为上、下或左、右铸型之间的结合面,分型面选择是否合理,对铸件的质量影响很大。选择不当还将使制模、造型、合型甚至切削加工等工序复杂化,分型面的选择应在保证铸件质量的前提下,使造型工艺尽量简化,节省人力、物力。分型面选择应考虑以下原则:

（1）便于起模,使造型工艺简化

① 为了便于起模,分型面应选在铸件的最大截面处。

② 分型面的选择应尽量减少型芯和活块的数量,以简化制模、造型、合型工序,如图 1-45。

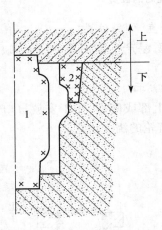

图 1-45　以砂芯代替活块(1、2—芯编号)

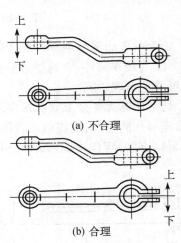

(a) 不合理

(b) 合理

图 1-46　起重臂分型面的选择

③ 分型面应尽量平直。图 1-46 为起重臂分型面的选择,按图(a)方案分型,必须采用挖砂或假箱造型;图(b)方案分型,可采用分模造型,使造型工艺简化。

④ 尽量减少分型面,特别是机器造型时,只能有一个分型面,如果铸件不得不采用两个或两个以上的分型面时,可以如图 1-47(b)中一样,利用外芯等措施减少分型面。

（2）尽量使铸件的全部或大部分位于同一砂箱中

尽量将铸件重要加工面或大部分加工面、加工基准面放在同一个砂箱中,以避免产生错箱、披缝和毛刺,降低铸件精

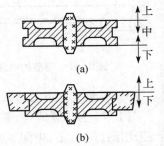

(a)

(b)

图 1-47　绳轮采用环状芯使
三箱造型变成两箱

度和增加清理工作量。如图1-48中所示箱体如采用Ⅰ分型面选择时,铸件 a、b 两尺寸变动较大,以箱体底面为基准面加工 A、B 面时,凸台高度、铸件的壁厚等难以保证;若用Ⅱ分型面,整个铸件位于同一砂箱中,则不会出现上述问题。

（3）使型腔和主要型芯位于下箱,便于下芯、合型和检查型腔尺寸

如图1-49所示床腿类铸件的分型方案比较合理,可使型腔和型芯处于下箱中,便于起模、下芯、合型。

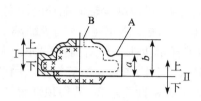

图1-48　箱体分型面的选择

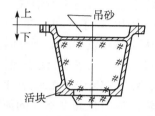

图1-49　床腿类铸件的铸造工艺图

3）浇注系统

浇注系统与铸件品质密切相关。设计不当的浇注系统会引起严重的热损耗,必须要求较高的浇注温度,从而造成晶粒粗大、与铸型反应性气体增多等缺陷;设计不当的浇注系统也会使金属液流中的涡流比例增加,从而使卷入浇注系统中气体的量增加,铸件中气孔缺陷、夹渣、浮渣等缺陷也将相应增加,也容易引起严重腐蚀等缺陷。

设计合理的浇注系统首先应考虑造型方法、造型材料、金属种类、铸件几何形状和浇注压力等诸要素;其次应考虑能够节约金属液,并有利于减小冒口的体积。根据金属液导入型腔的位置,浇注系统通常可分为底注式、顶注式、中注式、阶梯式等几类,如图1-50所示。

图1-50　浇注系统的类型

底注式浇注系统的内浇道很快被金属液淹没,充型平稳,型腔中的气体易于排除,金属氧化少,同时型腔中液面升高后可使横浇道较快充满,较好挡渣。底注式的高温金属液从底部进入型腔中所造成的温差与靠重力补缩的顺序相反,所以对补缩不利,当铸件较高时更加明显。充型上升平稳,当铸件较高时,金属液在上升过程中长时间与空气接触,表面容易形成氧化皮,这会妨碍金属液内的气体排出,影响铸件的表面质量。因此,底注式浇注系统主要适合于高度不大、结构复杂的铸件。

顶注式浇注系统在铸型中所形成的温差与一般铸件由底部开始逐渐向上的凝固顺序一致,有利于加强凝固的顺序性和顶部冒口对铸件的补缩,可以减少轴向缩松的倾向及冒口的体积。金属液从顶部充填型腔易于充满,对薄壁铸件可减少浇不足、冷隔等缺陷。同时,浇注系统的结构可以简单而紧凑,便于造型,金属的消耗量也少。但对铸型的冲击大,与空气接触面积增加,金属液会产生激溅、氧化,易造成砂眼、气孔、氧化夹渣等缺陷。因此,顶注式适用于结构比较简单而且高度不大的薄壁铸件,以及致密性要求高、需用顶部冒口补缩的中小型厚壁铸件。不宜用于易于氧化的合金。

中注式浇注系统综合了底注式与顶注式浇注系统的优点,使之充型平稳,改善了补缩条件,又有利于排气。

阶梯式浇注系统充型平稳,避免金属液从高处落下冲击型底,造成严重的喷射和激溅。金属液自下而上的充满型腔,有利于排气,而且逐渐上部的温度高于下部,能方便地实现自下而上的顺序凝固,可使冒口充分补缩铸件。内浇道分散,减轻了局部过热现象,可以减少铸件上的砂眼、气孔、冷隔、浇不足、缩孔和缩松等缺陷。阶梯式浇注系统主要缺点在于结构复杂,容易出现各层内浇道同时引入金属液的混流现象造成底层进入金属液过多,底部温度过高现象。适合于高度大的中大型铸件。

合理的浇注系统设计应满足如下要求:

① 尽可能阻止熔渣、气体、氧化物及非金属夹杂物吸附或夹附进入铸型型腔。

② 尽可能防止铸型型腔和型芯被冲蚀。

③ 尽可能降低浇注温度。

④ 尽可能在正确部位以合适的速度把金属液引入铸型型腔,减少铸件的缩孔(松)和变形。

⑤ 尽可能减少浇注系统占用的金属,以达到节约液态金属的目的。

总之,进行浇注系统设计时,应尽可能使其结构简单、紧凑,以利于提高铸型面积的利用率,方便造型和从铸件上将其清除掉。

1.3.2 铸造工艺参数确定

铸造工艺参数包括收缩余量、加工余量、起模斜度、铸造圆角及芯头、芯座等。

1) 收缩余量

为了补偿收缩,模样比铸件图纸尺寸增大的数值称收缩余量。收缩余量的大小与铸件尺寸大小、结构的复杂程度和铸造合金的线收缩率有关,常常以铸件线收缩率表示:

$$\varepsilon = (L_模 - L_{铸件})/L_模 \times 100\%$$

式中:$L_模$ 与 $L_{铸件}$ 分别表示同一尺寸在模样与铸件上的长度。

通常灰铸铁的线收缩率为 0.7% ~ 1.0%,铸钢为 1.6% ~ 2.0%,有色金属为 1.0% ~ 1.5%。

2）加工余量

铸件为进行机械加工而加大的尺寸称为机械加工余量。在零件图上标有加工符号的地方,制模时必须留有加工余量。加工余量的大小,要根据铸件的大小、生产批量、合金种类、铸件复杂程度及加工面在铸型中的位置来确定。灰铸铁件表面光滑平整,精度较高,加工余量小;铸钢件的表面粗糙,变形较大,其加工余量比铸铁件要大些;有色金属件由于表面光洁、平整,其加工余量可以小些;机器造型比手工造型精度高,故加工余量可小一些。对加工余量选取可参考有关《铸造手册》,表 1-5 列出了灰铸铁的加工余量值。

表 1-5 灰铸铁件的加工余量值

生产批量（造型方法）	单件、小批（手工造型）			成批、大量（机器造型）		
	铸件尺寸公差等级 CT					
铸件基本尺寸/mm	13	14	15	8	9	10
	加工余量数值/mm					
≤100	5.5(4.5)	6.0(5.0)	6.5(5.5)	2.5(2.0)	3.0(2.5)	3.0(2.5)
>100 ~160	6.5(5.5)	7.0(6.0)	8.0(7.0)	3.5(2.5)	4.0(3.0)	4.0(3.0)
>160 ~250	8.5(7.0)	9.0(7.5)	10(8.5)	4.5(3.5)	5.0(4.0)	5.0(4.0)
>250 ~400	10(8.0)	11(9.0)	12(10)	6.0(4.5)	6.0(4.5)	6.5(5.0)
>400 ~630	12(9.5)	13(11)	14(12)	7.0(5.0)	7.0(5.0)	7.5(5.5)
>630 ~1 000	14(11)	15(12)	17(14)	8.0(6.0)	8.0(6.0)	8.5(6.5)
>1 000 ~1 600	16(13)	17(14)	19(16)	9.0(6.5)	9.5(6.5)	10(7.5)
>1 600 ~2 500	18(15)	19(16)	21(18)	10(7.5)	11(8.0)	11(8.5)

*注:表中每栏有两个加工余量数值,括号外的数值为以一侧为基准进行单侧加工的加工余量值;括号里的数值为进行双侧加工时每侧的加工余量值。

零件上的孔与槽是否铸出,应考虑工艺上的可行性和使用上的必要性。一般说来,较大的孔与槽应铸出,以节约金属、减少切削加工工时,同时可以减小铸件的热节;较小的孔,尤其是位置精度要求高的孔、槽则不必铸出,留待机加工反而更经济。砂型铸造最小铸孔见表 1-6。

表 1-6 砂型铸造最小铸孔/mm

铸造材质	壁 厚	最小孔径
灰铸铁	3 ~10	6 ~10
	20 ~25	10 ~15
	40 ~50	12 ~18
铸钢	a	$d = 1.08\sqrt{a} \cdot \sqrt{h}$
铝合金、镁合金		20
铜合金		25

注:h—孔的高度;d—孔径。

3）起模斜度

为使模样容易地从铸型中取出或型芯自芯盒中脱出，平行于起模方向在模样或芯盒壁上的斜度，称为起模斜度。起模斜度的大小根据立壁的高度、造型方法和模样材料来确定。立壁愈高，斜度愈小；外壁斜度比内壁小；机器造型的一般比手工造型的小；金属模斜度比木模小。具体数据可查有关手册。一般外壁为 $15' \sim 3°$，内壁 $3° \sim 10°$。起模斜度获得及表示如图 1-51 所示。

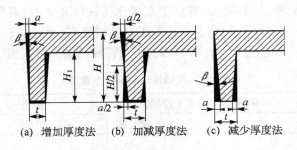

(a) 增加厚度法 (b) 加减厚度法 (c) 减少厚度法

图 1-51 起模斜度的取法

4）铸造圆角

模样壁与壁的连接和转角处要做成圆弧过渡，称为铸造圆角。铸造圆角可减少或避免砂型尖角损坏，防止产生粘砂、缩孔、裂纹。但铸件分型面的转角处不能有圆角。铸造内圆角的大小可按相邻两壁平均壁厚的 $1/3 \sim 1/5$ 选取，外圆角的半径取内圆角的一半。

5）芯头与芯座

芯头指型芯的外伸部分，不形成铸件轮廓，只落入芯座内，用以定位和支撑型芯。模样上用以在型腔内形成芯座并放置芯头的突出部分也称芯头。因此芯头的作用是保证型芯能准确地固定在型腔中，并承受型芯本身所受的重力、熔融金属对型芯的浮力和冲击力等。此外，型芯还利用芯头向外排气。铸型中专为放置芯头的空腔称芯座。芯头按其在铸型中的位置分为垂直芯头和水平芯头两类（图 1-52）。垂直芯头一般都有上、下芯头，短而粗型芯可不制作上芯头，芯头的高度 H 主要取决于型芯直径 d。水平芯头的长度 L 随芯头直径 d 和型芯长度的增加而加大。芯头和芯座都应有一定斜度 α，便于下芯和合型。

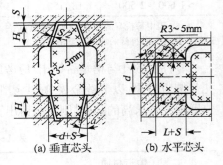

(a) 垂直芯头 (b) 水平芯头

图 1-52 芯头的构造

1.3.3 铸造工艺简图绘制

铸造工艺简图是利用各种工艺符号，把制造模样和铸造所需的资料直接绘在零件图上的图样。它决定了铸件的形状、尺寸、生产方法和工艺过程。

1）铸造工艺符号及表示方法

铸造工艺简图通常是在零件蓝图上加注红、蓝色的各种工艺符号，把分型面、加工余量、起模斜度、芯头、浇冒口系统等表示出来，铸件线收缩率可用文字说明。

对于大批量生产的定型产品或重要的试验产品，应画出铸件图、模样（或模板）图、芯盒图、砂箱图和铸型装配图等。

表1-7 为常用铸造工艺符号及表示方法。适用于砂型铸钢件、铸铁件及有色金属铸件。

表 1-7 常用铸造工艺符号及表示方法(摘自 JB2435—78)

序号	名称	工艺符号及表示方法	图 例
1	分型线	用细实线表示,并写出"上、中、下"字样,在蓝图上用红色线绘制 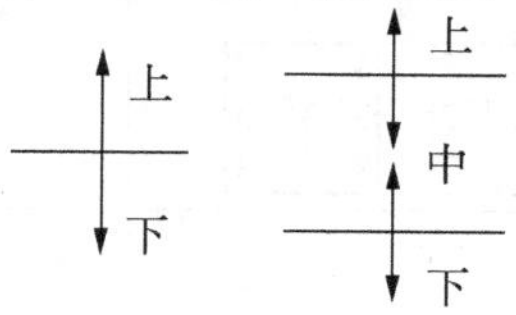 两开箱　　　三开箱	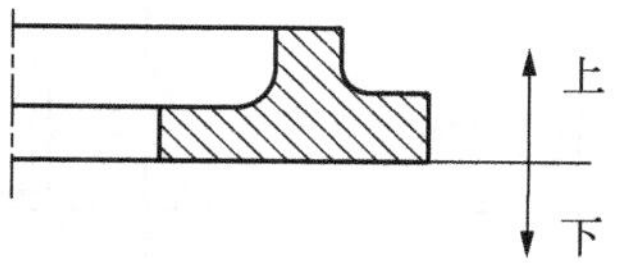
2	分模线	用细实线表示,在任一端划"＜"号,在蓝图上用红色线表示 	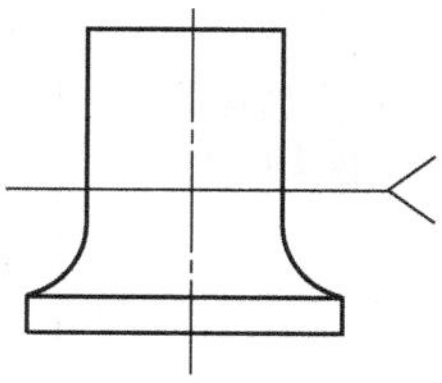
3	分型分模线	用细实线表示,在蓝图上用红色线表示 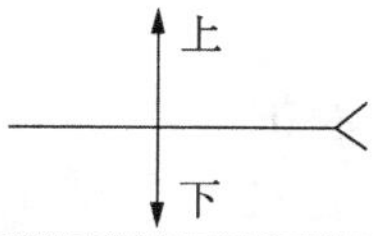	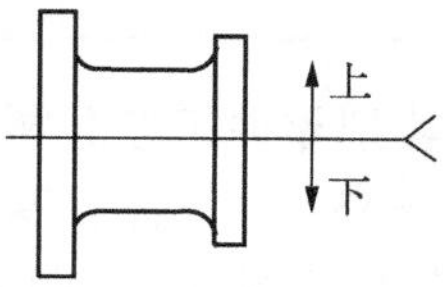
4	不铸出的孔和槽	不铸出的孔或槽在铸件图上不画出,在蓝图上用红线打叉	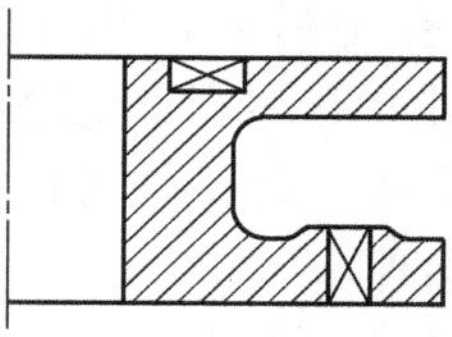
5	机械加工余量	加工余量分两种方法可任选其一: a. 粗实线表示毛坯轮廓,双点划线表示零件形状,并注明加工余量数值在蓝图上用红色线表示,在加工符号附近注明加工余量数值(如右下图所示) b. 粗实线表示零件轮廓,在工艺说明中写出"上、侧、下"字样,注明加工余量数值,凡带斜度在加工余量应注明斜度	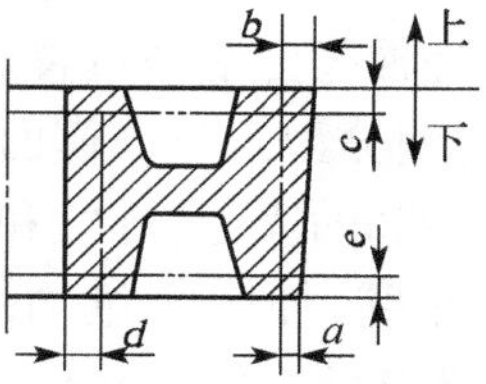 用墨线绘制的工艺图 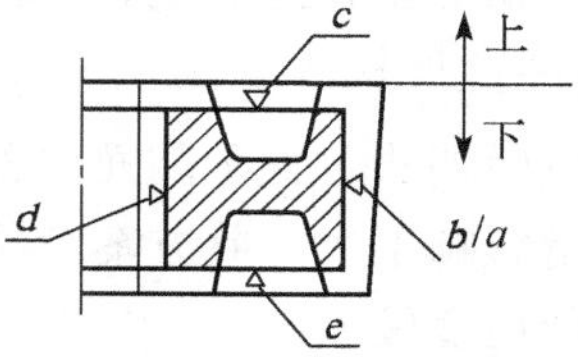 在蓝图上绘制的工艺图

续表 1-7

序号	名称	工艺符号及表示方法	图 例
6	砂芯编号、边界符号及芯头边界	芯头边界用细实线表示(蓝图上用蓝色线表示),砂芯编号用阿拉伯数字 1#,2#,…等标注,边界符号一般只在芯头及砂芯交界处用砂芯编号相同的小号数字表示,铁芯须写出"铁芯"字样	
7	芯头斜度与芯头间隙	用细实线表示(蓝图上用蓝色线表示),并注明斜度及间隙数值	

2)典型零件工艺分析

图 1-53 为一轴架零件,其中端面及 φ60、φ70 内孔需机械加工,而且 φ60 表面加工要求高,φ70 孔由砂芯铸出不需加工。轴架材料为 HT200,小批量生产,承受轻载荷,可用湿砂型、手工分模造型。此铸件可供选择的主要铸造工艺方案有两种。

方案一 采用分模造型(图 1-54),平造平浇。铸件轴线为水平位置,过中心线的纵剖面为分型面,使分型面与分模面一致,有利于下芯、起模以及砂芯的固定、排气和检验等。两端的加工面处于侧壁,加工余量均取 4 mm,起模斜度取 10°,铸造圆角 R3 ~ 5 mm。内孔采用整体芯。横浇道开在上型分型面上,内浇道开在上型分型面上,熔融金属从两端法兰的外圆中注入。该方案

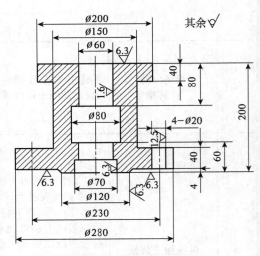

图 1-53 轴架零件图

由于将两端法兰置于侧面位置,质量较易得到保证;内孔表面虽有一侧面位于上面,但对铸件质量影响不大。此方案浇注时熔融金属充型平稳,但由于分模造型,易产生错型缺陷,铸件外形精度较差。

方案二 采用三箱造型(图 1-55),垂直浇注。铸件两端面均为分型面,上凸缘的底面

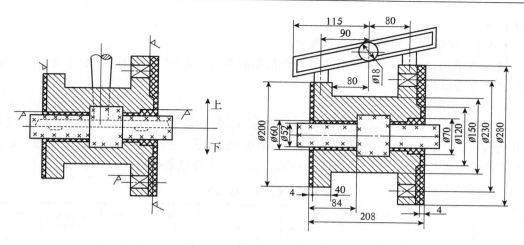

图 1-54 轴架铸造工艺方案一

为分模面。上端面加工余量取 5 mm，下端面取 4 mm，采用垂直式整体芯。在铸件上端面的分型面开一内浇道，切向导入，不设横浇道。方案二的优点是铸件基本位于中箱，外形精度较高。但上端质量不易保证，没有横浇道，熔融金属对铸型冲击较大。由于采用三箱造型，多用一个砂箱，型砂耗用量和造型工时增加；上端加工余量加大，金属耗费和切削工时增加。相比之下，方案一更为合理。

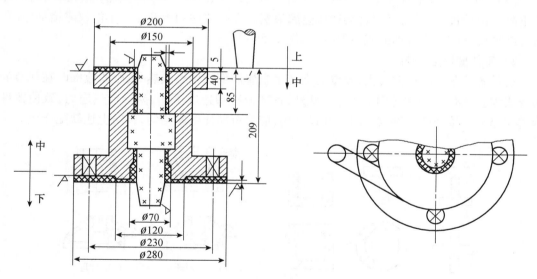

图 1-55 轴架铸造工艺方案二

1.4 铸件结构工艺性

铸件的结构工艺性是指铸件结构应符合铸造生产要求，即满足铸造性能和铸造工艺对铸件结构的要求。合理地设计铸件结构，可简化铸造工艺、提高生产效率、改善铸件质量、降低生产成本。

1.4.1 铸造性能对铸件结构的要求

铸件的结构,如果不能满足合金铸造性能的要求,则可能产生浇不足、冷隔、缩松、气孔、裂纹和变形等缺陷。

1) 铸件壁厚应合理

每种铸造合金,都有其适宜的铸件壁厚范围,选择合理时,既可保证铸件力学性能,又能防止铸件缺陷。铸件的最小壁厚在保证强度的前提下,还必须考虑其合金的流动性。最小壁厚由合金种类、铸件大小和铸造方法而定。表1-8为铸件最小壁厚。

表1-8 铸件最小壁厚/mm

铸型种类	铸件尺寸	铸钢	灰铸铁	球墨铸铁	可锻铸铁	铝合金	铜合金
砂型	< 200 × 200	6 ~ 8	5 ~ 6	6	4 ~ 5	3	3 ~ 5
	200 × 200 - 500 × 500	10 ~ 12	6 ~ 10	12	5 ~ 8	4	6 ~ 8
	> 500 × 500	15 ~ 20	15 ~ 25	—	—	5 ~ 7	—
金属型	< 70 × 70	5	4	—	2.5 ~ 3.5	2 ~ 3	3
	70 × 70 ~ 150 × 150		5	—	3.5 ~ 4.5	4	4 ~ 5
	> 150 × 150	10	6	—	—	5	6 ~ 8

但是,铸件壁也不宜太厚。厚壁铸件晶粒粗大,组织疏松,易于产生缩孔和缩松,力学性能下降。设计过厚的铸件壁,将会造成金属浪费。提高铸件的承载能力不能仅靠增加壁厚。铸件结构设计应选用合理的截面形状(如图1-56)。

2) 铸件壁厚应均匀

铸件各部分壁厚相差过大,厚壁处会产生金属局部积聚形成热节,凝固收缩时在热节处易形成缩孔、缩松等缺陷(图1-57)。此外,各部分冷却速度不同,易形成热应力,致使铸件薄壁与厚壁连接处产生裂纹。因此在设计中,应尽可能使壁厚均匀,以防上述缺陷产生。

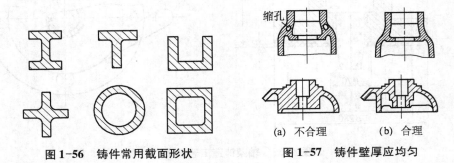

<table>
<tr><td align="center">图1-56 铸件常用截面形状</td><td align="center">图1-57 铸件壁厚应均匀</td></tr>
</table>

3) 铸件壁的连接

(1) 结构圆角

铸件壁间的转角处一般设计出结构圆角。当铸件两壁直角连接时,因两壁的散热方向垂直,导致交角处可能产生两个不同结晶方向晶粒的交界面,使该处的力学性能降低;此外,直角处易产生应力集中现象而开裂。为了防止转角处的开裂或缩孔和缩松,应采用圆角结构。铸件结构圆角的大小必须与其壁厚相适应。圆角半径 R 的数值可参阅表 1-9。

表 1-9　结构圆角半径/mm

	$\dfrac{a+b}{2}$	≤8	8~12	12~16	16~20	20~27	27~35	35~45	45~60
	铁	4	6	6	8	10	12	16	20
	铸钢	6	6	8	10	12	16	20	25

（2）厚壁与薄壁间的连续要逐步过渡

为了减少铸件中的应力集中现象,防止产生裂纹,铸件的厚壁与薄壁连接时,应采取逐步过渡的方法,防止壁厚的突变。其过渡的形式和尺寸见表 1-10 所示。

表 1-10　几种不同铸件壁厚的过渡形式及尺寸/mm

图例	尺寸		
	$b \leqslant 2a$	铸铁	$R \geqslant \left(\left(\dfrac{1}{6} \sim \dfrac{1}{3} \right)\left(\dfrac{a+b}{2} \right) \right)$
		铸钢	$R = \dfrac{a+b}{4}$
	$b > 2a$	铸铁	$l \geqslant 4(b-a)$
		铸钢	$l \geqslant 5(b-a)$
	$b \leqslant 2a$	$R \geqslant \left(\dfrac{1}{6} \sim \dfrac{1}{3} \right)\left(\dfrac{a+b}{2} \right)$;　$R_1 \geqslant R + \left(\dfrac{a+b}{2} \right)$	
	$b > 2a$	$R \geqslant \left(\dfrac{1}{6} \sim \dfrac{1}{3} \right)\left(\dfrac{a+b}{2} \right)$;　$R_1 \geqslant R + \left(\dfrac{a+b}{2} \right)$ $c = 3\sqrt{b-a}$;对于铸铁,$h \geqslant 4c$;对于铸钢,$h \geqslant 5c$	

（3）避免十字交叉和锐角连接

为了减小热节和防止铸件产生缩孔和缩松,铸件的壁应避免交叉连接和锐角连接。中、小铸件可采用交错接头（图 1-58（a））,大件宜采用环形接头（图 1-58（b））。锐角连接宜采用（图 1-58（c））中的过渡形式。

4）铸件加强筋的设计

（1）筋的作用

① 增加铸件的刚度和强度,防止铸件变形。图 1-59（a）所示薄而大的平板,收缩易发生翘曲变形,加上几条筋之后便可避免,如图 1-59（b）。

② 减小铸件壁厚,防止铸件产生缩孔、裂纹等。图 1-60（a）中铸件壁较厚,容易产生缩

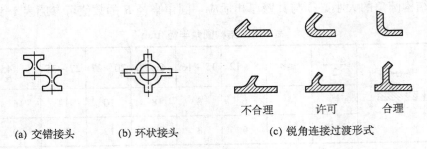

(a) 交错接头　　　　(b) 环状接头　　　　(c) 锐角连接过渡形式

图 1-58　铸件接头结构

孔,图 1-60(b)采用加强筋后,可防止以上缺陷。

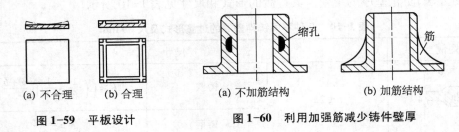

(a) 不合理　　(b) 合理　　　　(a) 不加筋结构　　　(b) 加筋结构

图 1-59　平板设计　　　　图 1-60　利用加强筋减少铸件壁厚

（2）筋的设计

① 加强筋的厚度适当　加强筋的厚度不宜过大,一般取为被加强壁厚度的 0.6 ~ 0.8 mm。

② 加强筋的布置合理　具有较大平面的铸件,加强筋的布置形式有直方格形(图 1-61(a))和交错方格(图 1-61(b)),前者金属积聚程度较大,但模型及芯盒制造方便,适用于不易产生缩孔,缩松的铸件,后者则适用于收缩较大的铸件。为了解决多条筋交会而引起的金属积聚,可在交会处挖一个不通孔或凹槽,如图 1-62(b)。

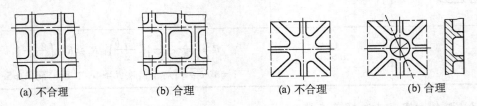

(a) 不合理　　　　(b) 合理　　　　(a) 不合理　　　　(b) 合理

图 1-61　铸钢件筋的分布　　　　图 1-62　多筋交汇处设置不通圆孔

5）避免铸件收缩受阻的设计

① 尽量使铸件能自由收缩　铸件的结构应在凝固过程中尽量减少其铸造应力。图 1-63 为轮辐的设计。图(a)为偶数轮辐,由于收缩应力过大,易产生裂纹。改成图(b)的弯曲轮辐或图(c)的奇数轮辐后,可以减小铸造应力,避免产生裂纹。

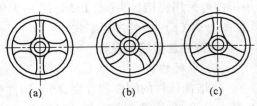

(a)　　　(b)　　　(c)

图 1-63　轮辐的设计

② 采用对称结构,防止变形　图 1-64 所示铸钢梁,图(a)T 型梁由于受较大热应力,产生变形,改成图(b)工字截面后,虽然壁厚仍不均匀,但热应力相互抵消,变形大大减小。

6）铸件结构应尽量避免过大的水平壁

浇注时铸件朝上的水平面易产生气孔、砂眼、夹渣等缺陷。因此,设计铸件时应尽量减小过大的水平面或用倾斜的表面,如图 1-65(b)。

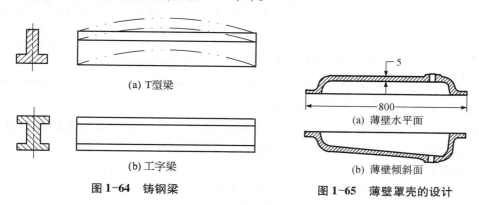

（a）T 型梁

（b）工字梁

图 1-64　铸钢梁

（a）薄壁水平面

（b）薄壁倾斜面

图 1-65　薄壁罩壳的设计

7）不同铸造合金对铸件结构的要求

不同的铸造合金具有不同的铸造性能,对其铸件的结构也有不同的要求。表 1-11 列出了常用铸造合金的结构特点。

表 1-11　常用铸造合金的结构特点

合金种类	性 能 特 点	结 构 特 点
灰铸铁件	流动性好,体收缩和线收缩小,缺口敏感小。综合力学性能低,并随截面增加显著下降。抗压强度高、吸震性好	可设计薄壁(但不能过薄以防产生白口)、形状复杂的铸件,不宜设计很厚大的铸件,常采用中空、槽形、T 字形、箱形等截面,筋条可用交叉结构
球墨铸铁件	流动性和线收缩与灰铸铁相近,体收缩及形成铸造应力倾向较灰铸铁大,易产生缩孔、缩松和裂纹。强度、塑性比灰铸铁高,但吸震性较差,抗磨性好	一般都设计成均匀壁厚,尽量避免厚大截面。对某些厚大截面的球墨铸铁件可设计成中空结构或带筋结构
可锻铸铁件	流动性比灰铸铁差,体收缩很大。退火前为白口组织、性脆。退火后,线收缩小,综合力学性能稍次于球墨铸铁	由于铸态要求白口铸铁,因此一般只适宜设计成薄壁的小铸件,最适宜的壁厚为 5~16 mm,壁厚应尽量均匀。为增加刚性,常设计成 T 字形或工字形截面,避免十字形截面。局部突出部分应用筋加强,设计时应尽量使加强筋承受压力
铸钢件	流动性差,体收缩和线收缩较大,裂纹敏感性较大	铸件壁厚不能太薄,不允许有薄而长的水平壁,壁厚应尽量均匀或设计成定向凝固,以利加冒口补缩。壁的连接和转角应合理,并均匀过渡。铸件薄弱处多用筋加固,一些水平壁宜改成斜壁,壁上方孔边缘应做出凸台

续表 1-11

合金种类	性 能 特 点	结 构 特 点
铝合金铸件	铸造性能类似铸钢,力学强度随壁厚增加而下降得更为显著	壁不能太厚,其余结构特点类似铸钢件
锡青铜和磷青铜件	铸造性能类似灰铸铁,但结晶间隔大,易产生缩松,高温性能差,易脆。强度随截面增加而显著下降	壁不能过厚,铸件上局部突出部分应用较薄的加强筋加固,以免热裂。铸件形状不宜太复杂
无锡青铜和黄铜件	流动性好,收缩较大,结晶温度区间小,易产生集中缩孔	结构特点类似铸钢件

1.4.2　铸造工艺对铸件结构的要求

合理的铸件结构设计,除了满足零件的使用性能要求外,还应使其铸造工艺过程尽量简化,以提高生产率,降低废品率,为生产过程的机械化创造条件。

1) 铸件外形设计

(1) 避免外部的侧凹,减少分型面或外部型芯

图 1-66(a)机床底座铸件设计了两个曲凹坑,造型时必须采用两个较大的外砂芯,改成图(b)结构,将凹坑改为扩展到底部的凹槽,可省去外部型芯。

图 1-67 为支腿铸件,由于上部设计了外凸缘,使铸件具有两个分型面,必须采用三箱造型,使造型工艺复杂,铸件精度差。改为内凸缘后,减少了一个分型面,采用整模两箱造型,造型工艺简单,铸件精度高。

(2) 分型面应平直

图 1-68(a)为摇臂铸件,原设计两臂不在同一平面内,分型面不平直,使制模、造型都很困难。改进后,分型面为简单平面,使造型工艺大大简化,如图 1-68(b)。

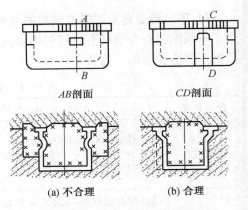

图 1-66　铸件的两种结构比较

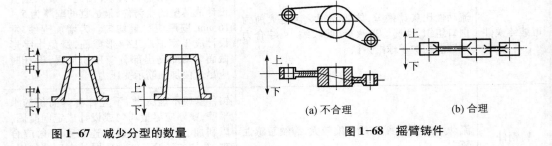

图 1-67　减少分型的数量　　　图 1-68　摇臂铸件

(3) 凸台和筋的设计应便于造型和起模

图 1-69(a),(c)中的凸台,必须采用活块或外砂芯才能取出模样。改成图(b),(d)

后,克服上述缺点,布置合理。此外,凸台的厚度应适当,一般应小于或等于铸件的壁厚。处于同一平面上的凸台高度应尽量一致,便于机械加工。

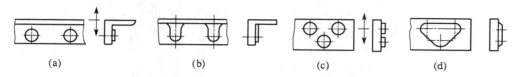

图 1-69 凸台的设计

（4）铸件的垂直壁上应考虑给出结构斜度

为了起模方便,铸件上垂直于分型面的侧壁(尤其非加工表面或大件)应尽可能给出结构斜度。一般金属型或机器造型时,结构斜度可取 0.5°~1°,砂型和手工造型时可取 1°~3°。图 1-70 为结构斜度示例。

2）铸件内腔设计

（1）应使铸件尽量不用或少用型芯

不用或少用型芯可以节省制造芯盒、造芯和烘干等工序的工具和材料,可避免型芯在制造过程中的变形、合箱中的偏差,从而提高铸件精度。图 1-71(a)所示铸件有一内凸缘,造型时必须使用型芯,改成图(b)设计后,可以去掉型芯,用砂垛在下型形成"自带型芯",简化了造型工艺。

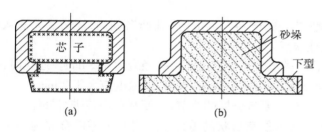

图 1-71 改变内腔形状避免型芯

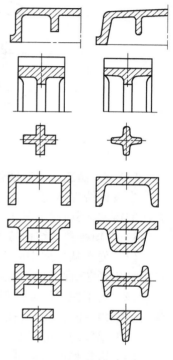

图 1-70 结构斜度

（2）应使型芯安放稳定、排气通畅、清理方便

图 1-72 为轴承支架铸件,图(a)设计需用两型芯,其中一个为悬臂型芯,下芯时必须使用芯撑,型芯的固定、排气、清理都比较困难。改成图(b)结构后采用一个整体芯克服了上述缺陷。图 1-73(a)所示紫铜风口,从使用出发只需两个通循环水的孔即可,但从铸造工艺的角度看,该型芯只靠这两个芯头来固定,排气和清理显然很困难。为此在法兰面上增设工艺孔,如图(b)所示。该型芯采用吊芯,通过 6 个芯头固定在上型盖上,省去了芯撑,改善型芯的稳固性,并使其排气顺畅和

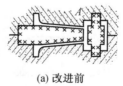
(a) 改进前

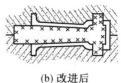
(b) 改进后

图 1-72 轴承支架

清理方便。

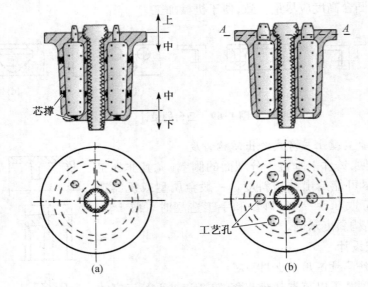

图 1-73　紫铜风口铸件内腔的设计

1.4.3　铸造方法对铸件结构的要求

当设计铸件结构时,除应考虑上述工艺和合金所要求的一般原则外,对于采用特种铸造方法的铸件,还应根据其工艺特点考虑一些特殊要求。

1) 熔模铸件的结构特点

(1) 便于从压型中取出蜡模和型芯。图 1-74(a)由于带孔凸台朝内,注蜡后无法从压型中抽出型芯;而图(b)则克服了上述缺点。

(2) 为了便于浸渍涂料和撒砂,孔、槽不宜过小或过深。孔径应大于 2 mm。通孔时,孔深/孔径≤4~6;盲孔时,孔深/孔径≤2,槽深为槽宽的 2~6 倍,槽深度应大于 2 mm。

(3) 壁厚应可能满足顺序凝固要求,不要有分散的热节,以便利用浇口进行补缩。

(4) 因蜡模的可熔性,所以可铸出各种复杂形状的铸件。可将几个零件合并为一个熔模铸件,以减少加工和装配工序,如图 1-75 所示的零件,图(a)为加工装配件,图(b)为整铸的熔模铸件。

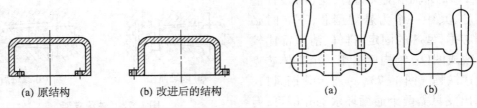

(a) 原结构　　(b) 改进后的结构

图 1-74　便于抽出蜡模型芯设计

(a)　　(b)

图 1-75　整铸的熔模铸件

2) 金属型铸件的结构特点

(1) 铸件的外形和内腔应力求简单,尽可能加大铸件的结构斜度,避免采用直径过小或过深的孔,以保证铸件能从金属型中顺利取出,以及尽可能地采用金属型芯。图 1-76(a)所示铸件,其内腔内大外小,而 φ18 mm 孔过深,金属型芯难以抽出。在不影响使用的条件下,改成图(b)结构后,增大内腔结构斜度,则金属芯抽出顺利。

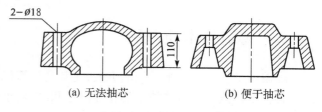

(a) 无法抽芯   (b) 便于抽芯

图 1-76 铸件结构与抽芯结构

（2）铸件的壁厚差别不能太大,以防出现缩松或裂纹。同时为防止浇不足、冷隔等缺陷,铸件的壁厚不能太薄。如铝合金铸件的最小壁厚为 2~4 mm。

3）压铸件的结构特点

（1）压铸件的外形应使铸件能从压型中取出,内腔也不应使金属型芯抽出困难。因此要尽量消除侧凹,在无法避免而必须采用型芯的情况下,也应便于抽芯。图 1-77(a)所示 B 处妨碍抽芯,改成图(b)结构后,利于抽芯。

（2）压铸件壁厚应尽量均匀一致,且不宜太厚。对厚壁压铸件,应采用加强筋减小壁厚,以防壁厚处产生缩孔和气孔。

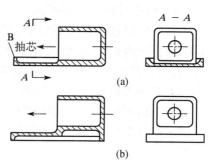

图 1-77 利于抽芯实例

（3）充分发挥镶嵌件的优越性,以便制出复杂件,改善压铸件局部性能和简化装配工艺。为使嵌件在铸件中连接可靠,应将嵌件镶入铸件的部分制出凹槽、凸台或滚花等。

4）离心铸件的结构特点

离心铸造件的内外直径不宜相差太大,否则内外壁的离心力相差太大。此外,若是绕垂直轴旋转,铸件的直径应大于高的三倍,否则内壁下部的加工余量过大。

5）组合铸件

设计铸件时,还必须从零件的整个生产过程出发,全面考虑铸造、机械加工、装配、运输等方面。例如对于大型或形状复杂的铸件可采用组合件,即先分两个或几个铸件制造,而后用螺钉或焊接方法连成整体,以简化铸造工艺,解决铸造、机械加工和运输设备能力的不足,图 1-78 为组合铸件实例。

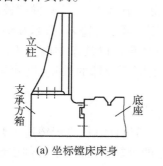

(a) 坐标镗床床身

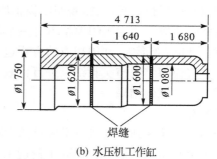

(b) 水压机工作缸

图 1-78 组合铸件

1.5 铸造技术新进展

随着科学技术在各个领域的突破,尤其是计算机的广泛应用,促进了铸造技术的飞速发展。各种工艺技术与铸造技术的相互渗透和结合,也促进了铸造新工艺、新方法的发展。

1.5.1 计算机在铸造中的应用

铸造过程计算机模拟仿真是铸造学科的前沿领域,是改造传统铸造产业的必由之路,也是当今世界各国铸造领域学者关注的热点。运用计算机对铸造生产过程进行设计、仿真、模拟,可以帮助工程技术人员优化工艺设计,缩短产品制造周期,降低生产成本,确保铸件质量。

1)铸造过程的数值模拟

铸件成形过程数值模拟是在虚拟的计算机环境下,模拟仿真出研究对象的特定过程,分析有关影响因素,预测该过程可能的趋势和结果。数值模拟就是在虚拟的环境下,通过交互方式,不需要现场试生产,就能制定合理的铸造工艺,大大缩短新产品的开发周期。

大部分铸造缺陷产生于凝固过程,通过凝固过程的数值模拟,可以帮助工程技术人员在实际铸造前对铸件可能出现的各种缺陷及其大小、部位和发生的时间予以有效的预测,在浇注前采取对策以确保铸件的质量。目前,铸造凝固过程数值模拟的研究主要在以下几方面发展:

(1)铸件的温度、应力及流动场的模拟

铸造过程中相关温度、应力及流动场的数值模拟能帮助工程师预测和分析铸件中可能的铸造缺陷,为提高铸件质量、尺寸精度及稳定性提供了科学依据。主要内容包括利用传热学原理,分析铸件的传热过程,模拟铸件的冷却凝固进程,预测缩孔、缩松等缺陷;利用力学原理,分析铸件的应力分布,可以预测热裂、冷裂、变形等缺陷;利用流体力学原理,分析铸件的充型过程,可以优化浇注系统,预测卷气、夹渣、冲砂等缺陷。

(2)流动与传热耦合计算

利用流体力学与传热学原理,在模拟铸件充型的同时,计算传热,可以预测浇不足、冷隔等缺陷,并同时可以得到充型结束时的温度分布,为后续的凝固模拟提供准确的初始条件。

(3)微观组织模拟

微观模拟是一个较新的研究领域,通过计算机模拟预测铸件微观组织形成,进而预测力学性能,最终控制铸件质量。目前,微观组织模拟取得了显著成果,能够模拟枝晶生长、共晶生长、柱状晶等轴转变等。微观组织模拟可分三个层次:可以分毫米、微米和纳米量级,并通过宏观量如温度、速度、变形等,利用相应的方程进行计算。以汽车中曲轴为例对球铁微观组织进行模拟,并将模拟结果与实验结果进行比较,实际石墨球的数量、尺寸与模拟结果基本吻合,取得了令人满意的结果。

2)铸造工艺CAD

铸造工艺CAD已经受到了铸造技术人员的青睐,通过计算机进行铸造工艺辅助设计和生产控制,大大地节省了人力、物力,提高了铸造工艺的可靠性,保证了铸件质量。设计的项目有冒口、浇口、加工余量、冷铁、分型面、型芯的形状和尺寸的确定。铸造生产过程中,可用计算机控制型砂处理、造型操作;控制压力铸造的生产过程;控制合金液的自动浇注等。带有计算机的设备将会随时记录、储存和处理各种信息,实现过程最优控制。

1.5.2 凝固理论的研究促进铸造新技术的发展

随着凝固理论研究的发展和深入,人们逐渐认识到凝固过程和铸件质量的密切关系,促使人们去通过控制凝固过程来获得优质铸件。

1) 差压铸造

差压铸造又称"反压铸造",其实质是使液态金属在压差的作用下,充填到预先有一定压力的型腔内,进行结晶、凝固而获得铸件。它成功地将低压铸造和压力下结晶两种先进的工艺方法结合起来,从而使理想的浇注、充型条件和优越的凝固条件相配合,展示了巨大的发展前途。

由于差压铸造能有效地控制压力差,针对不同铸件给出最佳的压差值,获得最佳的充型速度,所以金属液补缩能力强,对结晶温度范围宽的合金也具有良好的补缩效果。又因在压力下结晶,它迫使刚刚结晶的晶粒发生塑性变形而消除微观缩松,且压力下结晶有利于减少气体的析出而减小针孔的危害。

2) 定向凝固和单晶及细晶铸造

定向凝固工艺成为生产高温合金涡轮叶片的主要手段之一。由于叶片内部全部是纵向柱状晶,晶面与主应力方向平行,故各项性能指标较高,延长了叶片的寿命。

涡轮叶片的单晶铸造也有了长足的发展,由于整个叶片由一个晶粒组成,没有晶界,消除了叶片过早损坏的薄弱点,各项性能指标更高。

细晶铸造技术是继单晶铸造技术之后发展起来的又一新型的铸造工艺技术,它为改善中低温条件下使用的铸件的组织和力学性能开辟了新的途径。细晶铸造技术是通过控制普通熔模铸造工艺强化核心形成,并阻止晶粒长大,获得平均晶粒尺寸小于 1.6 mm 的均匀、细小、各向同性的等轴晶铸件,改善了铸件的组织形态,从而显著地提高铸件的中低温疲劳性能,同时也改善了拉伸、持久性能。

3) 半固态铸造

半固态金属(SSM)铸造技术经过多年的研究和发展,目前已进入工业应用阶段。半固态铸造成形原理是在液态金属的凝固过程中进行强烈搅拌,使普通铸造易形成的树枝晶网络骨架被打破而保留分散的颗粒状组织形态,从而可利用常规的成形技术如压铸挤压、模锻等实现半固态金属成形。与传统液态成形技术相比,它具有以下优点:成形温度低,延长模具的使用寿命;节省能源,改善生产条件和环境;铸件质量提高;加工余量小;增加压铸合金的范围并可以发展金属复合材料。

4) 快速凝固技术及其他

在铸造合金材料的发展中,快速凝固技术引起人们的高度重视。快速凝固要求金属与合金凝固时具有极大的过冷度,它可由极快速冷却(大于 $10^4 \sim 10^5 ℃/s$)或液态金属的高度净化来实现。快速凝固可以显著细化晶粒;可极大地提高固溶度(远超过相图中的固溶度极限),从而提供了显著增加强化效果的可行性;可能出现常规凝固条件所不会出现的亚稳定相;还可能凝固成非晶体金属。这就可能赋予快速凝固金属或合金各种优异的力学及化学物理性能。例如,铝合金制作汽车发动机连杆材料是人们过去不可想象的,而快速凝固所赋予材料的优异性能,使它能满意地应用于这一领域。

在凝固理论指导下还出现了悬浮铸造、旋转振荡结晶法和扩散凝固铸造。悬浮铸造又称悬浮浇注,分外在悬浮铸造和内生悬浮铸造两种,前者在浇注过程中将一定量的金属粉末加入合金流作为外来晶核;后者是凝固前在合金液中促成活化晶核(如机械搅拌促成晶核),悬浮铸造可消除柱状晶区,减少缺陷和液态收缩,减小偏析和改变组织形貌。而旋转振荡结晶法则是巧妙地将定向凝固、离心铸造的振荡结合起来的复合铸造方法。扩散凝固铸造是将含低溶质的球形金属粉粒充满型腔,然后把高溶质液体压入金属粉粒之间,依靠液体中高溶质扩散,均匀成分及微观组织,缩短凝固时间,消除壁厚效应,减小凝固收缩,甚至在大多数情况下可以不用冒口。这为提高铸件质量、降低金属消耗等方面都创造了良好的条件。

1.5.3 铸造金属基复合材料

用铸造方法制造金属基复合材料是一个新兴的研究领域,因其工艺简单,成本低廉,而所得材料的性能也已达到较高的水平,因此近年来已受到很大的重视。

金属基复合材料自 20 世纪 60 年代开始研究,至今已取得了很大的进展,但主要集中在连续纤维增强的金属基复合材料,因其制造和工艺复杂,成本太高,迄今还很少应用于工业生产。因此,80 年代以来,已将研究重点转向不连续增强物,包括颗粒、晶须或短纤维增强的金属基复合材料。这类材料可用粉末冶金法制造,如美国已用此法成功试制了 SiC 颗粒增强的铝基复合材料,并已投入小批量生产。但因粉末冶金中的部分原材料昂贵,制造过程和所用设备比较复杂,且不宜制作过大或过于复杂的零件,因此还不适合于大规模生产。

这样,用铸造法制造金属基复合材料就受到了重视,铸造法就是直接把各种不连续增强物,即颗粒、晶须或短纤维加入到液态金属中,保证增强颗粒在液态金属中均匀分散,并最终使颗粒弥散地分布于固体金属中。要做到这一点,必须满足如下条件:润湿性良好,两者的密度差应尽可能减小。目前采用的工艺措施有:①搅拌法,②喷射强化法,③预制件浸渗法,④气化模法,⑤半固态复合铸造法,⑥中间合金法。铸造法制造复合材料可用于生产尺寸较大,结构较复杂的零件,因此,其广泛应用和大量生产成为可能。但要稳定地获得较理想的复合材料,必须对工艺过程进行严格控制。

1.5.4 造型技术的新发展

1) 气体冲压造型

这是近年来广为发展的低噪声造型方法,其主要特点是在紧实前先将型砂填入砂箱和辅助框内,然后在短时间内开启快速阀门给气,对松散的型砂进行脉冲冲击紧实成形,气体压力达 $3 \times 10^5 Pa$,且压力增长率 $\Delta P / \Delta t > 40$ MPa/s,可一次紧实成形,无需辅助紧实。气体冲压造型具有砂型紧实度高、均匀,能生产复杂铸件,噪声小、节能、设备简单等优点。主要用于汽车、拖拉机、缝纫机、纺织机械所用的铸件。

2) 静压造型

静压造型的特点是消除了震、压造型机噪声污染,改善了铸造厂的环境。其工艺过程是:首先将砂箱置于装有通气塞的模板上,通入压缩空气,使之穿过通气塞排出,型砂被压向模板,越靠近模板,型砂密度越高,最后用压实板在型砂上进一步压实,使其上、下硬度均匀,起模即成铸型。由于型砂紧实效果好,所以铸件尺寸精度高。目前主要用于汽车和拖拉机的气缸等复杂结构铸件。

3）真空密封造型（V法造型）

V法造型是一种全新的物理造型方法，其基本原理是在特制的砂箱内填入无水粘结剂的干砂，用塑料薄膜将砂箱密封后抽成真空，借助铸型内外的压力差，使型砂紧实成形。V法造型用于生产面积大、壁薄、形状不太复杂及表面要求十分光洁、轮廓十分清晰的铸件。目前在叉车配重块、艺术铸件、大型标牌、钢琴弦架、浴缸等生产领域得到广泛应用。

1.5.5 铸件的轻量化和优质化

铸造要和发展中的其他新工艺竞争，要扩大自己的应用范围，就应注重提高铸造合金的力学性能和使用可靠性，减小铸件的壁厚，使铸件的外形尺寸和重量接近加工后的零件，努力实现铸件的轻量化、薄壁化和优质化。

从本质上说，获得优质的合格铸件，就是把微观组织缺陷和铸造缺陷降低到最低限度，充分挖掘合金强度潜力。这主要包括提高合金的纯洁度、降低合金的污染和含气量；细化晶粒，控制第二相形态，强韧化热处理；探求最优的金属充填规律和热分布等。这就要求把铸造工艺提高到一个新的水平。

降低铸件壁厚，是铸件轻量化的有效措施。据统计，当铸件壁厚增加 0.5 mm 时，平均铸件重量约增 4%。在改善合金性能的基础上，进一步完善铸件成形过程的各种技术，设计更合理的铸件结构，从而减轻其重量，是铸造业发展的一种趋势。

近年来，轻合金铸件所占比重不断增加。以前航空航天要求的铸件比强度高，现在动力机械方面也提出了这一问题，美国福特公司生产的汽车发动机由过去的灰铸件改为高强度的铸造铝合金便是一例。国外轻合金铸件已开始向镁合金、钛合金方面发展。

泡沫金属是一种功能材料，具有高孔洞度、重量轻、透气性好、消音、绝热、不燃烧等优点。由于泡沫金属孔洞度高，所以密度仅为实体金属的 $1/7 \sim 1/50$。这种材料制造方法很多，主要有铸造法、粉末冶金法和镀覆金属法。铸造法可生产镁、铝、铜和铸铁泡沫金属件，并可铸造形状复杂的零件，也可实现实体和泡沫部分一次复合成形，还可以将泡沫金属制成带材、管材和特殊复合材料。

思考题

1. 铸件的凝固方式有哪些？合金的凝固方式与合金的铸造性能有何关系？合金的凝固方式受哪些因素影响？

2. 什么是熔融合金的充型能力？它与合金的流动性有什么关系？不同成分的合金为何流动性不同？

3. 拟生产一批小铸件，力学性能要求不高，但要求愈薄愈好，试分析如何提高流动性。

4. 试分析题图 1-1 所示铸件：

（1）哪些是自由收缩？哪些是受阻收缩？

（2）受阻收缩的铸件形成哪一类铸造应力？

（3）各部分应力属于什么性质（拉应力、压应力）？

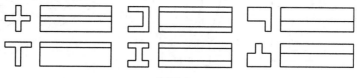

题图 1-1

5. 借助 Fe—Fe₃C 与 Fe—C 双重相图,分析铁碳合金的流动性及缩孔、缩松倾向与含碳量关系。

6. 下列铸件宜选用哪类铸造合金? 说明理由。

车床床身、摩托车发动机、柴油机曲轴、自来水龙头、气缸套、火车轮。

7. 比较灰铸铁、球墨铸铁、铸钢、锡青铜、铝硅合金的铸造性能。

8. 金属型铸造和砂型铸造相比,在生产方法、造型工艺和铸件结构方面有何特点? 适用何种铸件? 为什么金属型未能取代砂型铸造?

9. 下列铸件大批量生产时采用什么铸造方法为宜?

铝合金活塞、缝纫机头、汽轮机叶片、发动机钢背铜套、车床床身、煤气管道、齿轮滚刀。

10. 题图 1-2 中铸件在单件生产条件下应采用什么造型方法? 试确定其浇注位置与分型面的最佳方案,试绘制铸造工艺图。

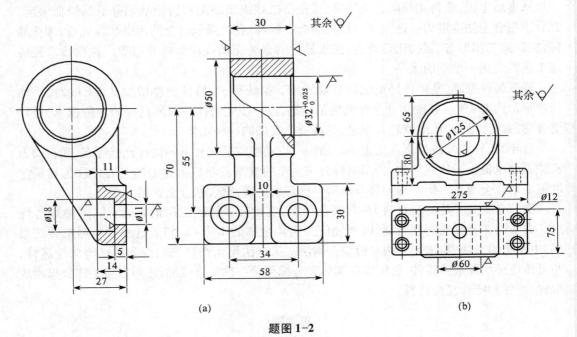

题图 1-2

11. 题图 1-3 铸件的分型面有几种方案? 哪种方案较合理? 为什么?

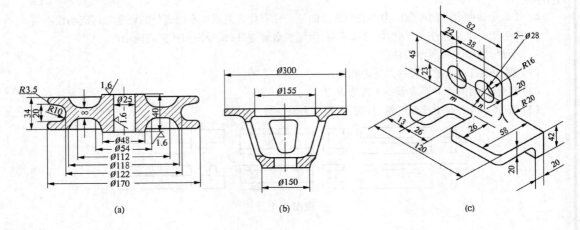

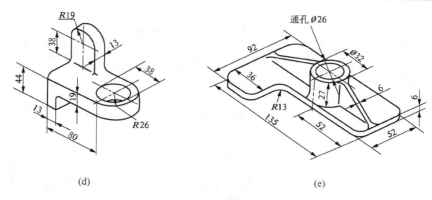

(d)　　　　　　　　　　　　(e)

题图 1-3

12. 确定题图 1-4 所示零件单件小批生产时的分型面和造型方法。画出铸造工艺图。

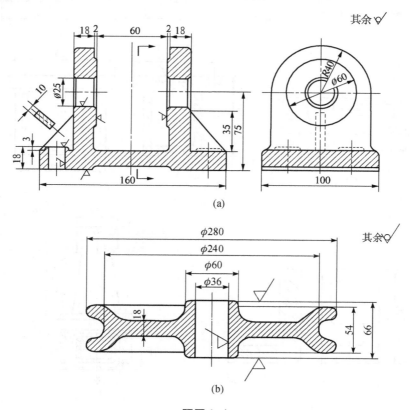

(a)

(b)

题图 1-4

13. 在设计铸件壁时应注意些什么？为什么要规定铸件的最小壁厚？灰铸铁件壁厚过大或局部过薄会出现什么问题？

14. 修改题图 1-5 中铸件结构,使之合理。

15. 试确定题图 1-6 中所示铸件的分型面,修改不合理的结构,并说明修改理由。

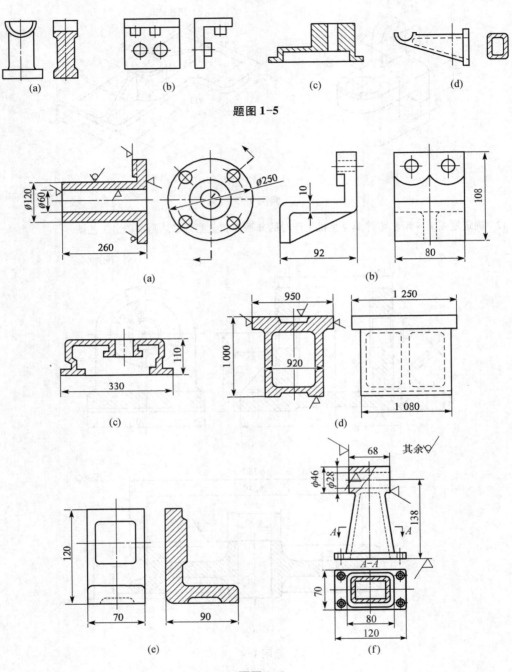

题图 1-5

题图 1-6

2 锻压

2.1 锻压基础

锻压是对坯料施加外力,使其产生塑性变形,改变形状、尺寸及改善性能,用以制造机器零件、工件或毛坯的成形加工方法。它是锻造与冲压的总称。

锻造是在加压设备及工(模)具作用下,使坯料、铸锭产生局部或全部的塑性变形,以获得一定几何尺寸、形状和质量的锻件的加工方法。由于金属塑性和变形抗力方面的要求,锻造通常是在高温(再结晶温度以上)下成形的,因此也称为金属热变形或热锻。在锻造加工过程中,能压密或焊合铸态金属组织中的缩孔、缩松、空隙、气泡和裂纹等缺陷,能破碎并改善碳化物及非金属夹杂物在金属中的分布,还能通过再结晶获得细小的等轴晶,同时能获得一定的锻造流线,因此,与铸态金属相比,其性能得到了极大的改善。主要用于生产各种重要的、承受重载荷及复杂载荷的机器零件或毛坯,如机床的主轴和齿轮、内燃机的连杆、起重机的吊钩等。在锻造过程中,由于高温下金属表面的氧化和冷却收缩等各方面的原因,锻件精度不高、表面质量不好,加之锻件结构工艺性的制约,锻件通常只作为机器零件的毛坯。

冲压是板料在冲压设备及模具作用下,通过塑性变形产生分离或成形而获得制件的加工方法,主要用于加工板料。冲压通常是在再结晶温度以下完成变形的,因而也称为冷冲压。冲压件具有刚性好、结构轻、精度高、外形美观、互换性好等优点,广泛用于汽车、拖拉机、电器、仪表外壳及日用品的生产。

综上所述,锻压加工方法除能获得要求的形状和尺寸之外,最显著的优点就是能改善金属材料的力学性能。此外,与切削加工方法相比,提高了材料的利用率和生产效率。

2.1.1 金属的塑性和变形抗力

锻压加工其本质是金属的塑性变形。塑性变形是以塑性为依据,并在外力作用下进行的。从工艺角度出发,总是希望变形金属具有高的塑性和低的变形抗力。

所谓塑性,是指金属材料在外力作用下能稳定地改变自己的形状和尺寸而各质点间的联系不被破坏的性能。金属的塑性不是固定不变的,同一种材料,在不同的变形条件下,会表现出不同的塑性。

塑性加工时,作用在工具表面单位面积上变形力的大小称为变形抗力,变形抗力取决于工件的受力状况和变形条件下材料的真实应力。由于真实应力、屈服极限、强度极限等在一定程度上反映了材料的变形抗力,因此也把它们作为材料的变形抗力指标来讨论。

需要指出的是:塑性和变形抗力是两个不同的概念,简单地说,前者反映材料塑性变形的能力,后者反映塑性变形的难易程度。塑性好不一定变形抗力低,反之亦然。

影响塑性和变形抗力的因素如下:

1）金属的化学成分和组织对塑性和变形抗力的影响

（1）化学成分的影响

在碳钢中，铁和碳是基本元素；在合金钢中，除了铁和碳之外，还包含合金元素；此外，在各类钢中还含有一些杂质，如硫、磷、氮、氢、氧等。

① 碳钢中碳和杂质元素的影响

碳　碳对碳钢的性能影响最大。碳能固溶于铁，形成铁素体和奥氏体固溶体，它们具有良好的塑性和低的变形抗力。当碳的含量超过铁的溶解能力时，多余的碳便与铁形成渗碳体（Fe_3C），渗碳体具有很高的硬度，而塑性几乎为零，对基体的塑性变形起阻碍作用，从而使碳钢的塑性降低，抗力提高。随着含碳量的增加，渗碳体的量亦增加，塑性的降低与抗力的提高就更甚。

磷　一般来说，磷是钢中的有害杂质。磷能溶于铁素体中，使钢的强度、硬度显著提高，而塑性、韧性显著降低，尤其在低温时更为严重。这种现象称为钢的冷脆性。

硫　硫是钢中的有害杂质，它在钢中几乎不溶解，而与铁形成 FeS。FeS 与铁形成易熔共晶体，其熔点为 985℃，分布于晶界。当钢在 800～1 200℃范围内进行锻造时，由于晶界处的 FeS 共晶体塑性低或发生熔化，导致锻件开裂。这种现象称为钢的热脆性。

氮　在 590℃时，氮在铁素体中的溶解度最大，约为 0.1%，但在室温时，则降至 0.01%以下，当氮含量较高的钢自高温较快地冷却时，铁素体中的氮过饱和，随后在室温或稍高温度下，氮将以 Fe_4N 形式析出，使钢的强度、硬度提高，塑性、韧性大为降低。这种现象称为钢的时效脆性。

氢　钢中溶氢，会引起氢脆现象，使钢的塑性大大降低。在组织应力、热应力和氢析出所造成的内应力的共同作用下，钢由于氢脆而出现微细裂纹，即所谓白点。这种现象在合金钢中尤为严重。

氧　氧在铁素体中溶解度很小，主要是以 Fe_3O_4、FeO、MnO、Mn_3O_4、SiO_2、Al_2O_3 等夹杂物形式存在于钢中。这些夹杂物对钢的性能有不良影响，会降低钢的疲劳强度和塑性。氧化铁还会与其他夹杂物（如 FeS）形成易熔共晶体，分布于晶界，造成钢的热脆性。

② 合金元素的影响

合金元素加入钢中，不仅改变钢的使用性能，而且改变钢的塑性成形性能。主要表现为：塑性降低，变形抗力提高。这些现象可以从以下几个方面解释。

a. 合金元素溶入固溶体中，都将使铁原子的晶体点阵发生不同程度的畸变，从而使钢的变形抗力提高，塑性降低。

b. 合金元素与钢中的碳形成硬而脆的碳化物（如碳化铬、碳化钼、碳化钨、碳化钛等），使钢的变形抗力提高，塑性降低。碳化物的影响还与它的形状、大小和分布状况有关，钛、钒等元素的碳化物，在钢中呈高度分散的极小颗粒，起弥散强化作用，使钢的变形抗力显著提高，但对塑性的影响不大；而高合金钨钢（如高速钢），由于晶界上含有大量共晶碳化物，塑性很差。

c. 合金元素改变钢中相的组成，造成组织的多相性，从而使钢的塑性降低，变形抗力提高。例如，铁素体不锈钢和奥氏体不锈钢均为单相组织，在高温时具有良好的塑性，但如果成分调配不当，则会在铁素体中出现 γ 相，或在奥氏体中出现 α 相，或者造成两相比例不适,由于这两种相的高温性能和它们的再结晶温度差别很大,引起锻造时的不均匀变形,从而降低塑性。

d. 合金元素与钢中的氧、硫形成氧化物或硫化物杂质,造成钢的热脆性,导致热变形困难。

e. 合金元素能影响钢的铸造组织和影响钢材加热时晶粒的长大倾向,因而也影响钢材的塑性。例如硅、镍、铬等元素会促使铸钢中柱状晶的长大,从而降低钢的塑性;而钒能细化铸造组织,对提高钢的塑性是有利的。

f. 合金元素一般都使钢的再结晶温度提高,因而使钢的硬化倾向性和速度敏感性增加。在变形速度高时,钢会表现出比变形速度低时更高的变形抗力和更低的塑性。

g. 若钢中含有低熔点元素(如铅、锡、铋等),这些元素几乎都不溶于基体金属,而以纯金属相存在于晶界,造成钢的热脆性。

（2）组织的影响

钢在规定的化学成分内,由于组织的不同,塑性和变形抗力也会有很大的差异。

① 单相组织(纯金属或固溶体)比多相组织塑性好、变形抗力低。多相组织由于各相性能不同,使得变形不均匀,同时基体相往往被另一相机械地分割,故塑性降低,变形抗力提高。此时,第二相的性质、形状、大小、数量和分布状况起着重要作用。

② 晶粒细化有利于提高金属的塑性,但同时也提高了变形抗力。

③ 铸态组织由于具有粗大的柱状晶粒和偏析、夹杂、气泡、缩孔、缩松等缺陷,故降低了金属的塑性。

④ 钢锭经过热变形后,打碎了粗大的柱状晶粒,并通过再结晶获得细小的等轴晶,锻合了钢锭内部的孔隙,从而提高了金属致密度,同时,破碎并改善了碳化物及非金属夹杂物在金属中的分布,因而大大提高了金属的塑性和强度。经过冷变形的金属,由于加工硬化,使塑性降低,变形抗力提高。

2）变形温度、变形速度对塑性和变形抗力的影响

（1）变形温度的影响

温度是影响塑性和变形抗力的最主要因素之一,在确定锻造加工工艺时,其主要内容之一,便是确定最佳的锻造温度范围,一般是采用塑性最高、变形抗力最低的温度范围,而避开低塑性的温度区间。

温度对塑性的影响,就大多数金属而言,其总的趋势是:随着温度的升高,塑性增加,变形抗力降低。这是因为温度升高,原子热运动的能量增加,原子间的引力削弱,易于产生滑移变形。同时,温度升高有利于回复与再结晶过程的发展,可在变形过程中实现软化,从而使在塑性变形过程中造成的破坏和缺陷修复的可能性增加。但是在温度升高过程中的某些温度区间,往往由于过剩相的析出或相变等原因,使金属的塑性降低和变形抗力增加(也可能降低)。例如,图 2-1 是碳钢的延伸率 δ 和强度 σ_b 随温度变化的曲线。从室温开始,随着温度的升高,δ 曲线上升,

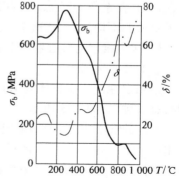

图 2-1　碳钢的延伸率 δ 和强度 σ_b 随温度变化的曲线

σ_b 曲线下降。在大约 200～350℃温度范围内出现了相反情况,δ 和 σ_b 分别有显著的降低和升高(一般认为是沿滑移面上析出渗碳体微粒所致,类似于时效硬化),这个温度区间称为蓝脆区。随后,δ 曲线又继续上升,σ_b 曲线继续下降,直至 800～950℃温度范围,又一次出现相反情况,即 δ 和 σ_b 分别降低和升高(这与珠光体转变为奥氏体,出现两相混合组织有关。若碳钢中硫含量较高,则在 980℃上下会出现低熔点物质),这个温度区间称为热脆区。过了热脆区,δ 和 σ_b 又分别继续增加和下降。一般当温度超过 1 300℃时,由于发生过热、过烧现象,δ 和 σ_b 均急剧下降,此称为高温脆区。在各个脆区内,由于金属的塑性降低,变形抗力提高(也可能降低),故塑性成形应避免在这些脆性区的温度范围内进行。

（2）变形速度的影响

变形速度对金属塑性和变形抗力的影响比较复杂。增加变形速度会使金属晶体的临界剪应力升高,当然就意味着变形抗力的增加。研究表明,变形速度对金属的断裂抗力基本上没有影响。因此,随着变形速度的增加,金属就会更早地到达断裂阶段,也即意味着金属塑性的降低。此外,由于变形速度的增加,金属在冷变形时的加工硬化现象趋于严重,在热变形时回复和再结晶过程来不及完全消除加工硬化,残留的加工硬化使金属的塑性降低,变形抗力升高。但是,金属在变形过程中消耗于塑性变形的能量有一部分转化为热能,当变形速度很大时,热量来不及散失,使变形金属的温度升高,这种现象称为温度效应或热效应。热效应的产生加快了再结晶过程,有利于提高塑性和降低变形抗力。

图 2-1 反映了变形速度对塑性和变形抗力的影响。从图中可以看出:a 点为变形速度的临界值。变形速度小于临界值时,随着变形速度的增大,塑性降低,变形抗力升高;变形速度大于临界值时,随着变形速度的增大,塑性提高,变形抗力降低。

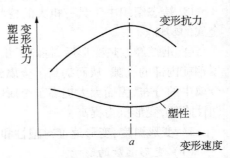

图 2-2　变形速度对塑性和变形抗力的影响

在锻压加工方法中,除了高速锤外,在普通锻压设备上锻造都不超过临界变形速度,提高变形速度将会使塑性降低,抗力升高。因此,一般塑性较差的材料或大型锻件,宜采用较小变形速度,应在压力机上而不在锻锤上加工。还应提到的是:在高速锤上锻造时,由于摩擦系数的降低,不仅降低了变形抗力,还减小了变形的不均匀性,从这个角度来说,高速锤锻造对提高塑性也是有利的。

3）应力状态对塑性和变形抗力的影响

（1）主应力图

用来定性说明变形体内基元体上主应力作用情况的示意图形,称为主应力图。主应力图共有九种,如图 2-3 所示。

不同的锻压加工工序,由于变形体受力状况不同,主应力图一般也不同。常见的有三向受压主应力图(如挤压、模锻、镦粗、轧制等工序)、两向受压一向受拉主应力图(如拉拔工序)和两向受拉主应力图(如大多数板料成形工序)。对于同一种工序,由于变形不均匀,变形体内各基元体的应力状态也不尽相同,主应力图亦不同。例如镦粗时,毛坯心部的主应力图为三向受压应力图,而侧表面处由于附加应力的作用,可能为一向受压一向受拉的主应力图。

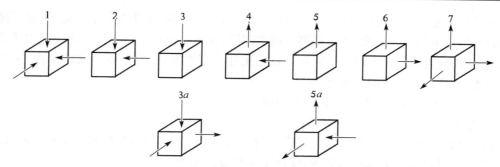

图 2-3 九种主应图（按塑性发挥的有利程度排列）

根据主应力图,可以粗略地比较各种成形工序在塑性和变形抗力上的差异。图 2-3 中,各主应力图就是按照对塑性发挥的有利程度排列的,号码数愈大,塑性愈差。

如前所述,主应力图共有九种,但主应力的数值则可以是多种多样的。例如,挤压和镦粗同样具有三向受压主应力图,但挤压时的三向压缩作用要比镦粗时强,因此使金属表现出更高的塑性和更大的变形抗力。

（2）应力状态对塑性的影响

应力状态对塑性的影响可叙述如下:在应力状态中,压应力个数愈多、数值愈大,则金属的塑性愈高。反之,拉应力个数愈多、数值愈大,则金属的塑性越低。

在锻压加工中,人们通过改变应力状态来提高金属的塑性,以保证生产的顺利进行,提高产品质量并促进工艺的发展。例如,在平砧上拔长某些高合金钢时,容易在毛坯心部产生裂纹,改用 V 型砧后,由于工具侧向压力的作用,减少了毛坯心部的拉应力,从而避免了裂纹的产生。在板料冲压的分离工序（冲裁）中,剪裂纹的产生会降低剪切面（冲裁断面）的质量,若对板料额外施加一个强大的压应力,以提高金属的塑性,就可以抑制裂纹的产生,使塑性剪变形延续到剪切的全过程,从而获得光滑的剪切面。具有强力压板（齿圈压板）的精密冲裁便是依据这个原理,图 2-4 是齿圈压板精冲示意图。齿圈压板 2 带有齿形凸台（齿圈）,凹模 4 带有小圆角,间隙极小,压边力与

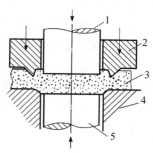

图 2-4 齿圈压板精冲示意图

1—凸模；2—齿圈压板；3—板料；
4—凹模；5—反压顶杆

反顶压力较大,所以它能使材料的冲裁区在三向受压状态下进行剪切,形成精冲的必要条件,达到精冲的目的。精冲可获得断面垂直、表面平整、精度高（可达 IT8 ~ IT6）、粗糙度低（可达 Ra = 0.8 ~ 0.4 μm）的精密零件。

（3）应力状态对变形抗力的影响

应力状态对变形抗力有很大的影响。例如,用相同材料在具有相同结构参数的挤压模和拉拔模上分别进行挤压和拉拔,其变形抗力前者远比后者大,这是挤压时的应力状态与拉拔时不同所致。

在主应力图中,当各方向的主应力正、负号都相同时,称为同号主应力图;当正、负号各不相同时,称为异号主应力图。一般来说,同号主应力图的变形抗力大于异号主应力图的变形抗力。

在锻压加工中,为了减小变形抗力,宜采用具有异号主应力图的变形方式,但这对提高金属的塑性是不利的。反之,为了提高金属的塑性,应采用具有三向不等压缩主应力图的变形方式,但这会使变形抗力增加。究竟应该采用什么变形方式,要依据金属的塑性、工件的形状尺寸、生产率等具体因素来确定。

(4) 其他因素对塑性和变形抗力的影响

① 毛坯表面状况和周围介质的影响

毛坯表面状况会影响塑性,这在冷变形时尤为明显。毛坯表面粗糙或有划痕、微裂纹等缺陷,会在变形过程中引起应力集中,促使工件开裂,降低塑性。

大多数金属在高温下容易为大气中的气体所侵入,这种侵入一般是通过氧化、溶解及扩散等方式进行的,最终导致金属塑性的降低。钢材在含硫量高的氧化性气氛中长时间高温加热,导致侵蚀晶间,变形时会发生龟裂;低温时受酸侵蚀,塑性也会降低。

② 变形不均匀的影响

变形不均匀的影响,本质上仍是应力状态的影响。塑性成形时,由于接触面上的摩擦作用、被加工金属性能的不均匀、工具形状与坯料形状的不一致等原因,变形总是不均匀的。但是由于金属的整体性,各部分的变形不可能孤立地进行,在各部分之间必然存在相互牵制作用,这就引起附加应力。附加应力的大小取决于变形不均匀的程度。附加应力会使变形抗力增加,同时,附加拉伸应力促使裂纹的产生,因而使金属的塑性下降。在锻压生产中,通常采用润滑剂来减小摩擦,以减轻不均匀变形程度,从而提高塑性,降低变形抗力。

2.1.2 常用合金的锻造性和板料冲压性能

1) 常用合金的锻造性

锻造性是合金在锻造生产中表现出来的工艺性能,锻造性的好坏,是由合金的塑性和变形抗力两个因素进行综合衡量的,塑性越好,变形抗力越低,其锻造性就越好。建议用如下经验公式作为合金锻造性的判断准则:

$$K_\psi = \psi / \sigma_b$$

式中:K_ψ ——锻造性判据;

ψ ——材料的断面收缩率(%);

σ_b ——材料的抗拉强度(MPa)。

按照 K_ψ 值的大小,可将合金的锻造性分成五个级别,见表 2-1。

表 2-1 锻造性的五级标准

级别	$K_\psi /\% \cdot MPa^{-1}$	锻造性
1	0.01	不能锻
2	0.01 ~ 0.3	差
3	0.31 ~ 0.8	可锻
4	0.81 ~ 2.0	良
5	2.1	优

锻造生产中用的碳钢、合金钢以及有色金属等合金材料，由于化学成分、晶体结构、晶粒大小、组织结构等的不同，其锻造性有很大的差异，在不同的加热温度下，同种化学成分的合金也体现出不同的锻造性。合金的化学成分、加热温度分别对塑性和变形抗力的影响如前已有叙述。如果综合考虑化学成分（即合金种类）和加热温度诸因素对锻造性的影响，则可通过图 2-5 将各种不同类型的合金随加热温度的变化对锻造性的影响直观地反映出来。各种不同的合金系列，随着加热温度的升高，其锻造性呈现八种不同的特性。

多数纯金属和单相合金的锻造性随温度的升高而增加（类型 I），而某些纯金属和单相合金随温度升高晶粒长大显著，其锻造性随晶粒长大而降低（类型 II）。当晶界形成脆性相时，晶粒尺寸的增大对锻造性的不利影响特别明显。合金中的合金元素形成不溶解的化合物或中间相时，不管锻造温度如何都呈现出脆性（类型 III），然而如果这些相随着温度的升高而溶解，则其锻造性将得以改善（类型 IV），并且一旦这些相全部溶解，此时的锻造性与纯金属十分相似。图中的类型 V 至类型 VIII，说明了不同特性的第二相对合金锻造性的影响程度。若第二相强度明显低于基体或第二相是脆性相，则锻造性随第二相的数量增加而明显下降。对于低熔点的第二相具有相似的效果，当锻造温度超过它的熔点时，合金将产生热脆现象而使锻造性变差。

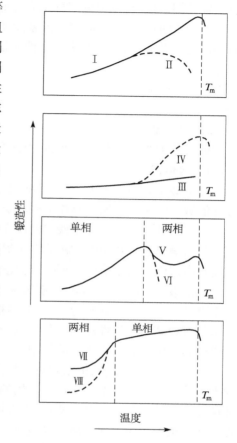

图 2-5　不同合金系列的八种
典型的锻造性

2）板料冲压性能

板料冲压性能当然也取决于板料的塑性和变形抗力。但在板料冲压成形中，其应力状态大多可看作平面应力状态，因此其变形抗力较小，而塑性的好坏却成为影响冲压性能的关键。塑性好的板料，其冲压性能就好；塑性差的板料，在冲压成形中易产生裂纹。

板料冲压通常情况下是冷变形，在成形过程中会产生加工硬化，硬化会导致板料的塑性降低，因此，板料对硬化的敏感性也是影响其冲压性能的重要因素。

板料一般是通过轧制而制成的，其内存在纤维组织，板料的性能呈现各向异性，在成形过程中会导致不同方向的变形不均匀，也影响了板料的冲压成形性能。

从冲压工艺来说，对板料有以下几方面的要求：

① 应具有良好的塑性。在成形工序中，塑性好的材料，其允许的变形程度大；在分离工序中，良好的塑性才能获得理想的断面质量。

② 应具有光洁平整且无缺陷损伤的表面状态。表面状态好的材料，加工时不易破裂，

也不容易擦伤模具,制成的零件也有良好的表面状态。

③ 板料的厚度公差应符合国家标准。因为一定的模具间隙适应于一定厚度的板料,板料的厚度公差太大,不仅会影响工件质量,还可能导致产生废品和损坏模具。

2.2 锻压方法

2.2.1 锻造

锻造的主要方法有自由锻、胎模锻和模锻。

1) 自由锻

自由锻是利用冲击力或压力使金属在上下两个砧铁之间产生塑性变形,从而得到所需锻件的锻造方法。金属坯料在砧铁间受力变形时,除打击方向外,朝其他方向的流动基本不受限制。锻件形状和尺寸由锻工的操作技术来保证。

自由锻分手工自由锻和机器自由锻两种。手工自由锻只能生产小型锻件,生产率也低。机器自由锻则是自由锻的主要生产方法。

自由锻所用的工具简单,具有较大的通用性,应用较为广泛。可锻造的锻件质量从不及一千克到二三百吨。如水轮机主轴、多拐曲轴、大型连杆等件在工作中都承受很大的载荷,要求具有较高的力学性能,而用自由锻方法制作的毛坯,力学性能都较好,所以,自由锻在重型机械制作中具有特别重要的作用。

自由锻所用的设备,根据它对坯料作用力的性质,分为锻锤和液压机两大类。锻锤产生冲击力使金属坯料变形。生产中使用的自由锻锤主要是空气锤和蒸汽-空气锤。空气锤的吨位较小,用来锻造小型件;蒸汽-空气锤的吨位较大,可以用来生产质量小于 1 500 kg 的锻件。液压机产生压力使金属坯料变形。生产中使用的液压机主要是水压机,它的吨位(产生的最大压力)较大,可以锻造质量达 500 t 的锻件。水压机在使金属变形的过程中没有震动,并能很容易达到较大的锻透深度,所以水压机是巨型锻件的唯一成形设备。

自由锻生产中的自由锻工序很多,可分为基本工序、辅助工序及精整工序三大类。

自由锻的基本工序是使金属坯料产生一定程度的塑性变形,以达到所需形状和尺寸的工艺过程。如镦粗、拔长、弯曲、冲孔、切割、扭转和错移等。辅助工序是为基本工序操作方便而进行的预先变形工序,如压钳口、压钢锭棱边、切肩等。精整工序是用以减少锻件表面缺陷而进行的工序,如清除锻件表面凸凹不平及整形等,一般在终锻温度以下进行。

2) 胎模锻

胎模锻是介于自由锻和模锻之间的一种过渡性的锻造方法。它是在自由锻设备上使用通用工具和可移动的简易组合模具(胎模)来使金属成形的,所用胎模的外形和模膛都较简单,而且制造方便、成本低。

根据胎模的结构形式和金属的变形特点,胎模锻大致可分为制坯、成形和修整三类。制坯主要采用摔模、扣模或弯曲模,目的是使坯料的材料分布符合锻件形状的要求;成形主要采用套模(分开式套模和闭式套模)或合模等成形模,目的是获得锻件的最终形状;修整是对锻件进行校正、切边、冲孔或压印等工序,一般以采用冲切模、校正模为主。表 2-2 为各种胎模锻和胎模结构。

表 2-2 胎模锻分类及胎模的应用

分类及工艺特点	胎模结构简图	典型用途
摔模锻 成形时,不断旋转锻件,不产生毛边和纵向毛刺,主要用于旋转体锻件成形及制坯。	型摔	制坯、摔形
	光摔	摔光杆、修整直径
扣模锻 成形时锻件不旋转,扣形与用砧面平整锻件侧面交替进行,用于非旋转体锻件制坯、成形	导锁 导板 带导锁、导板扣模	对称或不对称制坯、成形,能防止错位
弯曲 锻件不翻转,基本上不用砧面平整,用于改变坯料或中间坯料的轴线形状	制坯弯曲模	改变坯料轴线形状,分自由弯曲和夹紧弯曲
闭式套模锻 模具由模套、冲头和下垫组成。成形终了会形成纵向毛刺,出模时,胎模翻转180°或不翻转。主要用于圆环类锻件成形	纵向毛刺 无垫套模	高凸台法兰、高毂齿轮、带杆杯筒的成形
	模套 冲头 下垫 带垫套模	法兰、齿轮、杯筒、环套的成形
开式套模(垫模)锻 模具仅有下模,锻件上端面靠平面成形,成形终了时锻件有小毛边。出模时胎模需要翻转180°。主要用于圆盘类锻件制坯及成形	带垫垫模	圆盘类锻件制坯,法兰预镦,镦挤凸台。加垫可增大下模高度,便于修模,还可锻出底部有凹凸的锻件
	拼分模 拼分垫模	双面法兰、侧壁有凹挡的锻件成形

续表 2-2

分类及工艺特点	胎模结构简图	典型用途
合模锻 模具由上、下模及导向装置组成,成形终了时在分模面上产生横向毛边,需要切边。主要用于杆类锻件	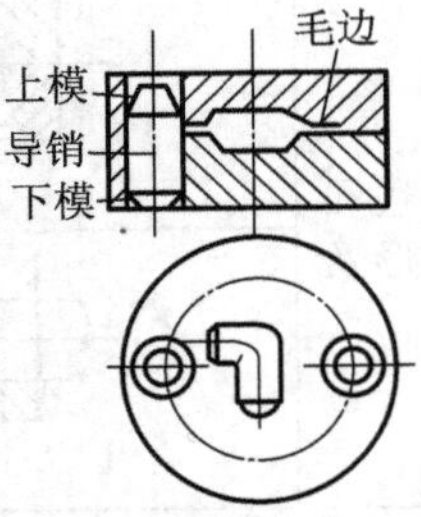 带导销合模	平面分模,杆类锻件成形
	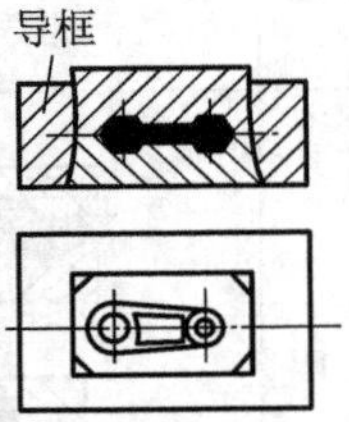 带导框合模	平直分模或折线分模,要求较精密的中小型锻件成形
冲切 模具由冲头、凹模及定位、导向装置组成。用于锻件的冲孔、切边及切断	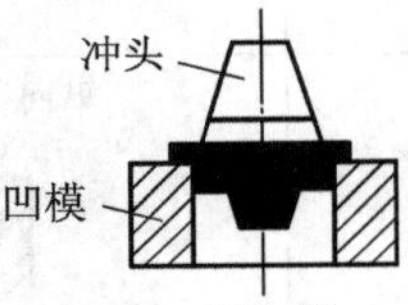 切边模	切边
	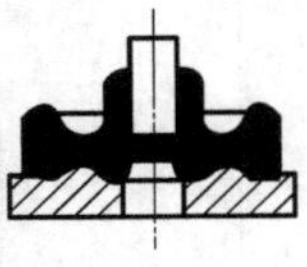 冲孔模	冲孔

3) 模锻

模锻是在高强度金属锻模上预先制出与锻件形状一致的模膛,使坯料在模膛内受压变形的锻造方法。在变形过程中由于模膛对金属坯料流动的限制,因而锻造终了时能得到和模膛形状相符的锻件。

与自由锻及胎模锻相比,模锻具有如下优点:

① 生产效率高。

② 模锻件尺寸精确,加工余量小。

③ 可以锻造出形状比较复杂的锻件。

④ 节省金属材料,减少切削加工工作量。在批量足够的条件下能降低零件成本。

但是,模锻生产由于受模锻设备吨位的限制,模锻件不能太大,模锻件质量一般在 150 kg 以下。又由于制作锻模成本很高,所以模锻不适合于小批和单件生产。模锻生产适合于小型锻件的大批大量生产。

由于现代化大生产的要求,模锻生产越来越广泛地应用在国防工业和机械制造业中。如飞机制造厂、坦克厂、汽车厂、拖拉机厂、轴承厂等。按质量计算,飞机上的锻件中模锻件占 85%,坦克上占 70%,汽车上占 80%,机车上占 60%。

模锻按使用的设备不同,分为锤上模锻和压力机上模锻。

(1) 锤上模锻

锤上模锻所用设备有蒸汽-空气锤、无砧座锤、高速锤等。一般工厂中主要使用蒸汽-空气锤,如图 2-6。

模锻生产所用蒸汽-空气锤的工作原理与蒸汽-空气自由锻锤基本相同。但由于模锻生产要求精度较高,故模锻锤的锤头与导轨之间的间隙比自由锻锤的小,且机架 2 直接与砧座 3 连接,这样使锤头运动精确,保证上下模对准。其次,模锻锤一般均由一名模锻工人操纵,他除了掌钳外,还同时踩踏板 1 带动操纵系统 4 控制锤头行程及打击力的大小。

模锻锤的吨位为 10 ~ 200 kN。模锻件的质量为 0.5 ~ 150 kg。

① 锻模结构

锤上模锻用的锻模如图 2-7,它是由带有燕尾的上模 2 和下模 4 两部分组成的。下模 4 用紧固锲铁 7 固定在模垫 5 上。上模靠锲铁 10 紧固在锤头 1 上,随锤头一起做上下往复运动。上下模合在一起时,模内形成完整的模膛 9。8 为分模面,3 为飞边槽。

② 模膛分类

根据其功用的不同,模膛可分为模锻模膛和制坯模膛两大类。

A. 模锻模膛

模锻模膛分为终锻模膛和预锻模膛两种。

a. 终锻模膛　终锻模膛的作用是使坯料最后变形到锻件所要求的形状和尺寸,因此它的形状应和锻件的形状相同。但因锻件冷却时要收缩,终锻模膛的尺寸应比锻件尺寸放大一个收缩量。钢件收缩量取 1.5%。另外,沿模膛四

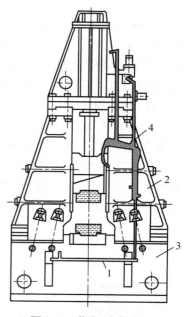

图 2-6　蒸汽-空气锤

1—踩踏板;2—机架;3—砧座
4—操纵系统

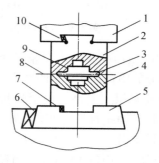

图 2-7　锤上模锻用锻模

1—锤头;2—上模;3—飞边槽;
4—下模;5—模垫;6—紧固锲块;
7—紧固锲块;8—分模面;
9—模膛;10—紧固锲块

周有飞边槽,用以增加金属从模膛中流出的阻力,促使金属充满模膛,同时容纳多余的金属。对于具有通孔的锻件,由于不可能靠上、下模的突起部分把金属完全挤压掉,故终锻后在孔内留下一薄层金属,称为冲孔连皮,如图 2-8。把冲孔连皮和飞边冲掉后,才能得到有通孔的模锻件。

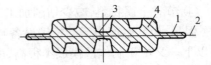

图 2-8 带有冲孔连皮及飞边的模锻件

1—飞边;2—分模面;3—冲孔连皮;4—锻件

b. 预锻模膛　预锻模膛的作用是使坯料变形到接近于锻件的形状和尺寸,这样再进行终锻时,金属容易充满终锻模膛。同时减少了终锻模膛的磨损,以延长锻模的使用寿命。预锻模膛和终锻模膛的区别是前者的圆角和斜度较大,没有飞边槽。对于形状简单或批量不大的模锻件,可不设置预锻模膛。

B. 制坯模膛

对于形状复杂的模锻件,为了使坯料形状基本接近模锻件形状,使金属能合理分布和很好地充满模膛,必须预先在制坯模膛内制坯。制坯模膛有以下几种。

a. 拔长模膛　用它来减小坯料某部分的横截面积,以增加该部分的长度,如图 2-9。当模锻件沿轴向横截面积相差较大时,采用这种模膛进行拔长。拔长模膛分为开式(图 2-9(a))和闭式(图 2-9(b))两种,一般设在锻模的边缘。操作时坯料除送进外还需翻转。

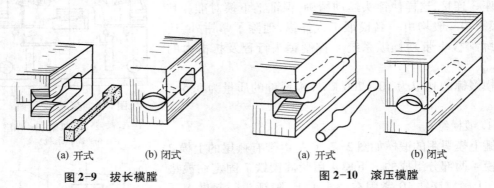

（a）开式　　　　（b）闭式　　　　　　（a）开式　　　　（b）闭式

图 2-9　拔长模膛　　　　　　　图 2-10　滚压模膛

b. 滚压模膛　用它来减小坯料某部分的横截面积,以增大另一部分的横截面积。主要是使金属按模锻件形状沿轴线合理分布,如图 2-10。滚压模膛分为开式(图 2-10(a))和闭式(图 2-10(b))两种。当模锻件沿轴线的横截面积相差不很大或修整拔长后的毛坯时采用开式滚压模膛,当模锻件的最大和最小截面相差较大时,采用闭式滚压模膛。操作时需不断翻转坯料。

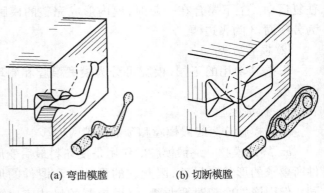

（a）弯曲模膛　　　　（b）切断模膛

图 2-11　弯曲和切断模膛

c. 弯曲模膛　对于弯曲的杆类模锻件,需用弯曲模膛来弯曲坯料,如图 2-11(a)。坯料可直接或先经其他制坯工步后放入弯曲模膛进行弯曲变形。弯曲后的坯料须翻转90°再放入模锻模膛成形。

d. 切断模膛 是在上模与下模的角部组成的一对刃口,用来切断金属,如图2-11(b)。单件锻造时,用它从坯料上切下锻件或从锻件上切下钳口;多件锻造时,用它来分离成单个件。

此外,还有成形模膛、镦粗台及击扁面等制坯模膛。

根据模锻件的复杂程度不同,所需变形的模膛数量不等,可将锻模设计成单膛锻模或多膛锻模。单膛锻模是在一副锻模上只有终锻模膛一个模膛,如齿轮坯模锻件就可以将圆柱形坯料直接放入单膛锻模中成形。多膛锻模是在一副锻模上具有两个以上模膛的锻模。

对于形状复杂的锻件,往往要通过多个锻造工步的变形,逐步成形,图2-12是弯曲连杆的锻造过程。锤上模锻时,可将完成这些锻造工步所需的模膛集中在一副锻模上,成为多膛锻模。

C. 修整工序

坯料在锻模内制成模锻件后,还需经过一系列修整工序,以保证和提高锻件质量。修整工序包括以下内容:

a. 切边和冲孔 刚锻制成的模锻件,一般都带有飞边和连皮,须在压力机上通过模具将其切除。

切边模(如图2-13(a))由活动凸模和固定凹模所组成。切边凹模的通孔形状和锻件在分模面上的轮廓一样。凸模工作面的形状与锻件上部外形相符。

在冲孔模上(图2-13(b)),凹模作为锻件的支座,凹模的形状做成使锻件放到模中时能对准中心。冲孔连皮从凹模孔落下。

当锻件为大量生产时,切边及冲连皮可在一个较复杂的复合模或连续模上联合进行。

b. 校正 在切边及其他工序中都可能引起锻件变形。因此,对许多锻件,特别是对形状复杂的锻件,在切边(冲连皮)之后还需进行校正。校正可在锻模的终锻模膛或专门的校正模内进行。

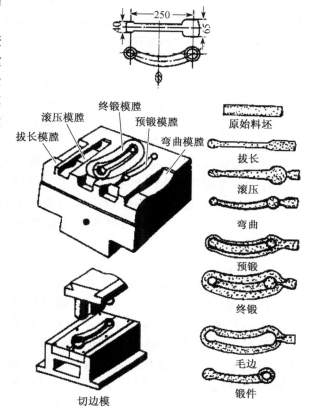

图2-12 弯曲连杆的锻造过程

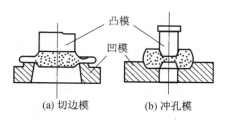

图2-13 切边模和冲孔模

c. 热处理　模锻件进行热处理的目的是为了消除模锻件的过热组织或加工硬化组织，使模锻件具有所需的力学性能。模锻件的热处理一般是正火或退火。

d. 清理　为了提高模锻件的表面质量，改善模锻件的切削加工性能，模锻件需要进行表面处理，去除在生产过程中形成的氧化皮、所沾油污及其他表面缺陷（残余毛刺）等。

对于要求精度高和表面粗糙度值低的模锻件，除进行上述各修整工序外，还应在压力机上进行精压。精压分平面精压和体积精压两种。平面精压（图2-14（a））用来获得模锻件某些平行平面间的精确尺寸。

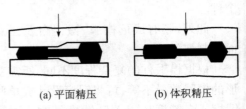

(a) 平面精压　　　(b) 体积精压

图2-14　精压

体积精压（图2-14（b））主要用来提高模锻件所有尺寸的精度，减少模锻件质量差别。精压模锻件的尺寸精度，其偏差可达 ±0.1~0.25 mm，表面粗糙度 Ra 为 0.8~0.4 μm。

（2）压力机上模锻

锤上模锻具有工艺适应性广的特点，目前仍在锻压生产中得到广泛应用。但是，模锻锤在工作中存在震动和噪音大、劳动条件差、蒸汽效率低、能源消耗多等难以克服的缺点。因此，近年来大吨位模锻锤有逐步被压力机取代的趋势。

用于模锻生产的压力机有摩擦压力机、曲柄压力机、平锻机、模锻水压机等。

① 摩擦压力机上模锻

摩擦压力机也称螺旋压力机，工作原理如图2-15所示。锻模分别安装在滑块7和机座9上。滑块与螺杆1相连，沿导轨8只能上下滑动。螺杆穿过固定在机架上的螺母2，上端装有飞轮3。两个圆轮4同装在一根轴上，由电动机5经过皮带6带动圆轮轴在机架上的轴承中旋转。改变操纵杆位置可使圆轮轴沿轴向移动，这样就会把某一个圆轮靠紧飞轮边缘，借摩擦力带动飞轮转动。飞轮分别与两个圆轮接触就可获得不同方向的旋转，螺杆也就随飞轮做不同方向的转动。在螺母的约束下，螺杆的转动变为滑块的上下滑动，实现模锻生产。

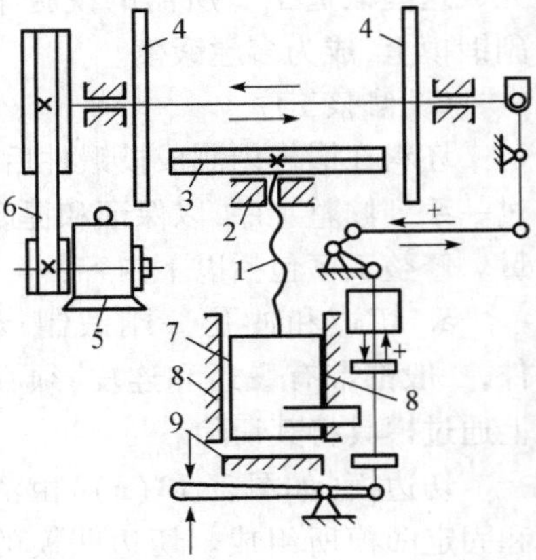

在摩擦压力机上进行模锻主要是靠飞轮、螺杆及滑块向下运动时所积蓄的能量来实现。最大吨位可达80 000 kN，常用的一般都在10 000 kN 以下。

图2-15　摩擦压力机传动简图

1—螺杆；2—螺母；3—飞轮；
4—圆轮；5—电动机；6—皮带；
7—滑块；8—导轨；9—机座

摩擦压力机工作过程中滑块速度为 0.5~1.0 m/s，使坯料变形具有一定的冲击作用，且滑块行程可控，这与锻锤相似。坯料变形中的抗力由机架承受，形成封闭力系，这又是压力机的特点。所以，摩擦压力机具有锻锤和压力机的双重工作特性。摩擦压力机带顶料装置，取件容易，但摩擦压力机滑块打击速度不高，每分钟行程次数少，传动效率低（仅为 10%~15%），能力有限。故多用于锻造中小型锻件。

a. 摩擦压力机上模锻的特点：摩擦压力机的滑块行程不固定，并具有一定的冲击作用，因而可实现轻打、重打,可在一个模膛内进行多次锻打。它不仅能满足模膛各种主要成形工序的要求,还可以进行弯曲、压印、热压、精压、切飞边、冲连皮及校正等工序。

b. 由于滑块运动速度低,金属变形过程中的再结晶现象可以充分进行。因而特别适合于锻造低塑性合金钢和有色金属(如铜合金)等。

c. 由于滑块打击速度不高,设备本身具有顶料装置,生产中不仅可以使用整体式锻模,还可以采用特殊结构的组合模具。模具设计和制造不仅得以简化,还节约材料和降低生产成本。同时可以锻制出形状更为复杂、敷料和模锻斜度都很小的锻件,并可将轴类锻件直立起来进行局部镦锻。

d. 摩擦压力机承受偏心载荷能力差,通常只适用于单膛锻模进行模锻。对于形状复杂的锻件,需要在自由锻设备或其他设备上制坯。

摩擦压力机上模锻适合于中小型锻件的小批和中批生产。如铆钉、螺钉、螺帽、配气阀、齿轮、三通阀体等。摩擦压力机上生产的典型模锻件如图2-16。

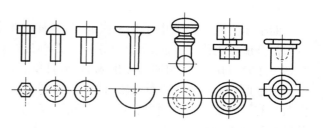

图 2-16 摩擦压力机上生产的典型模锻件

综上所述,摩擦压力机具有结构简单、造价低、投资少、使用维修方便、基建要求不高、工艺用途广泛等特点,所以我国中小型工厂都拥有这类设备,用它来代替模锻锤、平锻机、曲柄压力机进行模锻生产。

② 曲柄压力机上模锻

曲柄压力机的传动系统如图2-17所示。用三角皮带2将电动机1的运动传到飞轮3上,通过轴4及传动齿轮5、6带动曲柄连杆机构的曲柄8、连杆9和滑块10。曲柄连杆机构的运动靠气动多片式摩擦离合器7与飞轮3结合来实现。停止靠制动器15。锻模的上模固定在滑块上,而下模则固定在下部的楔形工作台11上。工作台11由斜楔13定位。下顶料由凸轮16、拉杆14和顶杆12来实现。

曲柄压力机的吨位一般是2 000 ~ 120 000 kN。

曲柄压力机上模锻的特点:

a. 滑块行程固定,并具有良好的导向装置和顶件机构,因此锻件的公差、余量和模锻斜度都比锤上模锻小。

b. 曲柄压力机作用力的性质是静压力。因此锻

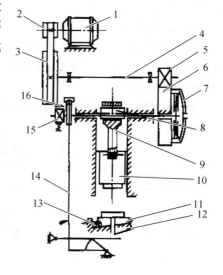

图 2-17 曲柄压力机传动图

1—电动机;2—皮带轮;3—飞轮;4—轴;
5、6— 传动齿轮;7—离合器;8—曲柄;
9—连杆;10—滑块;11—工作台;
12—顶杆;13—斜楔;14—拉杆;
15—制动器;16—凸轮

模的主要模膛4、5都设计成镶块式的(如图2-18)。镶块用螺栓8和压板9固定在模板6、7上。导柱3用来保证上下模之间的最大精确度。顶杆1和2的端面形成模膛的一部分。这

种组合模制造简单、更换容易、节省贵重模具材料。

c. 由于热模锻曲柄压力机有顶件装置,所以能够对杆件的头部进行局部镦粗。

d. 因为滑块行程一定,不论在什么模膛中都是一次成形,所以坯料表面上的氧化皮不易被清除掉,影响锻件质量。氧化问题应在加热时解决。同时,曲柄压力机上也不宜进行拔长和滚压工步。如果是横截面变化较大的长轴类锻件,可以采用周期轧制坯料或用辊锻机制坯来代替这两个工步。

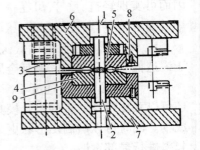

图 2-18　曲柄压力机用的锻模

曲柄压力机上模锻由于是一次成形,金属变形量过大,不易使金属填满终锻模膛,因此变形应该逐渐进行。终锻前常采用预成形及预锻工步。图 2-19 的(a)、(b)、(c)图即为经预成形、预锻和最后终锻的齿轮模锻工步。

综上所述,与锤上模锻比较,曲柄压力机上模锻具有下列优点:锻件精度高、生产率高、劳动条件好和节省金属等。

曲柄压力机上模锻适合于大批大量生产。

曲柄压力机上模锻虽有上述优点,但由于设备复杂,造价相对较高。

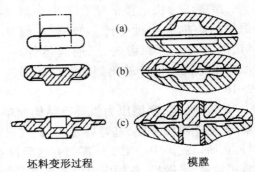

坯料变形过程　　　　模膛

图 2-19　曲柄压力机上模锻齿轮工步

4)锻造方法的选择

各种锻造方法所生产的锻件,都有其各自的结构特点,所以,选择锻造方法时,首先要考虑的是锻件的结构形状。

表 2-3 是自由锻生产锻件的典型结构类型及其锻造工序。

表 2-3　自由锻生产锻件的典型结构类型及其锻造工序

锻件类型		图例	锻造工序
I	实心圆截面光轴及阶梯轴		拔长(镦粗及拔长),切割和锻台阶
II	实心方截面光杆及阶梯杆		拔长(镦粗及拔长),切割,锻台阶和冲孔
III	单拐及多拐曲轴		拔长(镦粗及拔长),错移,镦台阶,切割和扭转

续表 2-3

锻件类型		图例	锻造工序
Ⅳ	空心光环及阶梯环		镦粗（拔长及镦粗），冲孔，芯轴上扩孔，芯轴上拔长
Ⅴ	空心筒		镦粗（拔长及镦粗），冲孔，芯轴上拔长
Ⅵ	弯曲件		拔长，弯曲

表 2-4 是锤上模锻生产模锻件的典型结构类型。

表 2-4 锤上模锻生产模锻件的典型结构类型

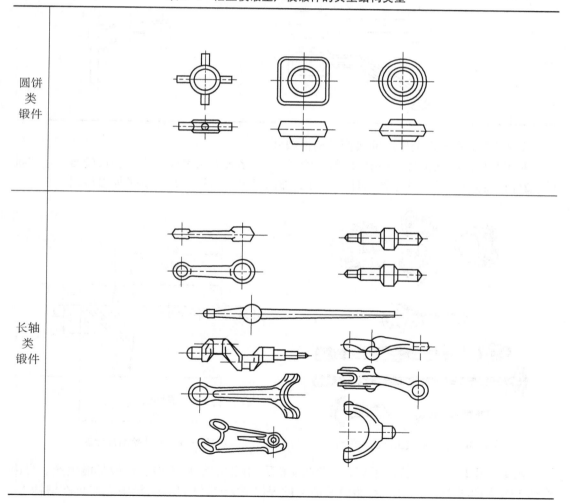

| 圆饼类锻件 | |
| 长轴类锻件 | |

表 2-5 是曲柄压力机上生产模锻件的典型结构类型。

表 2-5　曲柄压力机上生产模锻件的典型结构类型

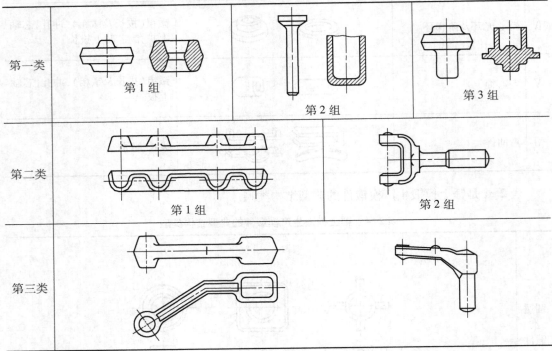

图 2-20 是平锻机上生产的典型结构模锻件。

对于某些结构的锻件,从结构形状来看,可能用多种方法都能生产,这时,就要从生产批量、锻件精度要求、现有的生产条件等多方面加以考虑。这里举几个例子加以说明。

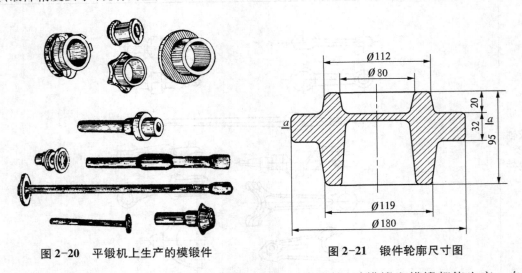

图 2-20　平锻机上生产的模锻件

图 2-21　锻件轮廓尺寸图

例 1　图 2-21 为一齿轮毛坯,从其结构来看,用自由锻、胎模锻和模锻都能生产。自由锻加工过程如图 2-22(a)所示,胎模锻加工过程如图 2-22(b)所示,模锻生产可在锻锤上、曲柄压力机上以及摩擦压力机上进行,以图 2-21 所示的 $a-a$ 为分模面,在坯料下料加热后,经镦粗制坯再终锻成形。

以上加工方法中,自由锻工序多,一般在空气锤或蒸汽锤上由工人手工操作,锻件的加工余量和锻造公差都较大,生产效率低,劳动强度大,只适宜于单件或很小批量的生产;胎模锻一般也是在空气或蒸汽锤上进行,使用了较简单的模具(即胎模),而且胎模无需固定,锻件的形状和尺寸基本上由胎模控制,因此,加工余量和锻造公差比自由锻时要小,生产效率有所提高,劳动强度有所降低,相对于模锻而言,模具较为简单,造价低,操作灵活,但锻件精度和生产率比模锻要低,所以胎模锻适宜于中小批量的生产;模锻从操作来说最为简单,生产率最高,锻件的加工余量和锻造公差小,但模具造价高,生产准备期长,适宜于大批量的生产。模锻时的设备可以是锻锤,也可以是曲柄压力机,各类设备都有自身的特点。曲柄压力机上模锻和锤上模锻相比,锻件的尺寸精度高,余量的平均值较锤上模锻件小 30% ~50% ,公差也减小,高度方向的尺寸精确,而且由于曲柄压力机带有顶出机构,能从上、下模中自动顶出锻件,故模锻件的模锻斜度比锤上模锻的小。但是,曲柄压力机比锻锤的造价要高,投资较大。

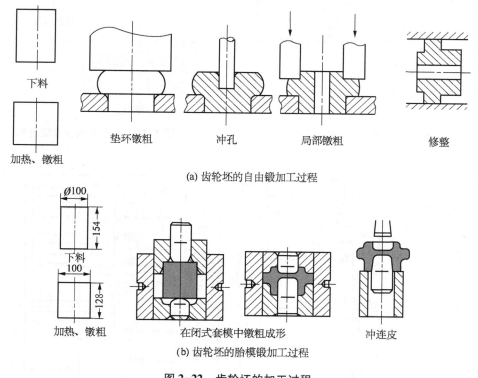

(a) 齿轮坯的自由锻加工过程

(b) 齿轮坯的胎模锻加工过程

图 2-22 齿轮坯的加工过程

例 2 图 2-23 是汽车半轴锻件,该锻件如用自由锻生产方法,因头部法兰部分形状复杂,手工自由锻难以实现头部的成形。如果在锻锤上或曲柄压力机上进行模锻,假设以通过轴线的截面作为分模面,头部法兰部分就相当于扁而薄的高筋,模锻时难以充满,或者需要复杂的制坯工步,而且模锻时形成的飞边在切除后也会影响杆部的表面,所以在锻锤上或曲柄压力机上模锻对该锻件来说并不适宜。实际上,现在生产汽车半轴的方法主要有两种,其一是胎模锻,其锻造过程如图 2-24 所示;其二是在平锻机上进行模锻,其工步图和模具简图如图 2-25 所示。二者相比较,平锻机上模锻生产效率要高得多,但设备投资也大得多,所以适宜于大批量生产,而胎模锻则适宜于中小批量的生产。

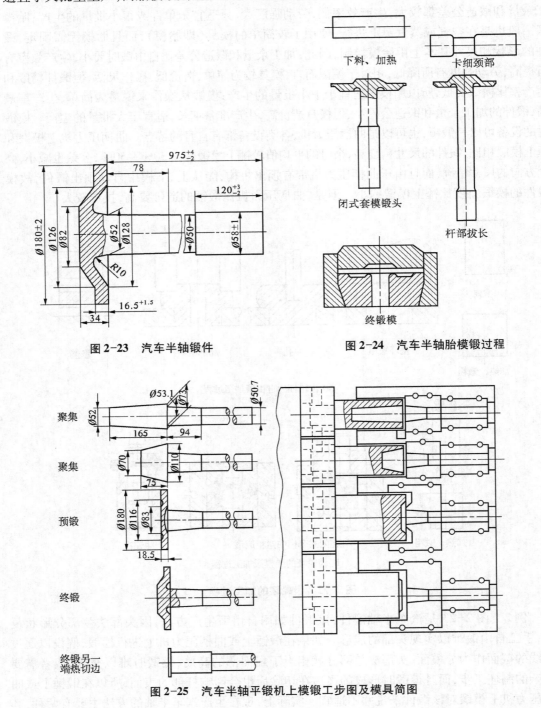

图 2-23 汽车半轴锻件

图 2-24 汽车半轴胎模锻过程

图 2-25 汽车半轴平锻机上模锻工步图及模具简图

总的来说,自由锻是一种灵活性、通用性很强的工艺方法,可以锻造多种多样的锻件,特别是对于大型锻件,由于设备吨位的限制,只能采用自由锻,由坯料逐步变形而成锻件。但是,自由锻是靠工人的操作来控制锻件的形状和尺寸,所以锻件的精度低,加工余量大,生产率低,劳动强度大。因此,自由锻只适宜于单件和小批量的生产情况。模锻与自由锻相比,生产的锻件形状更为复杂,尺寸精度较高,表面粗糙度值小;锻件加工余量和锻造公差小,材料利用率高;生产过程操作简便,劳动强度小,易于实现自动化,生产率高;此外,锻件的锻造流线分布较完整合理,力学性能高。但模锻的设备投资大;生产准备周期,尤其是锻模设计制造周期长;锻模成本高;工艺灵活性差。所以,模锻适宜于中、小锻件的批量生产。胎模锻是介于自由锻和模锻之间的一种锻造方法。

2.2.2　冲压

冲压加工的零件,种类繁多,对零件形状、尺寸、精度的要求各不相同,其冲压加工方法也多种多样。但概括起来,可以分为分离工序和成形工序两大类。分离工序是将冲压件或板料沿一定轮廓相互分离,其特点是板料在冲压力作用下发生剪切而分离。成形工序是在不产生破坏的条件下使板料发生塑性变形,形成所需要形状及尺寸的零件,其特点是板料在冲压力作用下,变形区应力满足屈服条件,因而板料只发生塑性变形而不破裂。

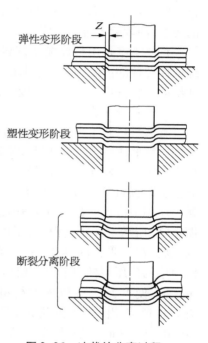

图 2-26　冲裁的分离过程

1）分离工序

分离工序主要包括冲裁(落料和冲孔)、剪切、切边、切口、剖切等,它们的变形机理都是一样的。

（1）冲裁的分离过程及质量控制

冲裁的分离过程可分为图 2-26 所示的三个阶段:

① 弹性变形阶段　凸模压缩板料,使之产生局部弹性拉伸和弯曲变形。最终在工件上呈现出圆角带(图 2-27)。

② 塑性变形阶段　当板料变形区应力满足屈服条件时,便形成塑性变形(可认为近似纯剪变形),材料挤入凹模,并引起冷变形强化。在工件剪断面上表现为光亮带(图 2-27)。此阶段终了时,在应力集中的刃口附近出现微裂纹,这时冲裁力最大。

③ 断裂分离阶段　随着凸、凹模刃口的继续压入,上、下裂纹扩展延伸,以至相遇重合,板料被分离。这一过程在工件剪断面上产生一粗糙的断裂带(图 2-27)。

冲裁件的剪断面呈明显的区域性特征,其上有圆角带、光亮带、断裂带和毛刺,如图 2-27 所示。

冲裁间隙是冲裁工艺中的重要参数。间隙过大或过小都将引起上、下裂纹不能重合。间隙过大,断裂带宽度增大,断面质量和尺寸精度降低,毛刺增大;间隙过小,会产生二次剪切,同时使

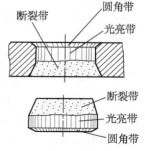

图 2-27　冲裁件的断面特征

冲裁力增大,模具寿命降低。因此,应选用合理间隙,其遵循的基本原则是使上、下裂纹重合,具体数据可参阅有关模具设计手册。

在设计冲裁模具时,落料和冲孔所遵循的设计准则并不相同,所以必须分清落料和冲孔的概念。从板料上冲下所需形状及尺寸的零件叫落料;在工件上冲出所需形状及尺寸的孔叫冲孔。换句话说,落料时冲下部分是有用的零件,而冲孔时冲下部分是废料。

（2）整修

用一般冲裁方法所冲出的零件,断面粗糙,带有锥度,尺寸精度不高,一般落料件精度不超过 IT10,冲孔精度不超过 IT9。为满足高精度、高断面质量零件的要求,冲裁后需进行整修。

整修工序是用整修模将落料件的外

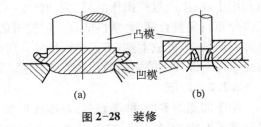

图 2-28　装修

缘或冲孔件的内缘刮去一层薄的切屑,如图 2-28 所示,以切除冲裁断面上的粗糙层,提高尺寸精度。整修后冲裁件的精度可达到 IT9 ~ IT7,粗糙度值可达 Ra 1.6 ~ 0.8 μm。

（3）精密冲裁

整修虽可获得高精度和光洁剪断面的冲裁件,但增加了整修工序和整修模具,使冲裁件的成本增加,生产率降低。精密冲裁是经一次冲裁获得高精度和光洁剪断面冲裁件的一种高质量、高效率的冲裁方法。应用最广泛的精冲方法是强力压边精密冲裁,如图 2-29 所示。冲裁过程是:压边环的 V 形齿首先压入板料,在 V 形齿内侧产生向中心的侧向压力,同时,凹模中的反压顶杆向上以一定压力顶住板料,当凸模下压时,使 V 形齿圈以内的材料处于三向压应力状态。为避免出现剪裂状态,凹模刃口一般做成

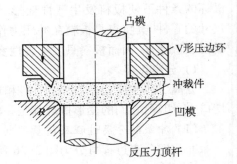

图 2-29　强力压边精密冲裁

R0.01 ~ 0.03 mm 的小圆角。凸、凹模间的单面间隙小于板厚的 0.5%。这样便使冲裁过程完全成为塑性剪切变形,不再出现断裂阶段,从而得到全部为平直光洁剪切面的冲裁件。精密冲裁可获得精度为 IT7 ~ IT6、表面粗糙度值 Ra 0.8 ~ 0.4 μm 的冲裁件。但是,精密冲裁需要高精度的模具和专用的精冲设备,制件成本高。

2）成形工序

成形工序主要有弯曲、拉深、翻边、成形、旋压等。

（1）弯曲

将板料、型材或管材在弯矩作用下弯成具有一定曲率和角度的制件的成形方法称为弯曲。板料弯曲的变形过程如图 2-30 所示。板料放在凹模上,随着凸模的向下运动,材料弯曲半径逐渐减小,直到凸、凹模与板料吻合,使板料按凸、凹模的几何形状弯曲成形。弯曲时,变形只发生在圆角部分,其外侧受拉应

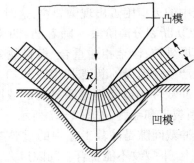

图 2-30　板料弯曲变形过程

力而产生拉伸变形,当变形超过材料的成形极限时就会形成裂纹;圆角内侧受压应力,压应力过大时会引起起皱。

弯曲半径 R 与板料厚度 t 的比值 R/t 称为相对弯曲半径,它反映了弯曲变形程度的大小。R/t 越小,说明变形程度越大,当 R/t 小到一定程度时,就会超出板料的成形极限而发生破坏。在保证板料外层纤维不发生破坏的条件下,所能弯成零件内表面的最小圆角半径,称为最小弯曲半径 R_{min}。不同材料、不同状态、不同弯曲方向时,其 R_{min} 各不相同,例如退火状态的 08 板材,当弯曲线垂直于纤维方向时,$R_{min} \geqslant 0.1 t$;弯曲线平行于纤维方向时,$R_{min} \geqslant 0.4 t$。这些数据可查阅有关模具设计手册。生产中,弯曲件的圆角半径一般不应小于最小弯曲半径,若一定要求 $R < R_{min}$ 时,工艺上应考虑采用多次弯曲,而且弯曲工序之间应退火。

在弯曲工序中,还要注意回弹问题,即由于弹性变形部分的恢复,使弯曲后工件的弯曲角增大。回弹角通常小于 $10°$。材料屈服点越高,回弹值越大;工件弯曲角度越大,回弹值也越大。此外,回弹值还与工件形状、模具间隙、变形程度大小、弯曲方式等因素有关。在设计弯曲模具时,应使模具上的弯曲角比工件要求的弯曲角小一个回弹值。

(2) 拉深

拉深也称拉延,它是利用模具使板料变成开口的空心零件的冲压工艺方法。

① 拉深变形过程

图 2-31 所示是把直径为 D 的板料经拉深成为直径为 d、高度为 h 的筒形件。其过程是:在凸模的作用下,原始直径为 D 的板料,在凹模端面和压边圈之间的缝隙中变形,并被拉进凸模与凹模之间的间隙里形成空心零件。零件上高度为 h 的直壁部分是由板料的环形部分(外径为 D、内径为 d)经塑性变形转化而成的,所以拉深时板料的环形部分是变形区,变形区内受径向拉应力和切向压应力的作用,产生塑性变形,将板料的环形部分变为圆筒形件的直壁,塑性变形的程度,由底部向上逐渐增大,在圆筒顶部的变形程度最大。在拉深过程中,圆筒的底部基本上没有塑性变形,底部只传递凸模作用于板料的拉深力。

拉深的变形程度受两个方面限制,其一是径向拉应力过大导致材料变薄以致拉裂(主要是圆筒底部圆角与直壁交接处);其二是切向压应力过大导致变形区材料受压失稳而起皱。如图 2-32。

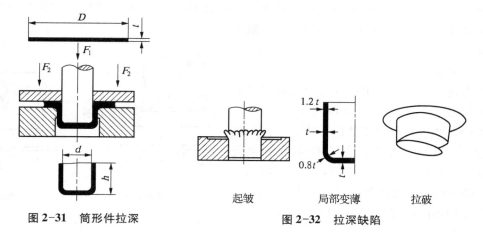

图 2-31　筒形件拉深　　　　　图 2-32　拉深缺陷

起皱　　　　局部变薄　　　拉破

② 拉深工艺参数

最主要的工艺参数是反映变形程度的拉深系数 m，对圆筒形零件来说，拉深后零件的直径 d 与板料直径 D 之比称为拉深系数 m，即

$$m = \frac{d}{D}$$

式中：d——圆筒件的直径(mm)；

D——板料直径(mm)。

显然，拉深系数越小，变形程度就越大。

在拉深生产中，每次拉深时的拉深系数不应小于板料的极限拉深系数，否则，会引起拉裂。所谓极限拉深系数，是在工件不拉裂的条件下所能达到的最小拉深系数。影响极限拉深系数的因素很多，塑性越好，极限拉深系数越小；板料相对厚度(t/D)越大，拉深时不易起皱，极限拉深系数越小；此外，凸、凹模的圆角半径、模具间隙、润滑条件等都对极限拉深系数有一定的影响。极限拉深系数的数值，可参阅有关模具设计手册。

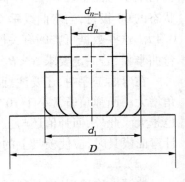

图 2-33　多次拉深

某些深腔拉深件，由于成形所需的拉深系数比极限拉深系数小，不能一次拉成，为此，采用多道工序拉深，称为多次拉深，如图 2-33。此时各道拉深工序的拉深系数为

$$m_1 = \frac{d_1}{D}; \quad m_2 = \frac{d_2}{d_1}; \quad \cdots; \quad m_n = \frac{d_n}{d_{n-1}}$$

总拉深系数为

$$m = m_1 \cdot m_2 \cdots; \quad m_n = \frac{d_n}{D}$$

值得注意的是，每次拉深变形后材料都有加工硬化，在多次拉深时应退火予以消除。

为防止拉深过程中凸缘部分起皱，模具上通常采用压边圈对凸缘部分压紧。拉深模具的凸模与凹模和冲裁时不同，它们的工作部分没有锋利的刃口，而是做成一定的圆角半径，凸、凹模之间的间隙远大于冲裁模间隙，一般大于板料厚度。

（3）翻边

翻边是将工件的孔边缘或外边缘在模具的作用下翻出竖立或一定角度的直边。

翻边是冲压生产中常用的工序之一。根据制件边缘的性质和应力状态的不同，翻边可分为内孔翻边和外缘翻边(图 2-34)。外缘翻边又可分为外凸的外缘翻边和内凹的外缘翻边。

内孔翻边的过程如图 2-34(a)所示。将带

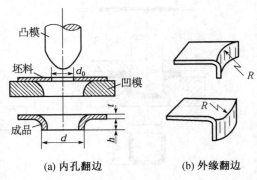

(a) 内孔翻边　　　　(b) 外缘翻边

图 2-34　翻边

孔的板料放在凹模上,凸模向下运动,逐步压入凹模,板料在凸模作用下,沿孔口按凹模和凸模提供的形状翻出直边。变形过程中,主要是材料沿切线方向产生拉伸变形,愈接近口部,其变形愈大。因此,主要危险在于边沿被拉裂。破裂的条件取决于变形程度的大小。其变形极限值受翻出直边的开口处周向拉变形所限制,通常用翻边系数 K_0 来表示:

$$K_0 = \frac{d_0}{d}$$

式中: d_0——翻边前的预制孔孔径;

d——翻边后孔的内径。

K_0 值越小,变形程度越大。一般 $K_0 \geqslant 0.65 \sim 0.75$。

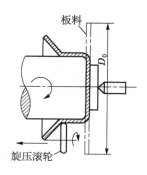

外凸的外缘翻边,其变形情况近似于浅拉深,变形区主要为切向受压,在变形过程中,材料容易起皱。内凹的外缘翻边,其变形特点近似于内孔翻边,变形区为切向拉伸,边缘容易拉裂。

(4)旋压

拉深有时也可用旋压来完成。旋压是一种成形金属空心回转体的工艺方法,其变形过程如图2-35所示。将板料顶在一旋转的芯模上,并使其随芯模旋转,用简单的旋压工具对旋转的板料外侧施加局部压力,同时与芯模作相对进给,从而使板料在芯模上产生连续、逐点的变形。利用旋压工具绕静止的板料与芯模旋转,亦可完成旋压。

图2-35 旋压

旋压时,由于金属并不是在压力下拉过模具,所以模具往往可以用硬木制造,唯一要求是模具表面必须十分光滑,因为模具上的任何粗糙度都会在制成品上显现出来。

旋压工艺无需专门设备,使用简单机床即可。因此,旋压工艺装备费用低,很适宜于小批量生产。它亦可在大批量生产中用来制造如灯的反射镜、碗形零件、钟形件、管(包括变径管)等。如要旋压大量相同零件,可用金属模具。

旋压包括普通旋压(图2-35)和变薄旋压(即强力旋压,见图2-36)两种,变薄旋压即在旋压成形中,在较高的接触应力下板料壁厚逐点地、有规律地减薄而直径无显著变化。

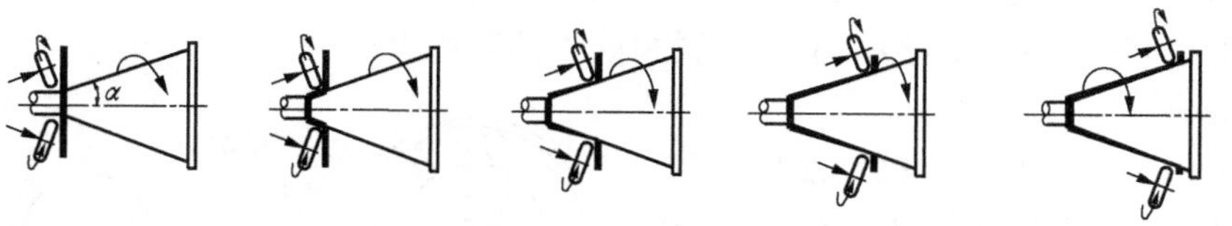

图2-36 变薄旋压过程

(5)橡皮成形和液压成形

橡皮成形是利用橡皮作为通用凸模(或凹模)进行板料成形的方法。液压成形是用液体(水或油)作为传压介质,使板料产生塑性变形,按模具形状成形的工艺方法。

图2-37为橡皮成形过程。其特点是金属板料的整体成形,变形区的应力状态包括弯曲和压缩的双重特点。板料放在一个刚性凸模(或凹模)上,在压头中借助钢容器装入一定厚

度的橡皮垫。当压头向下运动,凸模压入橡皮垫,并将压力均匀地传给板料,使其按凸模形状成形。

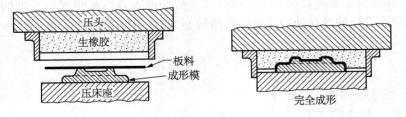

图 2-37　用单模和橡胶块成形的方法

橡皮成形工艺用于生产形状简单的薄板零件,如食品容器、电气工业零件等。

橡皮膜液压成形法,是采用由可控的液体压力所支承的柔性膜取代橡皮垫,使板料在完全均匀的液体压力下成形,如图 2-38 所示。

如图 2-39 所示的起伏和胀形也可归入此类。

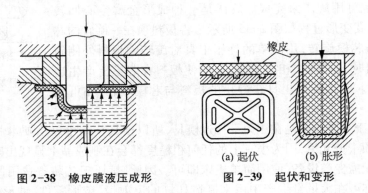

图 2-38　橡皮膜液压成形　　图 2-39　起伏和变形

2.2.3　其他金属压力加工方法

1）辊轧

辊轧是坯料靠摩擦力咬入轧辊,在轧辊相互作用(或两轧辊旋转方向相反或两轧辊旋转方向相同)下,产生连续变形的工艺。辊轧常用的有辊锻、斜轧、横轧、辗环等生产方法。辊轧具有生产率高、零件质量好、节约金属和成本低等优点。

（1）辊锻

用一对相向旋转的扇形模具使坯料产生塑性变形,从而获得所需锻件或锻坯的锻造工艺,称为辊锻。辊锻的扇形模具可以从轧辊上装拆更换,如图 2-40 所示。

辊锻生产率为锤上模锻的 5 ~ 10倍,节约金属 6% ~ 10%。各种扳手、麻花钻、柴油机连杆、蜗轮叶片等都可

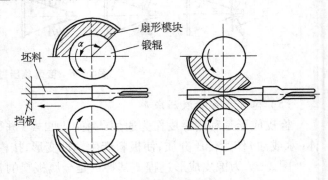

图 2-40　辊锻示意图

以辊锻成形。

（2）斜轧

轧辊相互倾斜配置，以相同方向旋转，轧件在轧辊的作用下反向旋转，同时还作轴向运动，即螺旋运动，这种轧制称为斜轧，亦称为螺旋轧制或横向螺旋轧制，如图2-41所示。斜轧可以生产形状呈周期性变化的毛坯或零件，如冷轧丝杠等。

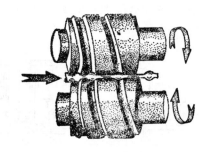

图2-41　斜轧

（3）横轧

轧辊轴线与轧件轴线平行且轧辊与轧件作相对转动的轧制方法称为横轧。横轧轧件内部锻造流线与零件的轮廓一致，使轧件的力学性能较高，因此，横轧在国内外受到普遍重视，可用于齿轮的热轧生产。图2-42是各种横轧示意图。

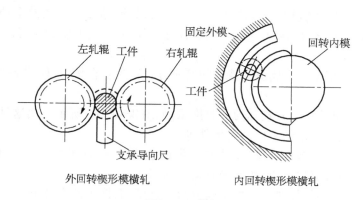

图2-42　横轧

（4）辗环

环形毛坯在旋转的轧辊中进行轧制的方法称为辗环。环形原毛坯在主动辊与从动辊组成的空隙中扩孔，壁厚减薄，内外径增大，断面形状同时也发生变化。扩孔过程中，工件、从动辊与主动辊转向相反，导向辊、控制辊与主动辊转动方向相同。辗环变形实质上属于纵轧过程，用这种方法可以生产火车轮箍、轴承座圈、法兰等环形锻件。图2-43是辗环示意图。

2）挤压

挤压是坯料在三向不等压应力作用下，从模具的孔口或缝隙挤出，使之横截面积减小，长度增加，成为所需制品的加工方法。根据挤压时金属流动方向和凸模运动方向的关系，挤压分为正挤压、反挤压、复合挤压和径向挤压等。

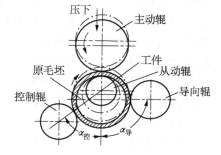

图2-43　辗环示意图

（1）正挤压

坯料从模孔中流出部分的运动方向与凸模运动方向相同的挤压方式称为正挤压，该法可挤压各种截面形状的实心件和空心件,如图 2-44(a)所示。

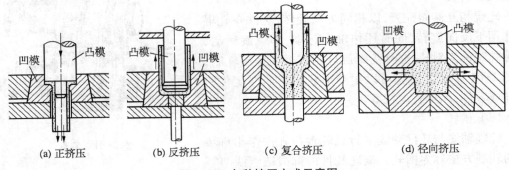

图 2-44　各种挤压方式示意图

(2) 反挤压

坯料的一部分沿着凸模与凹模之间的间隙流出,其流动方向与凸模运动方向相反的挤压方式称为反挤压,如图 2-44(b)所示。该法可挤压不同截面形状的空心件。

(3) 复合挤压

同时兼有正挤、反挤时金属流动特征的挤压方式称为复合挤压,如图 2-44(c)所示。

(4) 径向挤压

坯料沿径向挤出的挤压方式称为径向挤压,如图 2-44(d)所示。用这种方法可成形有局部粗大凸缘、有径向齿槽的零件及筒形件等。

挤压具有生产率高、节约金属、零件力学性能好、表面粗糙度值小、尺寸精度高等优点,但其变形抗力大,模具磨损严重,故要求有良好的润滑。

挤压也常根据对坯料加热温度的不同分为热挤压、温挤压及冷挤压。

3) 拉拔

坯料在牵引力作用下通过模孔拉出,使之产生塑性变形而得到截面缩小、长度增加的制品,此工艺称为拉拔。拉拔的制品有线材、棒材、异型管材等。拉拔通常有冷拔和拉丝之分。常温下的拉拔称为冷拔,冷拔制品的强度高、表面质量好。对直径为 $\phi 0.14 \sim \phi 10.00$ mm 的黑色金属和直径为 $\phi 0.01 \sim \phi 16.00$ mm 的有色金属的拉拔称为拉丝。图 2-45 是拉拔示意图。

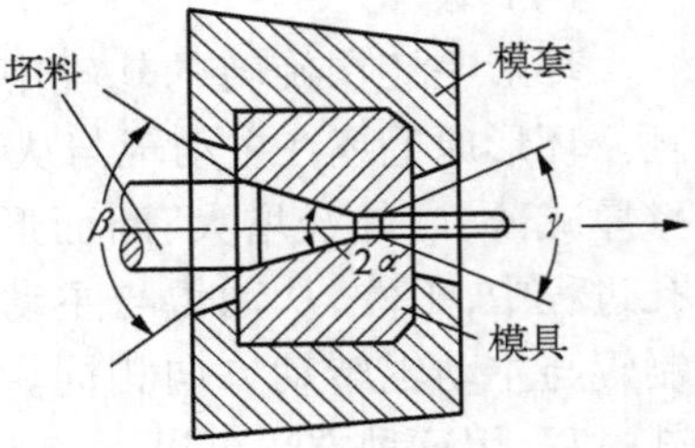

图 2-45　拉拔

4) 径向锻造

径向锻造是对轴向旋转送进的棒料或管料施加径向脉冲打击力,锻成沿轴向具有不同横截面制件的工艺方法。

径向锻造所需的变形力和变形功很小,脉冲打击使金属内外摩擦降低,变形均匀,对提高金属的塑性十分有利(低塑性合金的塑性可提高 2.5 ~ 3 倍)。

径向锻造可采用热锻(温度为 900 ~ 1 000℃)、温锻(温度为 200 ~ 700℃)、冷锻(室温)三种方式。

径向锻造可锻造圆形、方形、多边形的台阶轴和内孔复杂或内孔直径很小而长度较长的空心轴。图2-46是径向锻造示意图,图2-47是径向锻造的部分典型零件。

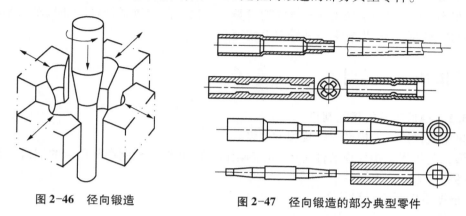

图2-46　径向锻造　　　　　图2-47　径向锻造的部分典型零件

5）超塑性成形

金属在特定的组织条件、温度条件和变形速度下变形时,塑性比常态提高几倍到几百倍(如有的延伸率 $\delta > 1\,000\%$),而变形抗力降低到常态的几分之一甚至几十分之一,这种异乎寻常的性质称超塑性。它包括细晶超塑性(又称恒温超塑性)和相变超塑性等。

细晶超塑性的主要条件是用变形和热处理的方法获得 $0.5 \sim 5\ \mu m$ 左右的超细等轴晶粒,在 $(0.5 \sim 0.7)T_{熔}$ 温度下等温变形,变形速率 $10^{-2} \sim 10^{-5}\,m/s$;相变超塑性并不要求有超细的晶粒,主要条件是在材料相变温度附近经过多次温度循环或应力循环,即可获得超塑性。

利用材料超塑性进行成形加工的方法称为超塑性成形。超塑性成形扩大了适合锻造生产的金属材料的范围。如用于制造燃气涡轮零件的高温高强合金,用普通锻压工艺很难成形,但用超塑性模锻就能得到形状复杂的锻件。

目前常用的超塑性成形方法主要有超塑性模锻、超塑性挤压、超塑性板料拉深、超塑性板料气压成形等。

目前用于超塑性成形的材料主要有锌铝合金、铝基合金、铜合金、钛合金和高温合金。

6）摆动辗压

大截面饼类锻件的成形需要吨位很大的锻压设备和工艺装备,这需要很大的投资和解决很多技术问题。如果使模具局部压缩坯料,变形只在坯料内的局部产生,而且使这个塑性变形区沿坯料作相对运动,使整个坯料逐步变形,这样就能大大降低锻压力和设备吨位容量。

图2-48所示为摆动辗压的工作原理。具有圆锥面的上模(摆头),其中心线 OZ 与机器主轴中心线 OM 相交成 α 角(常取 $1° \sim 3°$),此角称为摆角。当主轴旋转时,OZ 绕 OM 旋转,使其产生摆动。与此同时,油缸使滑块上升对坯料施加压力。这样,上模母线在坯料表面连续不断地滚动,使坯料整个截面逐步变形。上模每旋转一周,坯料被压缩的压下量为 S。如果上模母线是一直线,则被辗压的工件表

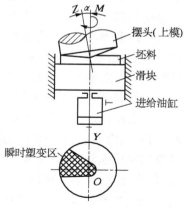

图2-48　摆动辗压工作原理

面为平面;如果上模母线为一曲线,则被辗压的工件表面为曲面。

摆动辗压主要适用于加工回转体的轮盘类或带法兰的半轴类锻件。如汽车后半轴、扬声器导磁体、碟形弹簧、齿轮毛坯和铣刀毛坯等。

2.3 锻压工艺设计

2.3.1 模锻工艺规程的制订

这里主要讨论锤上模锻工艺规程的制订。

模锻工艺规程是指导模锻件生产、规定操作规范、控制和检测产品质量的依据。其主要内容包括:

① 根据零件图绘制锻件图;

② 计算坯料的质量和尺寸;

③ 确定模锻工步;

④ 选择锻压设备;

⑤ 确定锻造温度范围、加热和冷却规范;

⑥ 确定锻后热处理规范;

⑦ 提出锻件的技术条件和检验要求;

⑧填写工艺卡片。

在制订模锻工艺规程之前,应该对零件图进行认真分析,以确定其是否适合模锻工艺,这些分析主要包括:

(1) 该零件所用材料的分析

如2.1所述,锻压加工方法对原材料的要求是要有良好的塑性和低的变形抗力,就模锻来说,就是要求材料具有良好的锻造性。如果零件所用材料的锻造性差,则不宜锻造生产,而改用其他生产方法,或者在使用条件允许的情况下,改选其他锻造性较好的材料。还应指出的是:锻造性的优良程度,对模锻件的结构尺寸会带来影响。锻造性好的材料可以用来锻造大尺寸锻件,反之只能锻造小尺寸的锻件,例如,用铌合金或钽合金作锻件材料,其锻件的最大尺寸不超过 50.8 cm,比低碳钢或低合金钢的最大锻件尺寸小得多;锻件的最小截面尺寸也受到锻造性的限制,锻造性好的材料,其锻件的最小截面尺寸可以取得小一些,圆角半径也可以取得小一些,反之其最小截面尺寸和圆角半径不能太小,否则锻件易出现折叠和裂纹。总之,锻造性好的材料可以用来生产形状复杂、变形量大的大型锻件,而锻造性较差的材料则只能用来生产形状简单、变形量小的小锻件。

(2) 该零件的结构工艺性分析

作为模锻件,它必须能从模膛中顺利地倒出,这就要求锻件具有一个合理的分模面,同时,与分模面垂直的非加工表面必须有结构斜度。此外,为保证在锻件成形过程中金属充满模膛和简化模具制造,锻件的形状应力求简单、对称,尽量避免薄壁、高筋、局部急剧突起、窄沟、深槽、深孔及多孔结构,必要时可将窄沟、深槽、深孔等结构设计成余块。

(3) 生产该零件的经济性分析

由于模锻生产需要设计和制造锻模,锻模的设计制造周期较长、成本较高,且模锻生产的工艺灵活性较差,但锻件的生产效率可大大提高,锻件质量能得到有效控制。所以模锻一般适合大批量的生产,而对小批或单件锻件的生产,从经济性角度来说采用模锻是不适宜的。

(4)分析该零件的某些特殊要求

对某些锻件,可能会提出一些特殊要求,如锻件的锻造流线方向要求,这些要求对锻件成形方式的选择有影响。此外,锻件力学性能的要求对锻后热处理规范的确定也有影响。

制订模锻工艺规程的具体内容详述如下:

1)绘制锻件图

模锻件的锻件图分为冷锻件图和热锻件图两种。冷锻件图用于最终锻件检验,热锻件图用于锻模设计和加工制造。这里主要讨论冷锻件图的绘制,而热锻件图是以冷锻件图为依据,在冷锻件图的基础上,尺寸应加放锻件材料的收缩量,尺寸的标注也应遵循高度方向尺寸以分模面为基准的原则,以便于锻模机械加工和准备样板。

冷锻件图要根据零件图来绘制,在绘制过程中要考虑以下几个问题:

(1)选择分模面

分模面是上、下模或凸、凹模的分界面,其位置的选择,对锻件成形、出模、材料利用率和锻件质量等有很大的影响。选择分模面的基本原则是:保证锻件形状尽可能与零件形状相同,锻件容易从锻模模膛中取出,此外,应争取获得镦粗充填成形的良好效果。为此,锻件的分模面应选在具有最大水平投影尺寸的截面上。如图2-49中,a—a截面不是最大截面,若以此做分模面,锻件必然无法取出;若以b—b截面做分模面,则零件中的孔锻不出来,只能做成余块,与零件形状相差大,此外,镦粗效果也没有径向分模好,模膛加工也相对较为困难;而以d—d截面作为分模面,则锻件能顺利取出,也可锻出零件中的孔(存在冲孔连皮),同时也能保证锻件以镦粗充填的方式成形,获得良好的锻件质量。所以d—d截面作分模面较为合适。

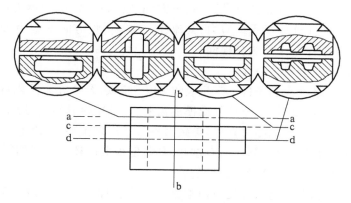

图2-49 分模面的选择比较图

在满足上述原则要求的基础上,确定开式模锻的分模面时,为了保证锻件质量和生产过程的稳定性,还应考虑下列要求:

① 为防止上、下模产生错模现象，分模面的位置应保证其上、下模膛的轮廓相同。图2-49中的c—c截面不符合这项要求。

② 为便于模具制造，分模面应尽可能采用直线分模。图2-50中，a—a截面分模比b—b截面分模要好。

③ 头部尺寸较大的长轴类锻件，为了保证整个锻件全部充满成形，应以折线式分模，从而使上、下模膛深度大致相等。如图2-51中，折线分模比直线分模的充填效果好。

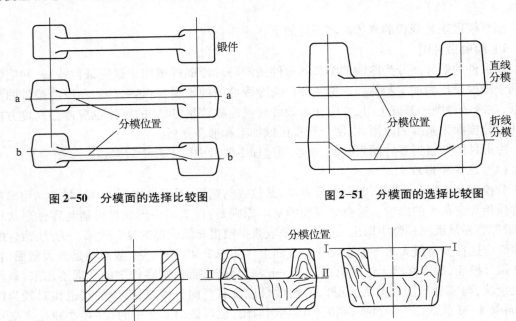

图2-50　分模面的选择比较图　　　　图2-51　分模面的选择比较图

图2-52　分模面的选择比较图

④ 对于有锻造流线方向要求的锻件，应考虑到锻件在工作中的承力情况。如图2-52这种锻件，Ⅱ—Ⅱ处在工作中承受剪应力，其流线方向与剪切方向垂直，因此，考虑到模锻时金属流动的特性，应取Ⅰ—Ⅰ作为分模面。

（2）确定加工余量和锻造公差

普通锻件由于毛坯在高温条件下产生表皮氧化、脱碳、合金元素蒸发或其他污染现象，导致锻件表面质量不高；此外，由于锻件出模的需要，模膛壁带有斜度，使得锻件侧壁添加敷料，以及锻模磨损和上、下模的错移现象，导致锻件尺寸出现偏差；加之毛坯体积变化和终锻温度波动，导致锻件尺寸不易控制。所有这些原因，使得锻件还需要经切削加工才能成为零件。因此，锻件需要留有加工余量和锻造公差。

模锻件的加工余量和锻造公差比自由锻件的要小。加工余量一般为1~4 mm，极限偏差一般取±（0.3~3）mm。确定模锻件的加工余量和锻造公差的方法有两种：一种是按照锻锤的吨位确定；另一种是按照零件的形状尺寸和锻件的精度等级确定。前一种方法比较简便。表2-6列出了锤上模锻按照锻锤吨位确定模锻件加工余量和锻造公差的数据。

值得注意的是：在不同的模锻设备上进行模锻，其加工余量和锻造公差数据有所不同，具体应用时可查有关手册确定。

表 2-6 锤上模锻件的余量和公差

锻锤吨位	加工余量/mm		锻件公差/mm	
	高度方向	水平方向	高度方向	水平方向
10 kN 夹板锤	1.25	1.25	+0.8　　−0.5	按自由公差表选定
10 kN 模锻锤	1.5~2.0	1.5~2.0	+1.0　　−0.5	
20 kN 模锻锤	2.0	2.0~2.5	+1.0(1.5)−0.5	
30 kN 模锻锤	2.0~2.5	2.0~2.5	+1.5　　−1.0	
50 kN 模锻锤	2.25~2.5	2.25~2.5	+2.0　　−1.0	
100 kN 模锻锤	3.0~3.5	3.0~3.5	+2.0(2.5)−1.0	

自由公差							
尺寸/mm	6	6~18	18~50	50~120	120~260	260~500	500~800
自由公差/mm	±0.5	±0.7	±1.0	±1.4	±1.9	±2.5	±3.0

（3）确定冲孔连皮

当模锻件上有孔径 $d \geqslant 25$ mm 且深度 $h \leqslant 2d$ 的孔时，此孔应锻出。但模锻无法锻出通孔，孔内需留有一层称为"连皮"的金属层，如图 2-53 所示。连皮应在模锻后在压力机上通过冲孔模冲除。连皮的厚度不能太薄，因为太薄会使锤击力大大增加，使模膛凸出部位压塌或严重磨损；也不能太厚，否则会浪费金属材料，并在冲切连皮时造成锻件变形。平底连皮的厚度 S 可按以下经验公式计算：

$$S = 0.45 \sqrt{d - 0.25h - 5} + 0.6\sqrt{h}$$

式中：d——孔径(mm)；

h——孔深(mm)；

S——连皮厚度(mm)，通常取 4~8 mm。

若孔径很大，为了便于金属流动，连皮可采用斜底的形式，如图 2-53(b)，这时最大厚度 $S_大$ 和最小厚度 $S_小$ 可按下式确定：

$$S_大 = 2 ; \quad S_小 = \frac{4}{3}S$$

若孔径 $d < \phi 25$ mm 或孔深 $h > 3d$ 时，模锻时只在冲孔处压出凹坑。

（4）确定模锻斜度和圆角半径

为了使锻件易于从模膛中取出，锻件与模膛侧壁接触部分需带有一定斜度，锻件上的这一斜度称为模锻斜度。锻件外壁上的斜度称为外壁斜度 α（锻件冷却收缩时锻件与模壁离开的表面称为外壁），锻件内壁上的斜度称为内壁斜度 β（锻件冷却收缩时锻件与模壁夹紧的表面称为内壁），如图 2-54 所示。模锻斜度应取 3°、5°、7°、10°、12° 等标准度数。模膛深度与宽度的比值增大时，模锻斜度应取较大值。通常外壁斜度 α 取 5° 或 7°，内壁斜度 β

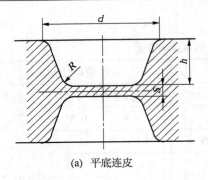

(a) 平底连皮

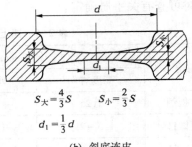

$$S_{大}=\frac{4}{3}S \qquad S_{小}=\frac{2}{3}S$$
$$d_1=\frac{1}{3}d$$

(b) 斜底连皮

图 2-53 冲孔连皮

应比相应的外壁斜度大一级。此外,为简化模具加工,同一锻件的内、外壁斜度应各取统一数值。在此,我们还应提出匹配斜度和自然斜度的概念:所谓匹配斜度是为了在分模面两侧的模锻斜度相互接头,而人为地增大模腔深度较浅一侧的斜度。所谓自然斜度是锻件倾斜侧面上固有的斜度,或是将锻件倾斜一定的角度所得到的斜度。只要锻件能够形成自然斜度,就不必另外增设模锻斜度。例如球体锻件,如果将分模面置于锻件直径平面上,便具有自然斜度。

为了使金属在模腔内易于流动,防止应力集中,模锻件上的两表面相交处都应有适当的圆角过渡。圆角半径应取 2、3、4、5、6、8、10、12、15、20 mm 等标准数值。通常锻件的外圆角半径 r 取 2 ~ 12 mm;内圆角半径 R 比外圆角半径大 3 ~ 4 倍,如图 2-54 所示。

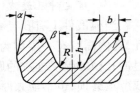

图 2-54 模锻斜度和圆角半径

上述各参数确定后便可绘制模锻件的冷锻件图,绘制方法如图 2-55 所示。用粗实线绘制锻件的形状。为了便于了解零件的形状和尺寸,用双点划线把零件的形状也绘制出来。

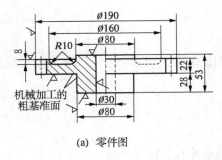

(a) 零件图

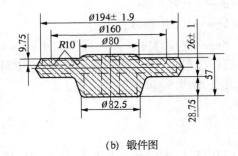

(b) 锻件图

图 2-55 齿轮的零件图和锻件图

2) 提出锻件的技术条件和检验要求

有关锻件质量及其他检验要求,凡在锻件图上无法用图形表示的,均列入锻件图的技术说明中。一般的技术条件内容包括:

① 锻件热处理及硬度要求,测试硬度的位置;

② 未注明的模锻斜度和圆角半径;

③ 允许的表面缺陷深度;

④ 允许的错移量和残余毛边的宽度;

⑤ 需要取样进行金相组织和力学性能试验时,应注明锻件上的取样位置;

⑥ 表面清理方法;

⑦ 其他特殊要求,如锻件同心度、弯曲度等。

上述各项内容,根据锻件具体情况制订。详细数据可查有关手册。

3) 计算毛坯质量和尺寸

模锻件毛坯质量的计算比自由锻件要求更为准确。毛坯的质量等于锻件质量和飞边质量及氧化烧损金属质量的总和,可按下式计算:

$$m_坯 = m_锻 + m_飞 + m_烧$$

式中: $m_坯$——毛坯质量(kg);

$\quad m_锻$——模锻件质量(kg);

$\quad m_飞$——飞边质量(kg),取锻件质量的 20% ~ 25%;

$\quad m_烧$——毛坯加热时烧损的金属质量(kg),取锻件与飞边质量之和的 3% ~ 4%。

根据毛坯质量可以算出其体积 $V_坯$,再考虑变形方式、模腔种类等因素来确定毛坯尺寸。对变形方式主要为镦粗的盘类锻件,可按下式计算圆钢毛坯的直径 $D_坯$ 和下料长度 $L_坯$:

$$D_坯 = 1.13 \sqrt[3]{\frac{V_坯}{m}}$$

$$L_坯 = \frac{V_坯}{F_坯} = 4\frac{V_坯}{\pi D_坯^2}$$

式中: $V_坯$——毛坯体积(mm³);

$\quad D_坯$——毛坯直径(mm);

$\quad m$——毛坯的高径比,一般取 1.25 ~ 2.5。

4) 确定模锻工步

模锻件的成形一般包括三种类型的工步,即模锻工步(包括预锻和终锻)、制坯工步(包括镦粗、拔长、滚挤、卡压、成形、弯曲等)、切断修整工步(包括切断、切边、冲孔、校正、精压等)。

终锻工步用以完成锻件的最终成形。预锻工步是使制坯后的坯料进一步变形,以保证终锻时获得饱满、无折叠、无裂纹或其他缺陷的优质锻件;同时有助于减少终锻模腔的磨损,提高模具寿命。所以,当锻件形状复杂,成形困难,且生产批量较大时,一般都采用预锻,然后再在终锻模腔中终锻成形。

制坯工步主要是根据锻件的形状和尺寸来确定的。锤上模锻件按形状区分可分为两大类:一类是圆饼类(或称盘类)模锻件,其特点是在分模面上的投影为圆形或长度接近宽度的锻件,如齿轮、法兰盘等;另一类是长轴类模锻件,其特点是在分模面上的投影长度与宽度相差比较大,如台阶轴、曲轴、连杆、弯曲摇臂等,如表 2-3 所示。

(1) 圆饼类模锻件的制坯

圆饼类模锻件一般采用镦粗制坯,形状较复杂的采用成形镦粗制坯。

（2）长轴类模锻件的制坯

长轴类模锻件有直长轴线锻件、弯曲轴线锻件、带枝芽的长轴件和叉形件等。由于形状的需要，长轴类模锻件的制坯由拔长、滚挤、弯曲、卡压、成形等制坯工步组成。

长轴类模锻件制坯工步是根据锻件轴向横断面面积变化的特点，为了使坯料在终锻前金属材料的分布与锻件的要求相一致来确定的。按金属流动效率，制坯工步的优先次序是：拔长、滚挤、卡压工步。为了得到弯曲的、带枝芽的或叉形的锻件，还要用到弯曲或成形工步。

① 直长轴线锻件

这是较简单的一种模锻件，一般需用拔长、滚挤、卡压、成形制坯工步等，以保证终锻时获得优质锻件。

② 弯曲轴线锻件

这种锻件的制坯工步可能与前一种相同，但需要增加一道弯曲工步。

③ 带枝芽的长轴件

这种锻件所用的制坯工步与前面的大致相同，但是枝芽处必须采用成形制坯工步。

④ 叉形件

这种锻件根据柄部的长短可分为长柄叉形件和短柄叉形件。短柄叉形件可将叉部看成弯曲轴线，而柄部是弯曲轴线上的枝芽，其制坯工步是前述②、③的组合；长柄叉形件的制坯需用劈叉将叉部坯料劈开，以满足叉部的终锻成形要求。

模锻件完整的工艺过程应该是：下料→毛坯质量检验→加热→制坯→预锻→终锻→切断→切边冲孔→表面清理→校正→精压→热处理→检验入库。

需要指出的是：锤上模锻时，由于锻锤行程不固定，又可自由地实现轻重打击，所以制坯模膛、预锻模膛和终锻模膛可以通过合理的设计，安排在一副锻模上。曲柄压力机模锻时，由于曲柄压力机行程固定，压力不能随意调节，因此，进行拔长或滚挤操作比较困难，通常是将拔长和滚挤作为单独的工序在其他设备上进行。目前不少工厂中，辊锻机已成为曲柄压力机的配套设备，热毛坯经辊锻制坯后立即送至曲柄压力机进行模锻，一次锻成。摩擦压力机上模锻时，由于摩擦压力机承受偏心载荷的能力差，一般情况下只进行单模膛模锻。

5）选择锻压设备

常用的模锻设备有：模锻锤、曲柄压力机、摩擦螺旋压力机、平锻机等。具体选用何种设备，要根据锻件的尺寸大小、结构形状、精度要求、生产批量以及现有条件等综合考虑，这些内容在上一节已有介绍。这里主要介绍如何选择设备的吨位大小。

模锻锤的吨位一般为 7.5～160 kN，共有八种规格，可用于质量为 0.5～150 kg 的锻件的锻造。各种吨位的模锻锤所能锻制的模锻件质量可参看表 2-7。

表 2-7　选择模锻锤吨位的概略数据

模锻锤吨位/kN	≤7.5	10	15	20	30	50	70～100	160
锻件质量/kg	<0.5	0.5～1.5	1.5～5	5～12	12～25	25～40	40～100	>100

假如已知模锻锤吨位为 G，可以估算相应压力机吨位 P，用以下公式换算：

$$P \approx 1\,000G$$

即 1 kN 模锻锤打击的最大压力大致相当于 1 000 kN 压力机的压力。经验公式使用起来简便,但必须注意它的应用条件和范围。

其他设备吨位的选择可查阅有关手册。

6）确定锻造温度范围和加热冷却规范

金属在锻造前的加热是为了提高金属的塑性,降低变形抗力,减小锻造设备吨位。锻造温度范围是开始锻造时的温度(始锻温度)和结束锻造时的温度(终锻温度)之间的一段温度区间。通过长期生产实践和大量试验研究,现有钢种的锻造温度范围均已确定,可从有关手册查得。

确定锻造温度范围的一般原则是:在保证不出现过热和过烧的前提下尽可能提高始锻温度,使材料具有良好的塑性和较低的变形抗力。选择的依据是合金状态图。如锻件材料是碳钢,其始锻温度低于 AE 线 150～250℃,如图 2-56 所示。终锻温度对锻件质量的影响也很大,如果终锻温度太高,锻件由于晶粒的重新长大而降低力学性能;如果终锻温度太低,则再结晶困难,冷变形强化现象严重,变形抗力太大,易损坏设备和工具,易产生锻造裂纹。通常终锻温度高于再结晶温度 50～100℃。如锻件材料是碳钢,其终锻温度如图 2-56 所示。

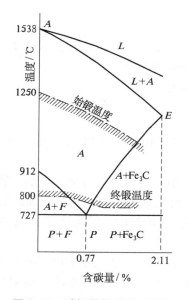

图 2-56 碳钢的锻造温度范围

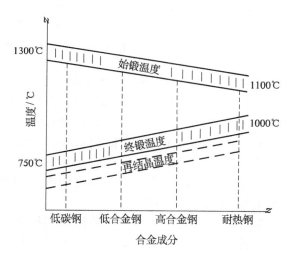

图 2-57 始锻、终锻温度和合金成分的关系

对于合金钢来说,其始锻温度比低碳钢的低,而终锻温度比低碳钢的高,即锻造温度范围较窄。且合金元素越多,锻造温度范围越窄,如图 2-57 所示。

所谓加热规范,是钢料从装炉开始到加热完了的整个过程中,炉子温度和钢料温度随时间变化的规定,通常是以炉温—时间的变化曲线(又称加热曲线)来表示。其内容包括:装料时的炉温、加热升温速度、最终加热温度、各段加热(保温)时间和总的加热时间等。正确的加热规范应保证:钢料在加热过程中不产生裂纹、不过热过烧、温度均匀、氧化脱碳少、加热时间短和节省燃料等。总之,在保证加热质量的前提下,力求加热过程越快越好。加热规范中的各项内容,与钢料的断面尺寸、化学成分、有关性能(如塑性、强度、导温系数、膨胀系数等)、组织特点及其在加热时的变化以及坯料的原始状态有关。

锻压生产中常用的加热规范有:一段、二段、三段、四段及五段加热规范,其加热曲线如图 2-58 所示。

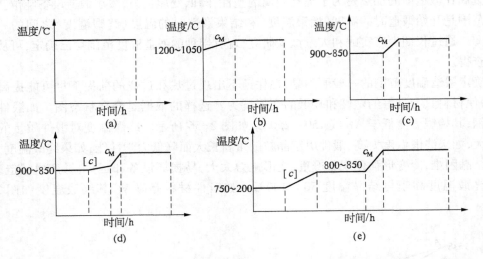

(a) 一段加热曲线;(b) 二段加热曲线;(c) 三段加热曲线;(d) 四段加热曲线;(e) 五段加热曲线
$[c]$—钢料允许的加热速度;c_M—最大可能的加热速度

图 2-58 锻造加热曲线类型

在模锻生产中,钢材与中小钢坯的加热规范如下:

直径小于 $\phi150 \sim \phi200$ mm 的碳素结构钢和直径小于 $\phi100$ mm 的合金结构钢材,采用一段加热规范。一般炉温控制在 1 300 ~ 1 350℃。

直径为 $\phi200 \sim \phi350$ mm 的碳素结构钢坯和合金结构钢坯,采用三段加热规范。装料炉温稍低一些,约在 1 150 ~ 1 200℃ 范围,装炉后要进行保温,保温时间约为整个加热时间的5% ~ 10% 。接着,以最大可能的加热速度加热,当加热到始锻温度后需均热,这时保温时间也为整个加热时间的 5% ~ 10% 。

对导温性差、热敏感性强的合金钢坯(如高铬钢、高速钢),装料炉温为 400 ~ 650℃ 。

锻件在锻后冷却时根据对冷却速度快慢的要求不同,分为三种方法:中小型碳钢和低合金钢锻件,锻后置于车间地面冷却;成分复杂的合金钢锻件,锻后在地坑中冷却;对于高合金钢锻件,则必须按其冷却规范装炉缓慢冷却。

关于各种钢的锻件加热及冷却规范,可查看有关手册确定。

2.3.2 冲压工艺规程的制订

冲压零件的生产过程,通常包括有:原材料的准备,各种冲压工序和必要的辅助工序。有时还需配合一些非冲压工序(如切削加工、焊接、铆接等),才能完成一个冲压零件的全部制作过程。

在制订冲压工艺规程时,通常是根据冲压件的特点、生产批量、现有设备和生产能力等,拟订出数种可能的工艺方案,在对各种工艺方案进行全面的综合分析和比较之后,选定一种较先进、最经济、最合理的工艺方案。

制订冲压工艺规程的内容和步骤如下:

1) 分析零件图

产品零件图是分析和制订冲压工艺方案的重要依据。制订冲压工艺规程要从分析产品的零件图开始。

（1）冲压加工的经济性分析

冲压加工是一种先进的工艺方法,但不是在任何情况下都是最经济的方法。生产批量的大小对冲压加工的经济性起着决定性作用,批量越大,冲压加工的单件成本就越低。批量小时,采用其他方法制作可能有更好的经济效果。例如在零件上加工孔,在批量小的情况下,采用钻孔比冲孔要经济得多。总之,审查零件图时要根据批量大小及零件的质量要求决定是否采用冲压加工方法。

（2）冲压件的工艺性分析

冲压件的工艺性是指该零件在冲压加工时的难易程度。包括所用材料是否适合冲压加工以及该冲压件的结构工艺性,前者在 2.1 中已有论述,这里着重讨论冲压件的结构工艺性。

良好的结构工艺性应保证材料消耗少、工序数目少、模具结构简单且寿命长、产品质量稳定、操作方便等。具体要求如下:

① 冲裁件的外形应能使排样合理,废料最少,以提高材料的利用率。图 2-59 中(a)图比(b)图更为合理,材料利用率可达 75% 。

② 冲裁件的形状应尽量简单对称,凸、凹部分不能太窄太深,孔间距离或孔与零件边缘之间的距离不可太小,这些值的大小与板料厚度 t 有关,如图 2-60。

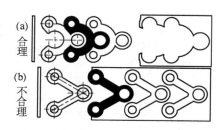

图 2-59 冲裁件的外形应便于合理排样

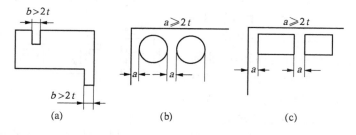

图 2-60 冲裁件凸、凹部分和孔的位置

③ 冲孔时因受凸模强度限制,孔的尺寸不能太小。用一般冲模冲圆孔时,对硬钢,直径要求 $d \geq 1.3\,t$;对软钢及黄铜,$d \geq 1.0\,t$;对铝及锌,$d \geq 0.8\,t$。冲方孔时,对硬钢,要求边长 $a \geq 1.0\,t$;对软钢及黄铜,$a \geq 0.7\,t$;对铝及锌,$d \geq 0.5\,t$(其中 t 为板料厚度)。

④ 弯曲件的弯曲半径不应小于材料许可的最小弯曲半径($R_{\min}$)，并应尽量避免板料纤维方向与弯曲线方向平行，以免在弯曲成形过程中出现弯裂。

⑤ 弯曲件的直边高度 H 不宜太小，其值要大于板厚 t 的两倍，如图 2-61 所示。当直边高度过小时，弯边在模具上支持的长度过小，不容易形成足够的弯矩，很难得到准确的形状。此时，可加大直边高度，弯曲后再切掉多余材料。

⑥ 冲压弯曲带孔的工件时，为避免孔的变形，应该使孔处于弯曲变形区之外，即满足 $L \geqslant 2t$，如图 2-62 所示。

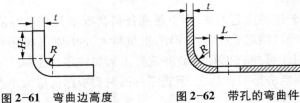

图 2-61　弯曲边高度　　　图 2-62　带孔的弯曲件

⑦ 在弯曲半径较小的弯边交接处，易产生应力集中而开裂。可在弯曲前钻出止裂孔，以防止裂纹的产生，如图 2-63 所示。

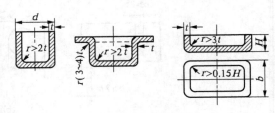

图 2-63　弯曲件上的止裂孔　　　　　图 2-64　冲口工艺的应用

⑧ 适当的时候可以采用冲口工艺，以减少组合件的数量。如图 2-64 所示，原设计是用三个零件组合而成的，现采用冲口工艺制成整体零件，可以节省材料，简化工艺过程。

⑨ 对拉深件，应使其外形尽量简单、对称，且零件高度不要太高，以减少拉深次数。

拉深件的形状大致可分为回转体、非回转体(如盒形件)和空间曲线形(如汽车车身外壳)。回转体的拉深相对较容易，非回转体的拉深次之，空间曲线形的拉深难度较大。

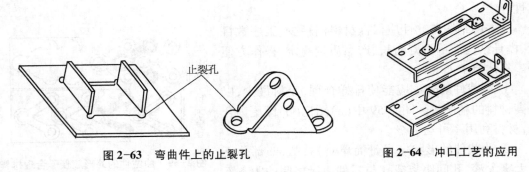

图 2-65　拉深件最小允许半径

⑩ 拉深件的圆角半径在不增加工艺程序的情况下，最小允许半径如图 2-65 所示，若取得过小将增加拉深次数和整形工序，增加模具数量，容易产生废品和提高成本。

在审查零件图时，如果发现其冲压工艺性不好，则应在不影响产品使用性能的前提下，向产品设计部门提出修改意见，经协商同意后对产品图纸作出适合工艺性要求的修改。

（3）冲压加工中的难点分析

分析零件图的另一个目的在于明确冲压该零件的难点所在,因而要特别注意零件图上的尺寸精度要求、设计基准以及变薄量、翘曲、回弹、毛刺大小和方向之类的技术要求,因为这些因素对所需工序的性质、数量和顺序的确定,对工件定位方法、模具制造精度和模具结构形式的选择等,都有较大的影响。

2）拟订冲压件的总体工艺过程

在工艺分析的基础上,根据产品零件图和生产批量的要求,初步拟订出备料、冲压工序和必要的辅助工序(如去毛刺、清理、表面处理、酸洗、热处理等)的先后顺序。有些零件还需配合一些非冲压工序(如切削加工、焊接、铆接等),才能完成其全部制作加工过程。

3）确定板料形状、尺寸和下料方式

根据产品零件图,计算和确定板料尺寸和形状,拟订既能保证产品质量,又能节省材料的最佳排样方案,然后确定合适的下料方式。

4）拟订冲压工艺方案

拟订冲压工艺方案是制订冲压工艺规程的主要工作,通常包括冲压基本工序的选择、冲压基本工序的顺序安排和数目的确定、工序合并的安排及中间工序尺寸的计算等工作。

（1）选择冲压基本工序

冲压基本工序的选择,主要是根据冲压件的形状、尺寸、公差及生产批量确定的。

① 剪裁和冲裁

剪裁和冲裁都能实现板料的分离。在小批量生产中,对于尺寸和公差大而形状规则的板料,可采用剪床剪裁。对于各种形状的平板料和平板零件以及零件上的孔,在批量生产中通常采用冲裁模冲裁。对于平面度要求较高的零件,应增加校平工序。

② 弯曲

对于各种弯曲件,在小批量生产中常采用手工工具打弯。对于窄长的大型件,可用折弯机压弯。对于批量较大的各种弯曲件,通常采用弯曲模压弯。当弯曲半径太小时,应加整形工序使之达到要求。

③ 拉深

对于各类空心件,多采用拉深模进行一次或多次拉深成形,最后用修边工序达到高度要求。当径向公差要求较小时,常采用变薄量较小的变薄拉深代替末次拉深。当圆角半径太小时,应增加整形工序以达到要求。对于批量不大的旋转体空心件,当工艺允许时,用旋压加工代替拉深更为经济。对于带凸缘的无底空心件,当直壁口部要求不严,且工艺允许时,可考虑先拉深成带凸缘的拉深件,再底部冲孔翻边达到高度要求,这样较为经济。对于大型空心件的小批量生产,当工艺允许时,可用焊接代替拉深。

（2）确定冲压工序的顺序与数目

冲压工序的顺序,主要是根据零件的结构形状而确定,其一般原则如下:

① 对于有孔或有切口的平板零件,当采用单工序模冲裁时,一般应先落料,后冲孔(或切口);当采用连续模冲裁时,则应先冲孔(或切口),而后落料。

② 对于多角弯曲件,当采用简单弯曲模分次弯曲成形时,应先弯外角,后弯内角。如果孔位于变形区(或靠近变形区)或孔与基准面有较高位置精度要求时,必须先弯曲,后冲孔;

否则,都应先冲孔,后弯曲,这样安排工序可简化模具结构。

③ 对于旋转体复杂拉深件(阶梯形拉深件),一般是由大到小为序进行拉深,即先拉深大尺寸的外形,后拉深小尺寸的内形;对于非旋转体复杂拉深件,则应先拉深小尺寸的内形,后拉深大尺寸的外形。

④ 对于有孔或缺口的拉深件,一般应先拉深,后冲孔(或冲缺口)。对于带底孔的拉深件,有时为了减少拉深次数,当孔径要求不高时,可先冲孔后拉深;当底孔要求较高时,一般应先拉深后冲孔,也可先冲孔后拉深,再冲切底孔边缘,使之达到要求。

⑤ 校平、整形、切边工序,应分别安排在冲裁、弯曲、拉深之后进行。

工序数目主要是根据零件的形状及精度要求、工序合并情况、材料极限变形参数(如拉深系数)来确定的。其中工序合并的必要性主要取决于生产批量。一般在大批量生产中,应尽可能把冲压基本工序合并起来,采用复合模或连续模冲压,以提高生产效率,减少劳动量,降低成本;反之,以采用单工序模分散冲压为宜。但是,有时为了保证零件精度的较高要求,保障安全生产,批量虽小,也需要把工序作适当的集中,用复合模或连续模冲压。工序合并的可能性主要取决于零件尺寸的大小、冲压设备的能力和模具制造与使用的可能性。

在确定冲压工序顺序与数目的同时,还要确定各中间工序的形状和半成品尺寸。

5)确定模具类型与结构形式

模具类型通常有简单模、复合模和连续模。

在冲压工艺方案确定后,各道工序采用何种类型的模具也就相应确定,再选定合适的定位装置、卸料装置、出件装置、压料装置与导向装置,那么模具的结构形式就基本确定。

6)选择冲压设备

常用的冲压设备有开式冲床和闭式冲床,闭式冲床又分单动冲床和双动冲床,此外,液压机也普遍用于冲压加工。选择冲压设备一般应根据冲压工序的性质选定设备类型,再根据冲压工序所需的冲压力和模具尺寸选定冲压设备的技术规格。各种冲压工序所需冲压力的计算,可参看有关手册。

必须指出,制订冲压工艺规程的各步骤是相互联系的,很多工作都是交叉进行或同时进行的。

2.4 锻压技术新进展

2.4.1 锻压新工艺的发展趋势

新工艺的出现是工业技术发展的重要标志。任何新的工艺都必须符合技术发展的潮流,而且由新的思想到一个可行的工艺还需解决定量上的问题,需要做细致的研究,才能得到广泛应用。就锻压技术来说,新工艺的发展主要体现在以下几个方面:

1)发展省力成形工艺

锻压工艺相对于铸造、焊接工艺有锻件内部组织致密、产品性能高且稳定的优点,但传统的锻压工艺往往需要大吨位的锻压设备。重型锻压设备的承载能力达万吨级,相应的设备重量及初期投资很大。但是,人们并不是沿着大工件→大变形力→大设备→大投资这样的逻辑发展下去。实际上自上世纪 50 年代前苏联制成 70 万 kN 模锻水压机后,全世界就再没有制造更大吨位的压力机。

从以下公式可以看出决定变形力 F 的主要因素及省力途径:

$$F = K \times \sigma_p \times A$$

式中:K——应力状态系数,又称拘束系数。对于异号应力状态,$K < 1$;对于三向压应力状态,$K > 1$,可能高达 $K = 6$ 甚至更高;

σ_p——流动应力,它表征材料在特定条件下抗塑性变形的能力;

A——变形体与工具接触面积在主作用力方向上的投影。

可以看出,省力的主要途径有以下三个方面:

(1)减小拘束系数

根据塑性变形的规律,塑性变形应满足如下塑性条件(或称屈服准则):

$$|\sigma_1 - \sigma_3| = \beta \sigma_s$$

式中:σ_1——代数值最大的主应力;

σ_3——代数值最小的主应力。

由该式可见,对于异号应力状态,任何一个主应力的绝对值都小于 σ_s,此时,$K < 1$。对于同号应力状态,由该式同理可知,必有一个主应力的绝对值大于 σ_s。对于三向压应力的成形工序,如果绝对值最小的主应力数值较大,相当于拘束较严重,则变形所需绝对值最大的主应力也相应增加,这将导致变形力大幅度地增加。由此可知,改善成形工序的应力状态是减小拘束系数,降低成形力的有效措施。

(2)降低流动应力 σ_p

属于这一类的成形方法有超塑性成形及液态模锻,前者属于较低应变速率的成形,后者属于特高温度下成形。

(3)减小接触面积 A

减小接触面积不仅使总压力减小,而且也使变形区单位面积上的作用力减小,原因是减小了摩擦对变形的拘束。属于这一类的成形工艺有旋压、辊锻、摆动辗压等。

2)提高成形的柔度

柔性加工的特点是应变能力强,它适合于产品多变的场合。在市场经济条件下,柔度高的加工方法无疑更具有竞争力。

塑性加工通常是将工件借助模具或其他工具成形,模具或工具的运动方式及速度受设备的控制。所以提高塑性加工柔度的方法有两种途径:一是从机器的运动功能上着手,例如多向多动压力机、快换模系统及数控系统;二是从成形方法着手,可以归结为无模成形、单模成形、点模成形等多种成形方法。

图 2-66 是不等截面坯料的无模成形示意图,它是利用感应线圈对坯料局部加热冷却来控制成形。图中 v_2 为感应线圈移动速度,v_1 为工件夹头移动速度,当两者的配比不同时可以得到不同的成形形状。

单模成形是指仅用凸模或凹模成形,当产品形状尺寸变化时不需要同时制造凸、凹模。属于这类成形方法的有:爆炸成形、电液成形、电磁成形、聚氨酯橡胶成形及液压成形等。

点模成形也是一种柔性很高的成形方法。例如成形船板一类的曲面,其曲面可用 $Z = f(x, y, z)$ 来描述,图 2-67 为多点成形这类曲面的示意图。当曲面参数变化时,仅需调整上、下冲头的位置。利用单点模成形近来也有较大的发展,实际上钣金加工历来就是逐点用锤敲打成很多复杂零件的,随着数控技术的发展,使单点成形数控化,这样更使单点模成形技术有了更广阔的应用前景。

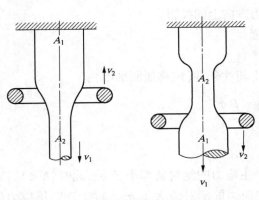

图 2-66　不等截面坯料的无模成形　　　　图 2-67　多点成形

3) 提高成形的精度

近年来"近无余量成形"(Near Net Shape Forming)很受重视,其主要优点是减少材料消耗,简化后续加工,降低成本。提高产品精度一方面要使金属能充填模腔中很精细的部位,另一方面又要有很小的模具变形。等温锻造由于模具与工件的温度一致,工件流动性好,变形力小,模具弹性变形小,是实现精锻的好方法。

4) 产品—工艺—材料一体化

以前,塑性加工往往是"来料加工",近来由于机械合金化的出现,可以不通过熔炼得到各种性能的粉末,人们可以自配材料经热等静压(HIP)再经等温锻造获得产品。

复合材料,包括颗粒增强及纤维增强的复合材料的成形,也成了人们面临的新的课题。材料工艺一体化正在给锻压技术展现出一片新的天地。

2.4.2　计算机在锻压中的应用

1) 模拟塑性成形过程

塑性成形过程是一个十分复杂的过程,从事塑性加工的理论工作者总是希望能获得工件在成形过程中不同阶段不同部位的应力分布、应变分布、温度分布、硬化状况以及残余应力等,以便寻求最为有利的工艺参数和模具结构参数,对产品质量实现有效控制。在应用计算机进行这一工作之前,人们只能对变形问题做出诸多假设和简化,分析一些简单的变形问题,获得近似解。随着计算机的应用,才使模拟塑性变形过程成为可能。近年来,通过计算机,采用有限元法或其他数值分析方法模拟各种塑性加工工序的变形过程得到了广泛的应用和发展。

2）锻压生产过程的计算机控制

板料冲压生产的数控冲床、自动换模系统和自动送料系统,锻造生产中的自动生产线及使用的机械手等,都是计算机控制锻压生产的例子。这样可以大大提高生产率,降低工人劳动强度和增大生产的安全性。

3）模具 CAD/CAM

锻压加工一般都需要模具,传统的模具设计与制造由于周期长、质量难以保证,很难适应现代技术下产品及时更新换代和提高质量的要求,在此背景下,模具 CAD/CAM（Computer Aided Design and Computer Aided Manufacturing）应运而生,并成为模具设计与制造的重要发展方向之一。

模具 CAD/CAM 技术发展很快,应用范围日益扩大,在冷冲模、锻模、挤压模等方面都有比较成功的 CAD/CAM 系统。我国模具 CAD/CAM 的研究开发始于上世纪 70 年代末,发展非常迅速,现在在模具设计制造的实际生产中,已经得到了广泛的应用。

模具 CAD/CAM 的一般过程是:用计算机语言描述产品的几何形状,并输入计算机,从而获得产品的几何信息;再建立数据库,用以储存产品的数据信息,如材料的特性、模具设计准则以及产品的结构工艺性准则等。在此基础上,计算机能自动进行工艺分析、工艺计算,自动设计最优工艺方案,自动设计模具结构图和模具型腔图等,并输出生产所需的模具零件图和模具总装图。计算机还能将设计所得到的信息自动转化为模具制造的数控加工信息,再输入到数控加工中心,实现计算机辅助制造。当然,整个模具 CAD/CAM 过程要实现完全自动是不可能也是没有必要的,目前一般都是采用人机对话的方式运行。

模具 CAD/CAM 具有如下的优越性:

① 缩短模具设计与制造的周期,促进产品的更新换代;

② 优化模具设计及优化模具制造工艺,促进模具的标准化,提高产品质量和延长模具使用寿命;

③ 提高模具设计及制造的效率,降低成本;

④ 将设计人员从繁冗的计算和绘图工作中解放出来,使其可以从事更多的创造性劳动。

思考题

1. 通过本章的学习,你对锻压行业的现状有何认识?

2. 如何理解塑性和变形抗力这两个因素在锻压生产中的意义? 生产中可通过哪些途径获得合金良好的锻造性能?

3. 你所知道的锻压加工方法有哪些? 其原理和工艺特点以及应用范围如何?

4. 题图 2-1 所示零件,材料为 45 钢,分别在单件、小批量、大批量生产条件下,可选择哪些加工方法制作其毛坯? 哪种加工方法最适宜? 其生产工艺过程是怎样的? 并请制订工艺规程。

5. 题图 2-2 所示零件,材料为 08 钢板,分别在单件、小批量、大批量生产条件下,如何进行生产? 请制订其冲压工艺规程。

6. 根据锻压技术的发展趋势,你认为今后在哪些方面会有新的突破?

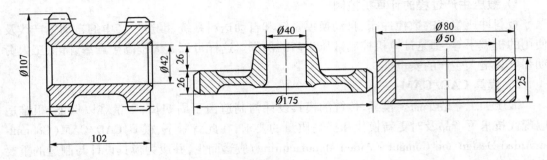

题图 2-1

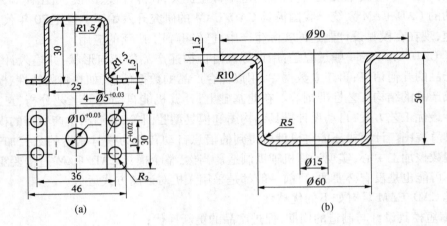

(a)

(b)

题图 2-2

3 焊接

材料、型材或零件连接成零件或机器部件的方式有机械连接、物理化学连接和冶金连接（焊接）三类。机械连接是指用螺钉、螺栓和铆钉等紧固件将两分离型材或零件连接成一个复杂零件或部件的过程。物理和化学连接是指用钎料或粘胶通过毛细作用、分子间扩散及化学反应等作用，将两个分离表面连接成不可拆接头的过程，如封接、胶接等。冶金连接即为焊接。从连接方式分有永久性连接和可拆卸连接，永久性连接有焊接、铆接和粘结等，可拆卸连接有螺钉、螺栓连接等，焊接是一种永久性连接金属材料的工艺方法。

焊接是指通过加热或加压，或两者并用，并且用或不用填充材料，使两部分金属（焊件）达到原子结合的一种加工方法。焊接是一种古老的加工方法，至今已有上千年的历史，如我国有关钎焊的论述最早可见于汉代，而电弧焊真正应用于工业，是在1892年发现金属极电弧焊以后才逐渐开始的，它是现代工业生产中用来制造各种金属结构和机械零件的主要工艺方法之一。焊接具有省工时、节省材料、减轻结构重量；接头的密封性好，可承受高压；加工与装配工序简单、易于实现机械化和自动化生产，提高生产率及产品质量等优点。焊接广泛应用于机械制造、建筑、车辆、船舶、锅炉、压力容器、石油化工、电子、原子能、航空航天及各种尖端科学技术等领域，如图3-1、图3-2、图3-3所示。由于焊接是一个不均匀的加热和冷却及熔化（熔焊）过程，焊接件会产生焊接应力和变形及冶金和热处理过程，因此，必须采取一定的工艺措施和方法予以防止和保护。

图3-1 车身电阻焊接

图3-2 船体焊条电弧焊接

焊接方法的种类很多，各种焊接方法从原理到焊接技术、工艺都有所不同。但按焊接过程的物理特点可归纳为三大类，即熔焊、压焊和钎焊。熔焊是利用局部加热的方法，把工件的焊接处加热到熔化状态，形成熔池，然后冷却结晶，形成焊缝，将两部分金属连接成为一个整体的工艺方法。压焊是在焊接过程中需要加热或加热、加压的一类焊接方法。钎焊是利用熔点比母材低的钎料，使其熔化后，填充接头间隙并与固态的母材相互扩散实现连接的一种焊接方法。

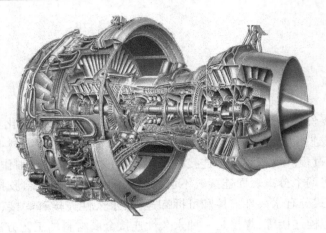

图 3-3　航空发动机部件激光焊接

3.1　焊接基础

3.1.1　熔焊的冶金过程

熔焊是指焊接过程中,将焊件接头加热至熔化状态,不加压力完成焊接的方法。熔焊的关键是要有一个能量集中、加热温度足够高的热源,因此,熔焊方法常以热源的种类命名,如气焊(气体火焰为热源)、电弧焊(电弧为热源)、电渣焊(熔渣电阻热为热源)、激光焊(激光束为热源)、电子束焊(电子束为热源)、等离子弧焊(压缩电弧为热源)等。电弧焊是目前应用最为广泛的焊接方法,这里以此为例来分析焊接成形的理论基础。

1) 焊接电弧产生

焊接电弧是由焊接电源供给一定电压,在两电极间或电极与焊件间,在气体介质中产生强烈、持久而稳定的放电现象。

电弧实质是一种气体放电。一般情况下,气体是不导电的,要使两极间能够连续地放电,必须使两电极间的气体电离,连续不断地产生带电粒子(电子、正负离子),同时,在两极间应有足够的电压,带电粒子在电场的作用下向两极作定向运动,即形成导电体并通过很大的电流,产生强烈的电弧放电。以焊条电弧焊为例,先将焊条与工件相接触,在电路闭合瞬间,强大的电流流经焊条与焊件接触点,在此处产生强烈的电阻热将焊条与工件表面加热到熔化,甚至蒸发、气化,为气体介质电离和电子发射做好准备,然后迅速将焊条拉开至一定距离,当两个电极脱离瞬间,由于电流的急剧变化,产生比电源电压高得多的感应电动势,使得极间电场强度达到很大数值(约为 106 V/cm),因此阴极材料表面的热电子获得足够的动能(逸出功),自阴极高速射向阳极。飞射中,高速运行的电子猛烈撞击两极间的气体分子、原子和从电极材料上蒸发的中性粒子,把它们电离成带电粒子,即离子和电子,这种带电粒子束即电弧。

2) 焊接电弧的结构

当使用直流电焊接时,焊接电弧由阳极区、弧柱和阴极区三部分组成,其结构如图 3-4

所示。阴极区是电子供应区,在阴极表面发射电子最集中处电流密度高达 $103\ A/cm^2$,由于发射电子要消耗一定能量,所以阴极区提供的热量比阳极区低,约占电弧热的 36%。阳极区是受电子轰击的区域,阳极区不需要消耗能量发射电子,产生的热量约占电弧热的 43%。

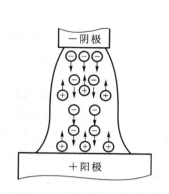

图 3-4 电弧的结构示意图

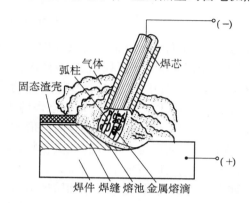

图 3-5 焊条电弧焊过程

弧柱区是位于阴、阳两极区中间的区域,几乎占电弧长度的整个部分。弧柱是自由电子奔向阳极、正离子奔向阴极的通道。同时又是发生电离作用以及电子、离子运动过程中发生相互复合的地方。弧柱中心温度虽高,但由于电弧周围的冷空气和焊接熔滴的外溅,所产生的热量只占电弧热的 21% 左右。用焊条焊接钢材时,阴极区的温度约为 2 400 K,阳极区的温度约为 2 600 K,弧柱中心温度可达 6 000 ~ 8 000 K,使钢材熔化和沸腾。为保证顺利引弧,焊接电源的空载电压(引弧电压)应是电弧电压的 1.8 ~ 2.25 倍,电弧稳定燃烧时所需的电弧电压(工作电压)为 29 ~ 45 V。

由于阳极、阴极区温度不同,所以,使用直流弧焊电源焊接时,当焊件厚度较大,要求较大热量迅速熔化时,宜将焊件接电源正极,焊条接负极,这种接法称为正接法。当要求熔深较小,焊接薄钢板及有色金属时,宜采用反接法,即将焊条接正极、焊件接负极。当使用交流弧焊电源焊接时,由于极性是交替变化的,因此,两个极区的温度和热量分布基本相等。焊条电弧焊过程如图 3-5。

3) 焊接的冶金过程

电弧焊时,母材和焊条受到电弧高温作用而熔化形成熔池。金属熔池可看作一个微型冶金炉,其内要进行熔化、氧化、还原、造渣、精炼及合金化等一系列物理、化学过程。由于大多数熔焊是在空气中进行,金属熔池中的液态金属与周围的熔渣及空气接触,产生复杂、激烈的化学反应,这就是焊接冶金过程。在焊接冶金反应中,金属与氧的作用对焊接影响最大。焊接时,由于电弧高温作用,氧气分解为氧原子,氧原子要和多种金属发生氧化反应,如:

$$Fe + O \rightarrow FeO \qquad Mn + O \rightarrow MnO$$
$$Si + 2O \rightarrow SiO_2 \qquad 2Cr + 3O \rightarrow Cr_2O_3$$
$$2Al + 3O \rightarrow Al_2O_3$$

有的氧化物(如 FeO)能溶解在液态金属中,冷凝时因溶解度下降而析出,成为焊缝中的杂质,影响焊缝质量,是一种有害的冶金反应物;大部分金属氧化物(如 SiO_2、MnO)则不溶于液态金属,会浮在熔池表面进入渣中。不同元素与氧的亲和力的大小是不同的,几种常见金属元素按与氧亲和力大小顺序排列为:

$$Al \rightarrow Ti \rightarrow Si \rightarrow Mn \rightarrow Fe$$

在焊接过程中,我们将一定量的脱氧剂(如 Ti、Si、Mn 等)加在焊丝或药皮中,进行脱氧,使其生成的氧化物不溶于金属液而成渣浮出,从而净化熔池,提高焊缝质量。

在焊接冶金反应过程中,氢与熔池作用对焊缝质量也有较大影响。氢易在焊缝中造成气孔,即使溶入的氢不足以形成气孔,但固态焊缝中多余的氢也会在焊缝中的微缺陷处集中形成氢分子,这种氢的聚集往往在微小空间内形成局部的极大压力,使焊缝变脆(氢脆)。

此外,氮在液态金属中也会形成脆性氮化物,其中一部分以片状夹杂物的形式残留于焊缝中,另一部分则使钢的固溶体中含氮量大大增加,从而使焊缝严重脆化。焊缝的形成,实质是一次金属再熔炼的过程,它与炼钢和铸造冶金过程比较,有以下特点:

① 金属熔池体积很小(约 $2 \sim 3 \text{ cm}^3$),熔池处于液态的时间很短(10 s 左右),各种冶金反应进行得不充分(例如冶金反应产生的气体来不及析出)。

② 熔池温度高,使金属元素产生强烈的烧损和蒸发。同时,熔池周围又被冷的金属包围,使焊缝处产生应力和变形,严重时甚至会开裂。

为了保证焊缝质量,可从以下两方面采取措施:

① 减少有害元素进入熔池。其主要措施是机械保护,如气体保护焊中的保护气体、埋弧焊焊剂所形成的熔渣及焊条药皮产生的气体和熔渣等,使电弧空间的熔滴和熔池与空气隔绝,防止空气进入。此外,还应清理坡口及两侧的锈、水、油污;烘干焊条,去除水分等。

② 清除已进入熔池中的有害元素,增添合金元素。主要通过焊接材料中的铁合金等,进行脱氧、脱硫、脱磷、去氢和渗合金,从而保护和调整焊缝的化学成分,如:

$$MnO + FeS \rightarrow MnS + FeO \qquad CaO + FeS \rightarrow CaS + FeO$$

4)焊接热循环

在焊接热源的作用下,焊件上某一点的温度随时间的变化过程称为焊接热循环。在焊接加热和冷却过程中,焊接接头上某点的温度随时间变化,其热循环不同,最高加热温度、加热速度和冷却速度均不同。对焊接质量起重要影响的参数有最高加热温度、在过热温度 $1\,100\,℃$ 以上停留时间和冷却速度等。热循环使焊缝附近的金属相当于受到一次不同规范的热处理,特点是加热和冷却速度都很快,对易淬火钢,焊后发生空冷淬火,特别在室外焊接时,如遇下雨影响更大(水冷淬火);对其他材料,易产生焊接变形、应力及裂纹。这也是造成焊接接头组织和性能不均匀性的重要原因。

5)焊接接头组织与性能

以低碳钢为例,焊接接头可分为焊缝、熔合区和热影响区等区域,如图 3-6 所示,其性能变化见图 3-7。

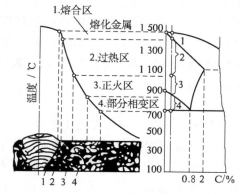

图 3-6 低碳钢焊接接头组织变化

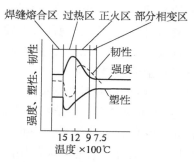

图 3-7 低碳钢焊接接头性能分布

（1）焊缝

电弧焊的焊缝是由熔池内的液态金属凝固而成的，它属于铸造组织。晶粒呈垂直于熔池底壁的柱状晶，硫、磷等低熔点杂质容易在焊缝中心形成偏析，使焊缝塑性降低，易产生热裂纹。由于按等强度原则选用焊条，通过渗合金实现合金强化，因此，焊缝的强度一般不低于母材（又称工件、焊件材料、结构材料、被焊材料等，注意与焊接材料区别）。

（2）熔合区

焊接接头中，焊缝向热影响区过渡的区域，称为熔合区。该区成分及组织极不均匀，晶粒长大严重，冷却后为粗晶粒，强度下降，塑性和冲击韧性很差，往往成为裂纹的发源地。虽然熔合区尺寸很小，只有 $0.1 \sim 1$ mm，但它对焊接接头性能的影响很大。

（3）热影响区

焊接接头中，材料因受热的影响（但未熔化）而发生金相组织和力学性能变化的区域，称为热影响区。它包括过热区、正火区、部分相变区、再结晶区等。

① 过热区　焊接热影响区中，具有过热组织或晶粒显著粗大的区域称为过热区。该区的温度范围为固相线至 1 100℃，宽度约 $1 \sim 3$ mm。由于温度高，晶粒粗大，使材料的塑性和韧性降低，且常在过热处产生裂纹。

② 正火区　该区的温度范围为 1 100℃ 至 Ac_3 之间，宽度约为 $1.2 \sim 4.0$ mm。由于金属发生了重结晶，随后在空气中冷却，因此可以得到均匀细小的正火组织。正火区的金属力学性能良好。

③ 部分相变区　该区温度范围在 $Ac_1 \sim Ac_3$ 之间，只有部分组织发生相变。由于部分金属发生了重结晶，冷却后可获得细化的铁素体和珠光体，而未重结晶的部分则得到粗大的铁素体。由于晶粒大小不一，故力学性能不均匀。

一般情况，焊接时焊件被加热到 Ac_1 以下的部分，钢的组织不发生变化。对于经过冷塑性变形的钢材，则在 450℃ ~ Ac_1 的部分，还将产生再结晶过程，使钢材软化。

热影响区的大小和组织性能变化的程度取决于焊接方法、焊接规范和接头形式等因素。在热源热量集中、焊接速度快时，热影响区就小。所以电子束焊的热影响区最小，总宽度一般小于 1.4 mm。气焊的热影响区总宽度一般达到 27 mm，实际上，接头的破坏常常是从热影响区开始的。为减轻热影响区的不良影响,焊前可预热工件,以减缓焊件上的温差及冷却速度。对于淬硬性高的钢材,例如中碳钢、高强度合金钢等,热影响区中最高加热温度在 Ac_3 以上的区域,焊后易出现淬硬组织马氏体;最高加热温度在 $Ac_1 \sim Ac_3$ 的区域,焊后形成马氏体与铁素体混合组织。所以,淬硬性高的钢焊接热影响区的硬化和脆化,比低碳钢严重得多,并且碳含量、合金元素含量越高越严重,需注意这些情况。

3.1.2 金属的焊接性

焊接性是金属材料对焊接加工的适应性。它主要是指在一定的焊接工艺条件下,获得优质焊接接头的难易程度。焊接性受焊接材料、焊接方法、构件类型及使用要求等四个方面因素的影响,它包含工艺焊接性和使用焊接性两方面内容。前者说明该金属材料能不能焊接问题,后者说明焊接后能不能使用问题。金属材料的焊接性不是一成不变的,同一种金属材料采用不同的焊接方法、焊接材料与工艺(包括焊前预热和焊后热处理),其焊接性能会有很大区别。

1) 工艺焊接性

工艺焊接性是指在某一焊接工艺条件下,能得到优质焊接接头的能力,或指焊接接头产生缺陷,特别是各种裂纹的可能性。它不是金属材料所固有的性能,可随着新的焊接方法、焊接材料和工艺措施的不断出现及其完善而变化,某些原来不能焊接或不易焊接的金属材料也会变成能够焊接或易于焊接。如铝及铝合金,若采用焊条电弧焊或气焊时,难以获得优质焊接接头,此时该类金属的焊接性差,但改用氩弧焊焊接,则焊接接头质量良好,此时的焊接性好。

工艺焊接性可由间接法(如碳当量法、冷裂敏感指数法、焊接热影响区最高硬度法等)和直接法(如力学、理化、裂纹、断裂试验等)来估算和验证。其中,碳当量法由于使用方便,其应用较为广泛。

碳当量法:碳当量是把钢中合金元素(包括碳)含量按其对淬硬、冷裂及脆化等的影响换算成碳的相当含量。它可作为评定钢材焊接性的一种参考指标,国际焊接学会(IIW)用符号 CE 表示碳当量,其推荐的碳钢和低碳钢适用的碳当量计算公式为

$$CE = C + \frac{Mn}{6} + \frac{Cr + Mo + V}{5} + \frac{Ni + Cu}{15} \quad (\%)$$

式中化学元素的含量均为百分数,并取其成分范围的上限。CE 越大,则钢的工艺焊接性越差。根据实践经验,当 CE < 0.4% 时,钢的工艺焊接性良好;CE = 0.4% ~ 0.6% 时,钢的工艺焊接性中等;CE > 0.6% 时,钢的工艺焊接性较差。该式主要适用于中、高强度的非调质低合金高强度钢($\sigma_b = 500 \sim 900$ MPa)。当板厚小于 20 mm,CE < 0.4% 时,钢材淬硬倾向不大,焊接性良好,不需预热;CE = 0.4% ~ 0.6%,特别当大于 0.5% 时,钢材易于淬硬,焊接前需预热。利用碳当量法评价钢材焊接性是粗略的,还应根据具体情况进行焊接性试验,为制定合理的工艺规程提供依据。

2) 使用焊接性

使用焊接性是指整个焊接接头或整体结构满足技术条件规定的使用性能的程度。其中包括力学性能、缺口敏感性及耐腐蚀性能等。

3.1.3　焊接应力和变形

焊接后焊件内产生的应力,将会影响其后续的机械加工精度,降低结构承载能力,严重时导致焊件开裂。变形则会使焊件形状和尺寸发生变化,若变形量过大则会因无法矫正而使焊件报废。

1) 焊接应力与变形产生的原因

焊件在焊接过程中受到局部加热和冷却是产生焊接应力和变形的主要原因。图 3-8 为低碳钢平板对接焊时产生的应力和变形示意图。

平板焊接加热时,焊缝区的温度最高,其余区域的温度随离焊缝距离的变远而降低。热胀冷缩是金属特有的物理现象,由于各部分加热温度不同,所以,单位长度的胀缩量 $\varepsilon = \alpha \Delta T$ 也不相同,即受热时按温度分布的不同,焊缝各处有不同的伸长量。假如这种自由伸长不受任何阻碍,则钢板焊接时的变化如图 3-8(a)中虚线所示。但实际上由于平板是一个整体,各部分的伸长必须相互协调,不可能各处都能实现自由伸长,最终平板整体只能协调伸长 ΔL。因此,被加热到高温的焊缝区金属因其自由伸长量受到两侧低温金属自由伸长量的限制而承受压应力(-),当压应力超过屈服点时产生压缩塑性变形,使平板整体达到平衡。同时,焊缝区以外的金属则需承受拉应力(+),所以,整个平板存在着相互平衡的压应力和拉应力。而冷却时,焊缝区金属收缩量大,焊缝区以外的金属收缩量小,此时,焊缝区金属收缩受到两侧限制而承受拉应力(+),两侧金属则受到焊缝区金属收缩影响而承受压应力(-),所以,冷却后应力如图 3-8(b)。这个变化过程及原理与前面铸造一章里所学的铸造热应力相似。一般情况下,焊件塑性较好,结构刚度较小时,焊件自由收缩的程度就较大。这样,焊接应力将通过较大的自由收缩变形而相应减少。其结果必然是结构内部的焊接应力较小而结构外部表现的焊接变形较大;相反,如果焊件刚度大,其自由收缩受到很大限制,则内部焊接应力就会较大,而外部焊接变形则较小。

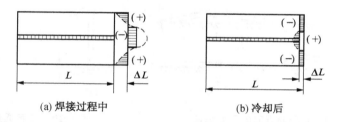

(a) 焊接过程中　　　　　　　　　　(b) 冷却后

图 3-8　低碳钢平板对焊的应力与分布

2) 焊接变形的几种基本形式

焊接所产生的变形是多种多样的,基本的焊接变形形式及产生原因如表 3-1 所示。

3) 焊接变形的防止与矫正

（1）防止焊接变形的措施

① 设计结构时,焊缝的布置和坡口形式尽可能对称,焊缝的截面和长度尽可能小,这样,加热少,变形小。

② 焊前组装时,采用反变形法。一般按测定和经验估计的焊接变形方向和大小,在组装时使工件反向变形,以抵消焊接变形,如图 3-9 和图 3-10 所示。同样,也可采用预留收缩

余量来抵消尺寸收缩。

表 3-1　焊接变形基本形式及产生原因

焊接变形	焊接变形基本形式图	产 生 原 因
收缩变形		焊接后纵向(沿焊缝方向)和横向(垂直于焊接方向)收缩引起的
角变形		V 形坡口对接焊后,由于焊缝截面形状上下不对称,焊缝收缩不均所致
弯曲变形		焊接 T 形梁时,由于焊缝布置不对称,焊缝纵向收缩引起的
扭曲变形		焊接工字梁时,由于焊接顺序和焊接方向不合理所致
波浪形变形		焊接薄板时,由于焊缝收缩使薄板局部产生较大压应力而失去稳定所致

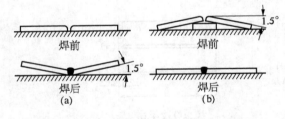

图 3-9　平板对焊时的反变形法

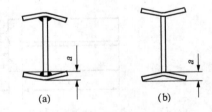

图 3-10　工字梁反变形法

③ 采用刚性固定法,限制产生焊接变形,如图 3-11 所示。但刚性固定会产生较大的焊接应力。

④ 采用合理的焊接顺序,如图 3-12。如果焊缝较长,从一端焊到另一端需较长时间,温度分布不均匀,焊后变形较大;若采用如图 3-13 所示的分段退焊法,将焊缝全长分成若干段,各段依次焊接,且各

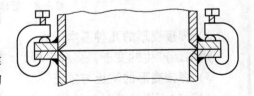

图 3-11　刚性固定防止法兰变形

段施焊方向与焊缝的总接方向相反,这样每段的终点与前一段的起点重合,温度分布较均匀,从而减少了焊接应力和变形。

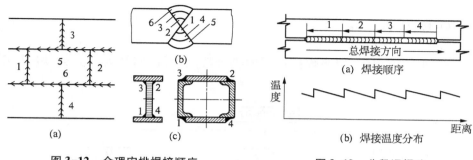

图 3-12　合理安排焊接顺序　　　　图 3-13　分段退焊法

（2）矫正焊接变形的方法

矫正焊接变形的方法有机械矫正法和火焰矫正法两种。

矫正变形的基本原理是产生新变形抵消原来的焊接变形。机械矫正法是用机械加压或锤击的冷变形方法，产生塑性变形来矫正焊接变形，如图 3-14；火焰加热矫正法相反，它是利用火焰局部加热后的冷却收缩，来抵消该部分已产生的伸长变形。

火焰加热矫正的加热温度一般为 600 ~ 800℃。加热部位必须正确。图 3-15 为火焰加热矫正丁字梁变形实例。丁字梁焊后可能产生角变形、上拱变形和侧弯变形。一般先矫正角变形，再矫正向上拱变形，最后矫正侧弯变形。在矫正侧弯变形时，可能再次产生上拱变形，则需反复矫正，直至符合要求。

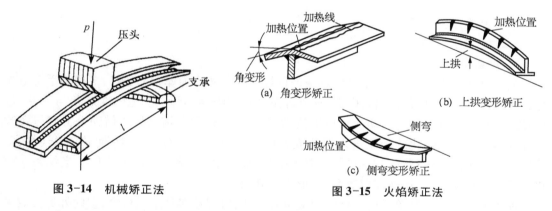

图 3-14　机械矫正法　　　　　　　图 3-15　火焰矫正法

4）减少和消除焊接残余应力的措施

① 结构设计要避免焊缝密集交叉，焊缝截面和长度也要尽可能小。

② 将焊件预热到 350 ~ 400℃ 后再进行焊接，是一种减少焊接应力的有效方法。

③ 锤击焊缝。当焊缝尚处于红热状态时均匀迅速锤击，使金属在高温塑性较好时得以延伸，减少应力。

④ 去应力退火。加热温度为 550 ~ 650℃，该方法可消除残余应力 80% 左右，是最常用、最有效的方法。

3.2　焊接方法

焊接方法的种类很多,按照焊接过程的物理特点,可以归纳为三大类:熔焊、压焊和钎焊。

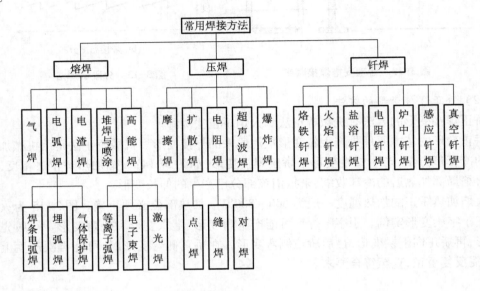

常用焊接方法如下:

3.2.1　熔焊

1)焊条电弧焊

利用电弧作为热源,用手工操纵焊条进行焊接的方法称为焊条电弧焊,又称为手工电弧焊、手弧焊。手工操作包括引燃电弧、送进焊条和沿焊缝移动焊条。电弧在焊条与工件(母材)之间燃烧,电弧热使母材熔化形成熔池,焊条金属芯熔化以熔滴形式借助重力和电弧吹力进入熔池,燃烧、熔化的药皮进入熔池成为熔渣浮在熔池表面,保护熔池不受空气侵害。药皮分解产生的气体环绕在电弧周围,隔绝空气,保护电弧、熔滴和熔池金属。当焊条向前移动熔化新母材时,原熔池和熔渣凝固,形成焊缝和焊渣。

焊条电弧焊设备简单、操作灵活,焊接位置灵活,可焊接多种金属材料,室内外焊接效果相近,但对焊工操作水平要求较高,生产率较低。

2)埋弧焊

埋弧焊是电弧在颗粒状焊剂层下燃烧进行焊接的方法,电弧的引燃、焊丝的送进、焊剂的堆敷和电弧沿焊缝的移动,都是由设备自动完成的。不同于焊条电弧焊使用的焊条由焊芯和药皮组成一体,埋弧焊中焊丝和焊剂各自为一体,成卷长焊丝和装在漏斗里的大量焊剂分别输出,这样保证了能连续焊接长焊缝,同时还节约了焊接材料(没有焊条夹持部分浪费)。

(1)埋弧焊设备

埋弧焊设备由焊车、控制箱和焊接电源三部分组成。常见的是小车式埋弧焊焊机。焊车由送丝机头、行走小车、控制盘(带有电流、电压表、焊速调节器和各种开关按钮)、焊丝盘和焊剂漏斗等组成。控制箱内装有控制和调节焊接工艺参数的各种电器元。埋弧焊电源有交流和直流两种。除上述小车式焊机外,还有适用于大型结构焊件的门架式、悬臂式埋弧焊机。

（2）埋弧焊的焊接过程及工艺

埋弧焊系统如图 3-16 所示。焊接时送丝机构将焊丝自动送入电弧区,并保证选定的弧长,电弧在焊剂层下面燃烧。电弧靠焊机控制、焊接小车均匀地向前移动(或焊机不动,工件以匀速运动)。在焊丝前面,颗粒状焊剂从焊剂漏斗不断流出,均匀地撒在工件表面,约40～60 mm 厚。焊接前和焊接过程中可调整并控制焊机的焊接电流、电弧长度、电弧电压和机头移动速度等工艺参数,并可自动完成引弧和焊缝收尾动作,以保证焊接过程稳定进行。此外,由于焊丝上没有涂料,且熔渣膜阻止飞溅,故允许采用大电流(300～2 000 A)进行焊接,因此,埋弧焊生产率和熔深比手弧焊大得多。随着焊车的匀速行走,完成电弧沿焊缝自行移动焊接的操作。

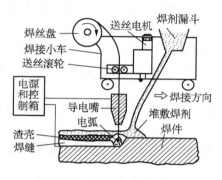

图 3-16 埋弧焊系统示意图

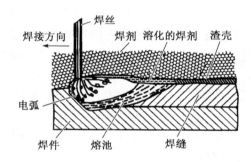

图 3-17 埋弧焊焊缝形成过程

埋弧焊焊缝形成过程如图 3-17 所示,在颗粒状焊剂层下燃烧的电弧使其附近的焊丝、焊件和焊剂熔化,并蒸发出气体,所产生的气体将电弧周围的熔渣排开,形成一个封闭的气泡,电弧处于这个气泡内,气泡的上部被一层熔渣膜所包围,这层渣膜把空气与电弧及熔池有效地隔离开,这就使电弧更集中,焊丝、焊件熔化形成熔池,焊剂熔化形成熔渣,蒸发的气体使液态熔渣形成一个笼罩着电弧和熔池的封闭的熔渣泡。具有表面张力的熔渣泡有效阻止空气侵入熔池和熔滴,使熔化金属得到焊剂层和熔渣泡的双重保护,同时阻止熔滴向外飞溅,减少热量损失,加大熔深,还阻挡了弧光(所以称为埋弧)。随着焊丝沿焊缝前移,熔池凝固成焊缝,比重轻的熔渣结成覆盖焊缝的渣壳。没有熔化的大部分焊剂回收后可重新使用。埋弧焊焊丝从导电嘴伸出的长度较短,所以可大幅度提高焊接电流,使熔深明显加大。一般埋弧焊电流强度比焊条电弧焊高4 倍左右。当板厚在 24 mm 以下对接时,不开坡口也能将工件焊透,但为保证焊接质量,一般板厚在 10 mm 以上就要开坡口。

埋弧焊也适于焊接大直径(>φ250 mm)筒体环焊缝。焊接时应采用滚轮架,使被焊筒体转动,如图 3-18 所示。为防止熔池和液态熔渣从筒体表面流失,焊丝施焊位置要偏离中心线

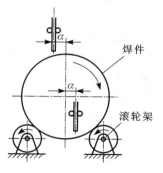

图 3-18 环焊缝埋弧焊示意图

一定距离。

（3）埋弧焊特点及应用

埋弧焊与焊条电弧焊相比有以下优点：

① 生产率高，节省焊接材料。由于埋弧焊时电流比焊条电弧焊大得多，电弧在焊剂层下稳定燃烧，无熔滴飞溅，热量集中，焊丝熔敷速度快，焊件熔深大，较厚的焊件不开坡口也能焊透，节省加工坡口的工时和费用，减少焊丝填充量，焊接时无焊条头更换，比焊条电弧焊快 5~10 倍，焊接生产率高。未熔化的焊剂可回收重用，又无焊条头浪费，节省焊接材料。

② 焊接质量好。埋弧焊时，熔滴、熔池金属得到焊剂和熔渣泡双重保护，有害气体侵入减少。焊接操作自动化，工艺参数稳定，无人为操作的不利因素，焊缝成形光洁平直，内部组织均匀，焊接质量好。

③ 劳动条件好。埋弧焊操作过程的自动化，大大降低了焊工劳动强度，焊剂层下燃烧，看不见刺眼的弧光，焊接烟雾少，无飞溅，焊工操作可省去面罩，劳动条件得到大幅度改善。

埋弧焊与焊条电弧焊相比，也有一些不足：

① 埋弧焊适于焊接长直的平焊缝或较大直径的环焊缝，不适用于立焊、横焊、仰焊和不规则形状焊缝。另外，焊前的准备工作量较大，对焊件坡口加工、接缝装配均匀性等要求较高。

② 埋弧焊电流强度较大，低于 100 A 时电弧不稳定，所以不适于焊接 3 mm 以下厚度的薄板。

③ 埋弧焊焊剂的成分主要是 MnO、SiO_2 等氧化物，难以完成 Al、Ti 等氧化性极强金属及合金的焊接。

3）气体保护电弧焊

用外加气体作为电弧介质并保护电弧和焊接区的电弧焊，称气体保护电弧焊（简称气体保护焊）。按照保护气体不同，气体保护焊分为两类：使用惰性气体作为保护的称惰性气体保护焊，包括氩弧焊、氦弧焊、混合气体保护焊等；使用 CO_2 气体作为保护的气体保护焊，简称 CO_2 焊。

（1）氩弧焊

使用氩气作为保护气体称为氩弧焊。氩气是惰性气体，不溶于液态金属，也不与金属发生化学反应，是一种较理想的保护气体。氩气电离电势高，因此引弧较困难，但氩气热导率小，且是单原子气体，不会因为气体分解而消耗能量，降低电弧温度。因此，氩弧一旦引燃，电弧就很稳定。按电极不同，氩弧焊又分为钨极氩弧焊和熔化极氩弧焊。钨极氩弧焊又称非熔化极氩弧焊，以高熔点的钨棒为电极，焊接时钨极不熔化。因钨极温度很高，故发射电子能力强，所需阴极电压小。当采用直流反接时，由于钨极发热量大，钨棒烧损严重，焊缝易产生夹钨，因此钨极氩弧焊一般不采用直流反接，以减少钨极烧损。但在焊接铝、镁及其合金时，应采用直流反接法，此时可利用钨极射向焊件的正离子撞击焊件表面，使焊件表面的 Al_2O_3、Mg_2O_3 等氧化膜破碎而去除（这一现象称阴极破碎或阴极雾化作用），从而使焊接质量提高。钨极氩弧焊焊接铝、镁及其合金时，也可采用交流电源焊接。这样既可利用焊件处于负半周时产生"阴极破碎"作用提高焊接质量，又可利用钨极处于负半周对钨极的冷却作用以减少钨极的烧损。

钨极氩弧焊需加填充金属,填充金属可以是焊丝,也可以在焊接接头中附加填充金属条或采用卷边接头等。填充金属可采用母材的同种金属,有时可根据需要增加一些合金元素,在熔池中进行冶金处理,以防止气孔等。钨极氩弧焊虽焊接质量优良,但由于钨极载流能力有限,焊接电流不能太大,所以焊接速度不高,而且一般只适用于焊接厚度 0.5 ~ 4 mm 的薄板。

熔化极氩弧焊用连续送进的焊丝作电极,同时熔化后作填充金属,当焊接电流较大,熔滴常呈很细颗粒的"喷射过渡",生产率比钨极氩弧焊高几倍。熔化极氩弧焊为了使电弧稳定,通常采用直流反接,这对于易氧化合金的工件正好有"阴极破碎"作用,适用于焊接 3 ~ 25 mm 的中厚板。如图 3-19 所示。

氩弧焊设备由送丝系统、主电路系统、供气系统、水冷系统、控制系统、焊枪等组成。

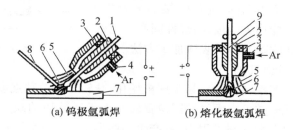

图 3-19 氩弧焊示意图
1—焊丝或电极 2—导电嘴 3—喷嘴 4—进气管
5—氩气流 6—电弧 7—焊件 8—填充焊丝 9—送丝滚轮

氩弧焊特点及应用如下:

① 保护效果好,焊缝金属纯净,焊接质量优良,焊缝美观。

② 电弧在氩气流的压缩下燃烧,热量集中,焊接速度快,热影响区小,焊后变形也小。

③ 电弧稳定,特别是小电流时也很稳定。因此,容易控制熔池温度,还可以单面焊双面成形。为了更容易保证焊件背面均匀焊透和焊缝成形,现在普遍采用在基本电流上再加上脉冲电流来焊接,这种焊接方法叫脉冲氩弧焊,更适用于薄板焊接。

④ 明弧可见,便于观察和操作,可全位置焊,焊后无渣,利于实现机械化和自动化焊接。

⑤ 适于焊接易氧化的有色金属,如铝、铜、镁、钛及其合金;各类合金钢、不锈钢、耐热合金及稀有金属,如锆、钽、钼等。

(2) 二氧化碳气体保护焊

二氧化碳气体保护焊是利用 CO_2 作为保护气体的气体保护焊,简称 CO_2 焊。这种焊接方法用连续送进的焊丝为电极。按焊丝的直径不同,可分为细丝(直径 0.5 ~ 1.2 mm)和粗丝(直径 1.6 ~ 5 mm)两种,前者适用于焊接 0.8 ~ 4 mm 的薄板,后者适于焊接 5 ~ 30 mm 的中厚板。CO_2 焊在原理、特点与装置上类似于氩弧焊。其优点在于成本低于氩弧焊(仅为埋弧焊和手弧焊的 40% 左右),焊接速度快,生产率比手弧焊高 1 ~ 3 倍。其缺点在于用较大电流焊接时,飞溅较大,烟雾较多,弧光强烈,焊接表面不够美观,且供气系统比氩弧焊复杂。此外二氧化碳气体在高温下会分解出一氧化碳和原子氧,具有一定氧化作用,故不能用于易氧化的有色金属。在焊接碳钢、低合金钢和不锈钢等时,为补偿合金元素的烧损和防止气孔,应采用具有足够脱氧元素的合金钢焊丝,如 H08MnSiA、H04Mn2SiTiA、H10MnSiMo 等。由于二氧化碳气流对电弧冷却作用较强,为保证电弧稳定燃烧,均用直流电源。为防止金属飞溅,宜用反接法。

CO_2 焊适用于厚度在 30 mm 以下的低碳钢和强度级别不高的低合金结构钢焊接。单件小批量生产或短的、不规则的焊缝采用半自动(自动送丝,手工移动电弧)CO_2 焊;成批生产的长直焊缝和环缝,可采用 CO_2 自动焊;强度级别高的低合金结构钢宜用 Ar 和 CO_2 混合气体保护焊。CO_2 自动焊如图 3-20 所示。

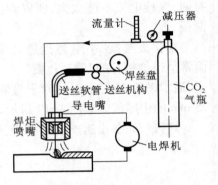

图 3-20　CO_2 自动焊

(3)碳弧焊与碳弧气刨

碳弧焊是利用碳棒作为电极进行焊接的电弧焊方法。碳弧气刨是使用碳棒作为电极,与焊件间产生电弧,用压缩空气将熔化金属吹除的一种表面加工方法。其作用类似于刨削,故称为碳弧气刨。

碳弧气刨可提高生产率,噪音小,易实现机械化,减轻工人劳动强度,在清理焊缝背面焊根时,可剔除细小的缺陷,并可克服风铲因位置较小而无法使用的缺点,特别在仰位和竖位时尤其具有优越性。但碳弧气刨过程中,将产生一些烟尘,工作时应注意采取通风措施。碳弧气刨广泛应用于清理焊根,焊缝缺陷返修,刨削焊接坡口,清理铸件的毛边、浇冒口及缺陷,还可以用于无法用氧-乙炔火焰切割的各种金属切割。

4)电渣焊

电渣焊是利用电流通过液态熔渣所产生的电阻热进行焊接的方法。电渣焊的基本系统如图 3-21。两焊件垂直放置(呈立焊缝),相距 25～35 mm,两侧装有水冷铜滑块,底部加装引弧板,顶部装引出板。开始焊接时,焊丝与引弧板短路引弧,电弧将不断加入的焊剂熔化为熔渣并形成渣池。当渣池达一定厚度时,将焊丝迅速插入其内,电弧熄灭,电弧过程转变为电渣过程,依靠渣池电阻热,使焊丝和焊件熔化形成熔池,并保持在 1 700～2 000 ℃。随着焊丝的不断送进,熔池逐渐上升,冷却块上

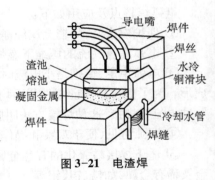

图 3-21　电渣焊

移,同时熔池底部被水冷铜滑块强迫凝固形成焊缝。渣池始终浮于熔池上方,既产生热量,又保护熔池,此过程一直延续到接头顶部。根据焊件厚度不同,焊丝可采用一根或多根。

电渣焊的接头形式有对接、角接和 T 形接头。其中以均匀截面的对接接头最容易焊接;对于形状复杂的不规则截面应改成矩形截面再焊接。

电渣焊与其他焊接方法比较,特点如下:

① 很厚的工件可一次焊成,如单丝可焊厚度达 40～60 mm;单丝摆动可焊厚度 60～150 mm;而三丝摆动可焊厚度达 450 mm。

② 生产率高,焊接材料消耗少,任何厚度焊件均不开坡口,仅留 25～35 mm 间隙即可一

次焊成。

③ 焊缝金属较纯净,渣池覆盖在熔池上,保护良好;且焊缝自下而上结晶,利于熔池中气体和杂质的上浮排出。

④ 适于焊接中碳钢与合金结构钢。

但是该方法由于焊接区高温持续时间较长,故热影响区比其他焊接方法都宽,晶粒粗大,易产生过热组织,因此,焊缝力学性能下降。对于较重要构件,焊后须正火处理,以改善其性能。电渣焊主要用于厚壁压力容器和铸-焊、锻-焊、厚板拼焊等大型构件的制造,焊接厚度一般应大于 40 mm,焊件材料常用碳钢、合金钢和不锈钢等。

5)高能焊

高能焊是利用高能量密度的束流,如等离子弧、电子束、激光束等作为焊接热源的熔焊方法的总称。

(1)等离子弧焊和切割

等离子弧实质是一种导电截面被压缩得很小、能量转换非常激烈、电离度很大、热量非常集中的压缩电弧,如果将前述钨极氩弧焊的钨极缩入焊炬内,再加一个带小直径孔道的铜质水冷喷嘴(见图 3-22),这样电弧在冲出喷嘴时就会产生三种压缩作用:一是两极间的电弧通过喷嘴细孔道的机械压缩,称为机械压缩效应;二是水冷喷嘴使弧柱外层冷却,迫使带电粒子流向弧柱中心收缩,称为热压缩效应;三是无数根平行导体所产生的自身磁场,使弧柱进一步压缩,称磁压缩效应。因三次压缩效应,使等离子弧直径仅有 3 mm 左右,而能量密度、温度及气流速度大为提高,电弧压缩成能量高度集中的高温等离子弧,温度可达 24 000 ~ 50 000 K,能量密度可达 10^5 ~ 10^6 W/cm^2(一般钨极氩弧最高温度为

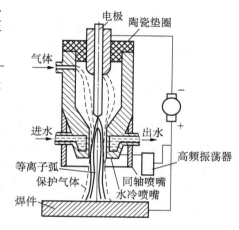

图 3-22 等离子弧焊示意图

10 000 ~ 24 000 K,能量密度在 10^4 W/cm^2 以下)。弧柱内的气体被充分电离,形成离子化的导电气体,即等离子体,故称等离子弧。等离子弧焰流速可达数倍音速,表现出强大的冲击力。

等离子弧焊时把等离子弧调成温度较低,冲击较小的"柔性弧"(与等离子切割比),且在等离子弧周围通保护气(氩气),以排除空气的有害影响。大电流等离子弧焊对于厚度在 13 mm 以下的工件不开坡口可一次焊透。施焊时,等离子流在熔池前方穿透一个小孔,热源向前移动时,小孔也随之向前运行,小孔前端熔化金属便从小孔旁流向熔池后方,逐渐填满原先产生的小孔,形成双面焊缝。

电流 15 A 以下的等离子弧焊称为微束等离子弧焊,电流小到 0.1 A 的等离子弧仍很稳定,仍保持良好的电弧挺度和方向性,主要用于焊接厚度为 0.01 ~ 1 mm 的箔材和薄板。

等离子弧焊除了具有能量集中、热影响区小、焊接质量好、生产率高等优点外,还具有以下特点:一是小孔效应,能较好地实现单面焊双面成形;二是微束等离子弧焊可焊箔材和薄

板。离子焊特别适用于各种难熔、易氧化及某些热敏感性强的金属材料(如钨、钼、铍、铜、铝、钽、镍、钛及其合金以及不锈钢、超高强度钢)的焊接。

等离子弧技术可以应用于等离子弧切割,利用等离子弧的高温将被割件熔化,并借助弧焰的机械冲击力把熔融金属强制排除,从而形成割缝以实现切割。由于等离子弧的上述特点,等离子切割特别适用于切割高合金钢、铸铁、铜、铝、镍、钛及其合金、难熔金属和非金属,且切割速度快(每小时几十至上百米)、热影响区小、切口较窄、切割边质量高、切割厚度可达 150~200 mm。

(2) 电子束焊

利用加速和聚焦的电子束轰击置于真空或非真空中的焊件所产生的热能进行焊接的方法,称电子束焊。电子束产生原理如图 3-23 所示,由一个加热的钨丝作阴极,通电加热到高温而发射大量电子,这些电子在阴极和阳极(与焊件等电位)间的高压作用下加速,经电磁透镜聚焦成高能量密度(可达 109 W/cm²)的电子束,以极大的速度冲击到焊件极小的面积上,使焊件迅速熔化甚至气化。根据焊件的熔化程度适当移动焊件,即可得到所需焊接接头。

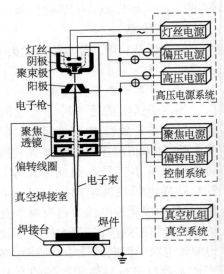

图 3-23　真空电子束焊原理图

随着科学技术的发展,尤其是原子能和导弹技术的发展,大量应用了锆、钛、钽、钼、铌、铂、镍及其合金,焊接这些金属用一般气体保护焊不能得到满意的结果,而以电子束为能源的电子束焊可顺利解决上述稀有和难熔金属的焊接问题。电子束焊可分真空电子束焊、低真空电子束焊和非真空电子束焊。

真空电子束焊是目前应用最广的一种电子束焊,它需把工件放在真空室(真空度在 666×10^{-4} Pa 以上)内。低真空电子束焊是使电子束通过隔离阀和气阻孔道引入低真空室(真空度 1~13 Pa)。非真空电子束焊亦称大气电子束焊,它是将真空条件下形成的电子束流经充氦的气室,然后与氦气一起进入大气的环境中施焊。非真空电子束焊摆脱了真空工作室的限制,扩大了电子束焊的应用范围。电子束焊一般不填充焊丝,如要保证焊缝正面和背面有一定堆高时,可在焊缝上预加垫片。采用真空电子束焊,焊前必须进行严格除锈和清洗,不允许有残留有机物。对接缝隙约为 0.1 倍的板厚,但不能超过 0.2 mm。

电子束焊具有以下特点:

① 保护效果极佳,焊接质量好。真空电子束焊是在真空中进行,因此焊缝不会氧化、氮化,也不会吸氢,不存在焊缝金属污染问题。所以,真空电子束焊特别适于焊接化学活泼性强、纯度高且易被大气污染的金属,如铝、钛、锆、钼、铍、钽、高强度钢、高合金钢和不锈钢等。

② 能量密度大。电子束束斑能量密度可达 $106 \sim 108$ W/cm²,比电弧能量密度约高 100~1 000 倍。因此,可焊难熔金属,如铌、钽、钨等;可焊厚截面工件,如钢板厚度达 200~300 mm,铝合金厚度可超过 300 mm。

③ 焊接变形小。可焊一些已加工好的组合零件,如齿轮组合件等。

④ 电子束焊接工艺参数调节范围广,适应性强。电子束焊工艺参数可各自单独调节,而且调节范围很宽,它可焊 0.1 mm 的薄板,也能焊 200～300 mm 厚板;可焊低合金结构钢、不锈钢,也可焊难熔金属、活泼金属以及复合材料、易熔金属,如铜-镍、钼-镍、钼-铜、钼-钨、铜-钨等,还能焊一般焊接方法难以焊接的复杂形状焊件。

⑤ 真空电子束焊接设备复杂、造价高,且焊件尺寸受真空室限制。

还应指出,由于电子束焊是在压强低于 10 Pa 的真空进行,因此,易蒸发的金属及其合金和含气量较多的材料,会妨碍焊接过程的进行。因此,一般含锌较高的铝合金(如铝-锌-镁)和铜合金(如黄铜)以及未脱氧处理的低碳钢,不宜用真空电子束焊接。为此可采用非真空电子束焊,即将真空条件下形成的电子束流经过充氦的气室,然后与氦气一起进入大气的环境中施焊。

(3)激光焊与切割

激光是一种强度高、单色性好、方向性好的相干光,聚焦后的激光束能量密度极高,可达 1 000 W/cm²。在千分之几秒甚至更短时间内,光能转变成热能,其温度可达 1 万度以上,极易熔化和气化各种对激光有一定吸收能力的金属和非金属材料,可以用来焊接和切割。

激光焊接设备的结构框图如图 3-24 所示。激光发生器利用固体(如红宝石、钕玻璃)、气体(如 He-Ne、CO₂)及其他介质受激辐射效应而产生激光,常用的激光发生器有固体和气体两种。

以脉冲形式输出的红宝石激光器和钕玻璃激光器对电子工业和仪表工业微型焊件特别合适,可实现薄片(0.2 mm 以上)、薄膜(几微米到几十微米)、丝与丝(直径 0.02～0.2 mm)、密封缝焊和异种金属、异种材料的焊接,如集成电路的外引线的焊接,集成线路内引线(硅片上蒸镀有 1.8 μm 厚的铝膜与 50 μm 厚铝箔间)的焊接,小于 1 mm 的不锈钢、铜、镍、钽等金属丝的对接、重叠、十字接、T 形接,集成电路块、密封微型继电器、石英晶体等器件外

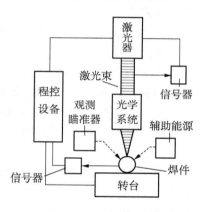

图 3-24 激光焊接设备结构框图

壳、航空仪表零件的密封焊接。而连续输出的 CO₂ 激光发生器适合于缝焊,可进行从薄板精密焊到 50 mm 厚板深穿入焊的多种焊接。

普通焊接方法焊接接头形式也适合于激光焊,但由于激光焊接的光斑很小,所以接头的间隙要小,装配要严格。

激光焊有以下特点:

① 能量密度大。适合于高速加工,能避免"热损伤"和焊接变形,故可进行精密零件、热敏感性材料的焊接,在电子工业和仪表工业中应用广泛。

② 灵活性大。激光焊接时,激光焊接装置不需要和被焊工件接触,激光束能用偏转棱镜或通过光导纤维引导到难接近的部位进行焊接。激光还可以穿过透明材料进行焊接,如真空管中电极的焊接。

③ 激光辐射能量的释放极其迅速。不仅使焊接生产率高,而且被焊材料不易氧化,可在大气中焊接,不需要真空环境和气体保护。

④ 功率较小,焊接厚度受一定限制;易受焊接时产生的烟气影响。

激光切割的原理是利用聚焦后的激光束使工件材料瞬间气化而形成割缝。大功率 CO_2 气体激光发生器所输出的连续激光可以切割钢板、钛板、石英、陶瓷和塑料等。切割金属材料时,采用同轴吹氧工艺,可大大提高切割速度。目前,采用数控和视频监控技术的多功能激光加工机,不仅易于观察加工位置,而且可实现多维空间的激光焊接、切割、熔敷、热处理和激光冲击强化等加工。

6) 堆焊与喷涂

（1）堆焊

堆焊是为增大或恢复焊件尺寸,或使焊件表面获得具有特殊性能的熔敷金属而进行的焊接。在零件表面堆焊的目的在于修复零件或增加其耐磨、耐热、耐蚀等方面的性能。

堆焊是焊接的一个特殊分支,有振动电弧堆焊、等离子弧堆焊、气体保护堆焊和电渣堆焊等。

堆焊加工的主要特点是:

① 采用堆焊修复已失去精度或表面磨损的零件,可省材料、省费用、省工时,延长零件的使用寿命。

② 堆焊层的特殊性能可提高零件表面耐磨、耐热、耐蚀等性能,发挥材料的综合性能和工作潜力。

③ 由于堆焊材料往往与工件材料差别较大,故堆焊具有明显的异种金属焊接特点,因此对焊接工艺及其参数要求较高。

堆焊的应用已遍及各种机械产品的制造和维修部门。在冶金机械、重型机械、汽车、动力机械、石油化工设备等领域均有广泛的应用。

（2）喷涂

喷涂是将金属粉末或其他物质熔化,并用压缩空气将其以雾状喷射到被加工工件的表面上,形成覆盖层的工艺方法。喷涂的目的是使材料表面具备防腐、导电、耐蚀、耐热和外形美观等功能,有时也用于修复磨损零件。

目前常用在热喷涂中的热源为氧乙炔、电弧、等离子弧、电子束、激光束等,热源使喷涂材料熔化,并运用压缩空气等使熔融液态材料雾化后,喷涂在零件表面上;也可藉高压静电引力将材料粉末喷涂到零件表面上,然后,根据涂层材料类型在适当温度下进行热处理,以获得均匀、平整并与基体材料结合牢固的涂层。火焰线材喷涂原理见图3-25。

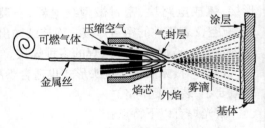

图 3-25　火焰线材喷涂原理

喷涂所用材料很广,各种低熔点金属和高熔点金属以及各种合金都可作为喷涂材料。此外,一些金属氧化物、碳化物、非金属陶瓷、塑料等也可作为喷涂材料。

常用的喷涂方法有氧乙炔焰喷涂、氢氧焰喷涂、等离子弧喷涂等。

喷涂加工的主要特点是:

① 喷涂的加热温度较低,工件表面的温升较小,因而对工件的组织和性能影响小。

②　可喷涂加工的对象广泛,金属和大部分非金属材料均可通过喷涂获得表面覆层。

③　喷涂的操作工艺过程简单,被喷涂零件的大小不受限制。

7）铝热焊接

铝热焊接(也称热剂焊、放热熔焊)就是利用金属氧化物和金属铝之间的放热反应所产生的过热熔融金属来加热金属而实现结合的方法。铝热焊接是一种把两个或是多个导体焊接起来的焊接工艺,还应用于生产防腐耐磨的陶瓷-金属复合材料管等。铝热焊接工艺通常是铝热焊剂和铝热焊模两者的组成品,铝粉与金属氧化物可由外部热源(如火焰加热)使之发生放热反应,且一旦反应便可自行持续,这一反应的通式为:

$$金属氧化物　+　铝(粉) \rightarrow 氧化铝　+　金属　+　热能$$

铝热焊主要可焊接纯铜、铜合金、铜包钢、纯铁、铸铁、结构钢和不锈钢等。

8）水下焊接与切割

水下焊接与切割是水下工程结构安装、维修施工和救援中不可缺少的重要工艺手段。它们常被用于海上救捞、海洋能源、海洋采矿等海洋工程和大型水下设施的施工。

（1）水下焊接

水下焊接由于水的存在,使焊接过程变得更加复杂,会出现各种陆地焊接所未遇到的问题,目前,应用较成熟的是电弧焊,焊接方法有干法、湿法和局部干法三种。

①　干法焊接　这是采用大型气室罩住焊件、焊工在气室内施焊的方法,由于是在干燥气相中焊接,其安全性较好。在深度超过空气的潜入范围时,由于增加了空气环境中局部氧气的压力,容易产生火星。因此应在气室内使用惰性或半惰性气体。干法焊接时,焊工应穿戴特制防火、耐高温的防护服。与湿法和局部干法焊接相比,干法焊接安全性最好,但使用局限性很大,应用不普遍。

②　局部干法焊接　局部干法是焊工在水中施焊,人为地将焊接区周围的水排开的水下焊接方法,其安全措施与湿法相似。由于局部干法还处于研究之中,因此使用尚不普遍。

③　湿法焊接　湿法焊接是焊工在水下直接施焊,而不是人为地将焊接区周围的水排开的水下焊接方法。电弧在水下燃烧与埋弧焊相似,是在气泡中燃烧的。焊条燃烧时焊条上的涂料形成套筒使气泡稳定存在,因而使电弧稳定。要使焊条在水下稳定燃烧,必须在焊条芯上涂一层一定厚度的涂药,并用防水物质浸渍的方法,使焊条具有防水性。气泡由氢、氧、水蒸气和由焊条药皮燃烧产生。为克服水的冷却和压力作用造成的引弧及稳弧困难,其引弧电压要高于大气中的引弧电压,其电流较大气中焊接电流大 $15\% \sim 20\%$。水下湿法焊接与干法和局部干法焊接相比,应用最多,但安全性最差。由于水具有导电性,因此防触电成为湿法焊接的主要安全问题之一。湿法水下焊接的质量主要受水下焊条、水下药芯焊丝等因素的影响和制约,通常湿法焊接的水深不超过 $100~m$。

水下环境使得焊接过程变得更加复杂,除焊接技术外,还涉及潜水作业技术等诸多因素。水下焊接存在可见度差、焊缝含氢量高、冷却速度快、压力影响、连续作业难以实现等困难。

（2）水下切割

水下切割按切割原理可分为水下热切割、水下爆炸切割和水下机械切割三类。

水下热切割是水中施工使用最广泛的一种切割技术,约占水下切割总量的 90% 以上。水下热切割方法有以下四种:

① 火焰切割　水中火焰切割采用氢气作为可燃气体,因乙炔在水深 15 米左右的压力下就要分解而导致爆炸。

② 电弧-氧切割　借助空心割条产生的电弧把工件熔化,并用空心割条中喷射出的氧气把熔化金属吹开,形成割口。空心割条用钢管或碳化硅等陶瓷管,外涂稳弧剂并覆以防水漆或环氧树脂。切割氧气压力应比水深压力高 $0.5 \sim 0.7$ MPa。电弧—氧切割速度比火焰切割高,技术要求低,设备简单,是水中解体最常用的方法。

③ 熔化极水喷射电弧切割　借助高压喷射水把由电弧熔化的金属吹开。这种切割割口表面清洁,背面挂渣少。熔化极连续送进,切割电流大,切割速度高,又不需要氧气,是一种很有发展前景的水下快速切割方法。

④ 等离子弧切割　由于水压对等离子弧的压缩和冷却作用,水下等离子弧的切割电源的空载电压要求高达 180 V 以上,一般采用遥控切割以确保安全,主要用于核污染结构件的水中解体。

3.2.2　压焊

压焊是指在加热或不加热状态下对组合焊件施加一定压力,使其产生塑性变形,并通过再结晶和扩散等作用,使两个分离表面的原子达到形成金属键而连接的焊接方法。压焊的类型很多,常用的有电阻焊和摩擦焊。

1) 电阻焊

电阻焊是焊件组合后通过电极施加压力,利用电流通过接头的接触面及邻近区域产生的电阻热进行焊接的方法。电阻焊的电流较大(几千至几万安培),但焊接电压很低(几伏至十几伏),因此焊接时间极短,生产率高,焊接变形小。电阻焊不需用填充金属和焊剂,焊接成本较低,且操作简单,易实现机械化和自动化。焊接过程中无弧光、烟尘,有害气体少,噪音小,劳动条件较好。但是,电阻大小和电流波动等因素均可导致电阻热的改变,因此电阻焊接头质量不稳定,从而限制了在某些重要焊接件上的应用。

电阻焊可分为点焊、缝焊、凸焊和对焊等。见表 3-2。

表 3-2　电阻焊种类及特点

种类	示图	接头剖面	基本时序
电阻对焊			
闪光对焊			
缝焊			

续表 3-2

种类	示图	接头剖面	基本时序
凸焊	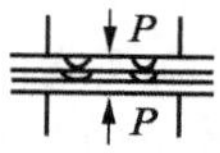		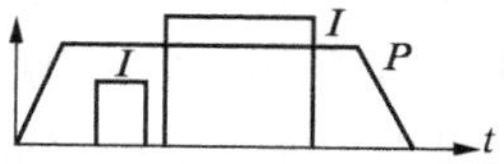
点焊	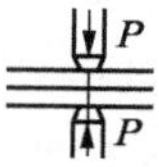		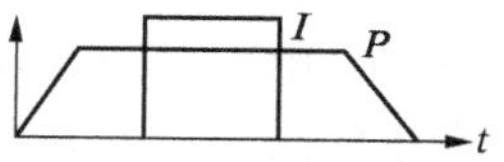

注:P—压力;I—电流;S—位移。

（1）点焊

点焊是焊件装配成搭接接头,并压紧在两电极之间,利用电阻热熔化对接面处的固态金属,形成焊点的焊接方法。如图 3-26 所示。

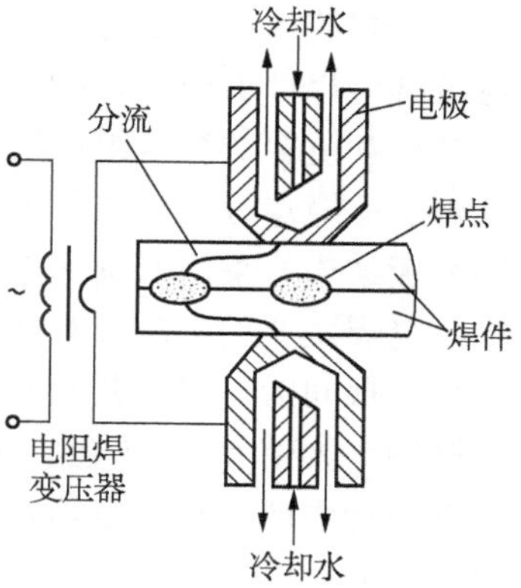

点焊的主要工艺参数是电极压力、焊接电流和通电时间。电极压力过大,接触电阻下降,热量减少,可造成焊点强度不足;电极压力过小,则极间接触不良,热源虽强但不稳定,甚至出现飞溅、烧穿等缺陷。若焊接电流不足,则熔深过小,甚至造成未熔化;若电流过大,则熔深过大,并有金属飞溅,甚至引起烧穿。通电时间对点焊质量的影响与电流相似。

点焊前必须清理焊件表面的氧化膜、油污等杂质,以免焊件间接触电阻过大而影响点焊质量和电极寿命。将清理好的两焊件紧密接触预压夹紧,然后接通电流,使接触处产生电阻热。电极与焊件接触处所产生的电阻热很快被导热性能好的铜电极和冷却水传走,因此接触处的温度升高有限,不会熔化,而焊接件相互接触处则由于电阻热很大,温度迅速升高,接触处金属熔化,形成液态熔核。断电后,继续保持或加大压力,使熔核在压力下凝固结晶,形成组织致密的焊点。焊点形成后移动焊件,依次形成其他焊点。点焊第二个焊点时,有一部分电流可能流经已焊的焊点,这种现象称分流现象。分流现象导致焊缝处电流减少,影响焊接质量。因此,两焊点之间应有一定距离,其距离大小与焊件材料和厚度有关。一般材料电导性愈强,厚度愈大,分流现象愈严重。

图 3-26 点焊示意图

点焊的焊接接头形式要充分考虑到点焊机电极能接近焊件,做到施焊方便,加热可靠。图 3-27 为几种常见的点焊接头形式。

点焊主要用于薄板冲压件搭接,如汽车驾驶室、车厢等薄板与型钢构架的连接,蒙皮结构、金属网、交叉钢筋接头。适于点焊的最大厚度为 2.5 ~ 3 mm,小型构件可达 5 ~ 6 mm,特殊情况为 10 mm,钢筋和棒料直径达

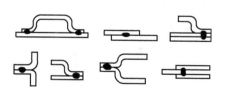

图 3-27 点焊接头形式

25 mm。点焊适用于不锈钢、铜合金、钛合金和铝镁合金等的焊接。

（2）多点凸焊

多点凸焊是一次加压和通电完成两个或两个以上焊点的焊接方法。焊接时，先在一个工件上凸压出一个或几个凸点，然后将工件放在焊机大平面电极之间，像点焊那样加压通电。因为工件与电极之间的接触面积比凸点端面大得多，电路电阻几乎全集中在凸点上，故热量集中。当凸点金属加热到塑性状态时，压力使凸点变平，形成焊点，迫使工件紧密地连接在一起。电极之间有几个凸点就能同时形成几个焊点，其数目只受焊机所提供的电流和压力大小的限制。许多点焊机通过改变电极就可进行多点凸焊。而且凸点可以和其他材料成形工序同时形成，几乎无需增加什么成本。

（3）缝焊

缝焊的焊接过程与点焊相似，只是用圆盘电极代替点焊时用的柱状电极。焊接时盘状电极既对焊件加压，又导电，同时还旋转靠摩擦力带动焊件移动，最终在工件上焊出一道由许多相互重叠的焊点组成的焊缝。缝焊由于焊缝中的焊点相互重叠约50%以上，因此密封性好。但缝焊分流现象严重，所需焊接电流约为点焊时的 1.5~2 倍，只适用于 3 mm 以下的薄板结构。采用断续送电，断续送进的工艺可节约电能，并使焊件和焊机有冷却时间。

缝焊主要用于制造有密封性要求的薄壁结构，如油箱、小型容器和管道等。缝焊亦可用于金属板间的对接。此时要求使用高频电流，以限制焊接区附近的金属表面电流。焊接时，电极触头为前导，加热金属对接接头，然后利用加压滚轮逐渐压合在一起。图 3-28 所示为有缝钢管生产中管缝电阻焊。

（4）对焊

对焊是将焊件装配成对接的接头，使其端面紧密接触，利用电阻热加热至塑性状态，然后迅速施加顶锻力完成焊接的方法。按工艺过程特点，对焊又分为电阻对焊和闪光对焊，如图 3-29 所示。

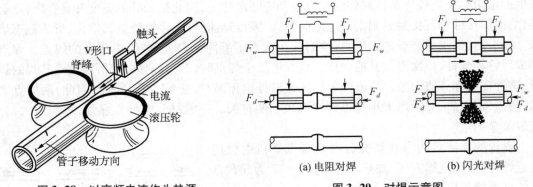

图 3-28　以高频电流作为热源
进行管缝焊接

（a）电阻对焊　　　（b）闪光对焊

图 3-29　对焊示意图

F_j—夹紧力　F_w—挤压力　F_d—顶锻力

电阻对焊时，将焊件夹紧在电极上，先加预压力后再通电，接触处被迅速加热到塑性状态，然后增大压力，同时断电，使接触处产生塑性变形并形成牢固接头。此法对焊件表面清理要求较高，否则会造成加热不均匀，易夹渣。

闪光对焊时,焊件夹紧在电极上,然后接通电源,并使焊件缓慢靠拢接触。强电流通过少数触点,使它迅速熔化、气化,在磁场作用下,液态金属爆破飞出,造成"闪光"。由于焊件不断送进,旧触点爆破又形成新的触点,则闪光现象连续产生,热量传到工件,待加热至两端面全部熔化时,迅速对焊件加压并断电,使熔化金属自结合面挤出,并产生大量塑性变形使焊件焊合。此焊接过程中,工件端面的氧化物及杂质一部分随闪光火花带出,一部分在加压时随液体金属挤出,故接头中夹渣少,质量高。但金属损耗多,焊后有毛刺需要清理。对焊要求焊件接触处的端面形状尺寸相同或相近,以保证两焊件接触面加热均匀。

对焊应用实例如图 3-30 所示,主要用于以下几个方面:

① 制造封闭形零件,如自行车车圈、汽车轮缘、船用锚链、钢窗等。

② 轧材接长,如钢轨、钢管、钢筋等。

③ 制造异种材料零件,以节省贵重金属。如高速钢工作部与中碳钢刀体部对焊成的刀具(钻头、铣刀、铰刀等),耐热钢头部和结构钢导杆部焊成的内燃机气门等。

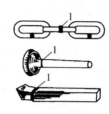

1—焊缝

图 3-30 对焊应用实例

2)摩擦焊

摩擦焊是利用焊件表面相互摩擦所产生的热,使端面达到热塑性状态,然后迅速顶锻,完成焊接的一种压焊方法。其焊接原理如图 3-31 所示。它可分为连续驱动式和储能式(即惯性式)两种。

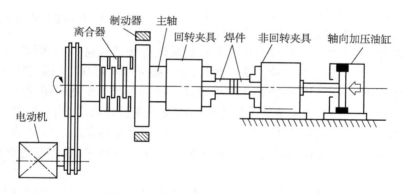

图 3-31 摩擦焊示意图

连续驱动摩擦焊是将一焊件高速旋转,另一焊件以相当大的压力压向旋转件,使之摩擦加热。当加热到塑性状态时,焊件迅速停转,同时保持或增大轴向压力进行顶锻,直到焊接完成。储能摩擦焊是把飞轮连同一个焊件加速到预定转速后,将飞轮与电机脱开或断电,同时将两工件压到一起,使飞轮的动能转换成热量。当飞轮停止转动时,加压顶锻,完成焊接。此法需要的电机功率比连续驱动摩擦焊小。

摩擦焊特点及应用:

① 在摩擦过程中两端面的氧化膜和杂质被清除,因此,接头不易产生气孔、夹渣等缺陷,组织也致密,故接头质量好。

② 设备及操作简单,无需加焊接材料,易实现自动控制,生产率高。

③ 可焊金属范围较广,适用于异种金属的对接,如碳素钢-不锈钢、铝-铜、铝-钢、钢-锆等,甚至可焊非金属(如塑料、陶瓷)以及金属-非金属(如铝-塑料)。

摩擦焊接头一般为等断面,也可以是不等断面,如杆-管,管-管,管-板接头等,但一般要求其中有一件是回转体。摩擦焊接头形式如图3-32所示。

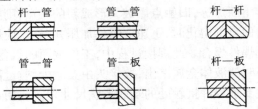

图 3-32　摩擦焊接头形式

近年来,摩擦焊也发展到两块平板对接接头的焊接,如搅拌摩擦焊方法。与常规摩擦焊一样,搅拌摩擦焊也是利用摩擦热与塑性变形热作为焊接热源,不同之处在于搅拌摩擦焊焊接过程是由一个圆柱体或其他形状(如带螺纹圆柱体)的搅拌针伸入工件的接缝处,通过焊头的高速旋转,使其与焊接工件材料摩擦,从而使连接部位的材料温度升高软化,同时对材料进行搅拌摩擦来完成焊接的。焊接过程如图3-33所示。在焊接过程中工件要刚性固定在背垫上,焊头边高速旋转,边沿工件的接缝与工件相对移动。焊头的突出段伸进材料内部进行摩擦和搅拌,焊头的肩部与工件表面摩擦生热,并用于防止塑性状态材料的溢出,同时可以起

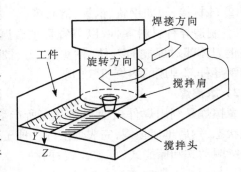

图 3-33　搅拌摩擦焊示意图

到清除表面氧化膜的作用。焊接过程中也不需要其他焊接消耗材料,如焊条、焊丝、焊剂及保护气体等。唯一消耗的是焊接搅拌头。同时,由于搅拌摩擦焊接时的温度相对较低,因此焊接后结构的残余应力或变形也较熔化焊小得多。特别是铝合金薄板熔化焊接时,结构的平面外变形是非常明显的,无论是采用无变形焊接技术还是焊后冷、热校形技术,都是很麻烦的,而且增加了结构的制造成本。搅拌摩擦焊主要是用在熔化温度较低的有色金属,如Al、Cu等合金,这和搅拌头的材料选择及搅拌头的工作寿命有关,也和有色金属熔化焊接相对困难有关。

摩擦焊在许多领域得到广泛应用,如在飞机制造中,AISI4340超高强度钢因其具有高的缺口敏感性和焊接脆化倾向,当用来制造飞机起落架时,国外规定不允许采用熔化焊接方法施焊,已成功地进行了AISI4340管与AISI4030锻件起落架、拉杆的摩擦焊接。此外,直升飞机旋翼主传动轴的Ni合金齿轮与18%高镍合金钢管轴的焊接、双金属飞机铆钉、飞机钩头螺栓等均采用了摩擦焊接,这表明摩擦焊接技术已渗透到了飞机重要承力构件的焊接领域。

国外在汽车零配件规模化生产中,摩擦焊接技术占有较重要的地位。据不完全统计,美国、德国、日本等工业发达国家的一些著名汽车制造公司,已有百余种汽车零配件采用了摩擦焊接技术。如国内外在发动机双金属排气阀生产中广泛采用了摩擦焊接技术将NiCr20TiAl、5Cr21Mn9Ni4、4Cr14Ni14W2Mo之类的高温合金或奥氏体型耐热钢盘部与4Cr9Si2、4Cr10Si2Mo之类的马氏体型不锈耐热钢杆部连接起来形成整体排气阀,特别适合

于空心阀的制造。采用锻焊复合结构取代整体锻造生产汽车半轴在国外也已广泛应用。

3）超声波焊

超声波焊是利用超声波的高频频率震荡对焊接接头进行局部加热和表面清理,然后施加压力实现点焊或缝焊的一种压焊方法。其实质是利用超声频率的高频弹性机械振动,使两个焊件在压力作用下,彼此紧密接触表面之间生产高频、高速的相对摩擦运动和错移变形,增加焊接件的温度和塑性,并破坏其表面的氧化物,然后在静压力和超声波的作用下产生塑性变形,使金属表面相互靠近,达到原子间产生结合力的程度,从而形成永久性的焊接接头。超声波焊接除了给焊接处提供超声振动外,其加压及焊接方式与一般点焊和缝焊方法相同。超声波焊原理如图3-34所示。超声波焊的特点是焊接过程不需要附加热源,因而金属不会受到高温影响而发生不良的化学反应和组织改变,焊接处变形较一般点焊或冷焊小。超声波焊不仅适用于各种不同的金属,同时也广泛应用于焊接塑料等非金属材料。

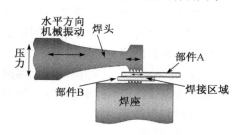

图3-34 超声波焊原理

超声波是频率超过20 kHz的弹性波,因其波长短而频率高,故具有较强的束射性能,使能量高度集中。有些材料,特别是铁磁材料,在受到磁场作用时,会改变尺寸,如镍要收缩,而铁合金、铝合金则要膨胀,这种现象称磁致伸缩。超声波装置中的换能器,便是利用这类材料(多为镍)在高频交变磁场作用下的磁致伸缩效应,产生高频机械振动,再通过与它连接的振幅放大器增大振幅,从而获得集中而强烈的振动。

金属在进行超声波焊接时,既不向工件输送电流,也不向工件施以高温热源,只是在静压力之下,将振动能量转变为工件间的摩擦功、形变能及温升。接头间的冶金结合是母材不发生熔化的情况下实现的一种固态焊接,因此它有效地克服了电阻焊接时所产生的飞溅和氧化等现象。超声金属焊机能对铜、银、铝、镍等有色金属的细丝或很薄的箔片进行单点焊接、多点焊接和短条状焊接。广泛应用于可控硅引线、熔断器片、电器引线、锂电池极片、极耳的焊接。

超声波焊接塑料时,通过超声波发生器将50/60 Hz电流转换成15、20、30或40 kHz电能,被转换的高频电能通过换能器再次被转换成为同等频率的机械运动,随后机械运动通过一套可以改变振幅的变幅杆装置传递到焊头。焊头将接收到的振动能量传递到待焊接工件的接合部,在该区域,振动能量被通过摩擦方式转换成热能,由于塑料导热性差,不能及时散发,聚集在焊区,致使两个塑料的接触面迅速熔化,加上一定压力后,使其融合成一体。当超声波停止作用后,让压力持续几秒钟,使其凝固成型,这样就形成一个坚固的分子链,达到焊接的目的,焊接强度能接近于原材料强度。超声波不仅可以被用来焊接硬热塑性塑料,还可以加工织物和薄膜。一套超声波焊接系统的主要组件包括超声波发生器、换能器变幅杆/焊头三联组、模具和机架。

超声波塑料焊接的好坏取决于换能器焊头的振幅,所加压力及焊接时间等三个因素,焊接时间和焊头压力是可以调节的,振幅由换能器和变幅杆决定。这三个量相互作用有个适宜值,能量超过适宜值时,塑料的熔解量就大,焊接物易变形,若能量小,则不易焊牢,所加的压力也不能太大。主要几种应用有：

① 熔接法　以超声波超高频率振动的焊头在适度压力下,使两块塑胶的接合面产生摩擦热而瞬间熔融接合,焊接强度可与本体媲美,采用合适的工件和合理的接口设计,可达到水密及气密,并免除采用辅助品所带来的不便,实现高效清洁的熔接。

② 铆焊法　将超声波超高频率振动的焊头,压着塑胶品突出的梢头,使其瞬间发热融成铆钉形状,使不同材质的材料机械铆合在一起。

③ 埋植　用焊头传递适当压力,瞬间将金属零件(如螺母、螺杆等)挤入预留的塑胶孔内,固定在一定深度,完成后无论拉力、扭力均可媲美传统模具内成型之强度,可免除注射成型时安放嵌件缓慢之缺点。

④ 点焊　将二片塑料件分点熔接,无需预先设计焊线,达到熔接目的。

⑤ 切割封口　运用超音波瞬间发振工作原理,对化纤织物进行切割,其优点是切口光洁、不开裂、不拉丝。

4) 扩散焊

扩散焊是让焊件紧密贴合,在真空或保护气氛中,在一定温度和压力下保持一段时间,使接触面之间的原子相互扩散而完成焊接的压焊方法。如图 3-35 所示,是利用高压气体加压和高频感应加热对管子和衬套进行真空扩散焊。其焊接工艺过程是焊前对管壁内表面和衬套进行清理、装配后,管子两端用封头封固,再放入真空室内加热,同时向封闭的管子内通入一定压力的惰性气体。通过控制温度、气体压力和时间,使衬套外面与管子内壁紧密接触,并产生原子间相互扩散而实现焊接。

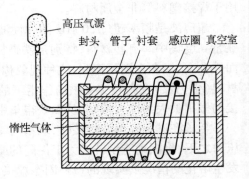

图 3-35　衬套真空扩散焊示意图

扩散焊特点及应用：

① 接头强度高,焊接应力和焊接变形小。扩散焊加热温度低(约为母材熔点的 0.4~0.7 倍),焊接过程靠原子在固态下扩散完成,所以焊接应力及变形小,同时不改变母材性质。因此接头化学成分、组织性能与母材相同或接近,接头强度高。

② 可焊接材料种类多。扩散焊可焊接多种同类金属及合金,同时还能焊接许多异种材料。如果采用加过渡合金层的真空扩散焊,还可以焊接物理化学性能差异很大、高温下形成脆性化合物的异种或同种材料。

③ 可焊接复杂截面的焊件。扩散焊可焊接特厚、特薄、特大或特小的焊件。能用小件拼成形状复杂、力学性能均一的大件,以代替整体锻造和机械加工。

扩散焊的主要不足是单件生产、生产率低,焊前对焊件表面的加工清理和装配质量要求十分严格,需用真空辅助装置。

扩散焊主要用于焊接熔焊、钎焊难以满足质量要求的小型、精密、复杂的焊件。近年来,扩散焊在原子能、航天导弹等尖端技术领域中解决了各种特殊材料的焊接问题。例如在航天工业中,用扩散焊制成的钛制品可以代替从简单的锻件到用板材制成的大壳形构件。扩散焊在机械制造工业中也应用广泛,例如将硬质合金(或碳化物)刀片镶嵌到重型刀具上等。

5) 爆炸焊

爆炸焊接也称爆炸复合或固态焊接,它是以炸药作为能源,利用炸药爆炸时产生的冲击波,使两层或多层的同种或异种材料高速水平或倾斜碰撞而结合在一起的方法。爆炸焊是一种固相焊接方法,通常用于异种金属之间的焊接。如钛、铜、铝、钢等金属之间的焊接,可以获得强度很高的焊接接头,而这些化学成分和物理性能各异的金属材料的焊接,用其他的焊接方法很难实现,现代工业需要多种多样的金属复合材料,爆炸焊接工艺应运而生。爆炸焊爆炸产生高温让分子软化向外扩散,高压让两种金属紧密结合,实现固态分子扩散,两件金属在不到一秒的时间内即可被加速撞击形成金属的结合。同时,焊接界面两侧金属产生细微的塑性变形,形成有规律的波浪式的相互嵌合,加大了原子间互相扩散的面积,达到牢固的冶金结合。目前,爆炸焊原理有待于进一步研究,有研究认为其结合了压力焊、熔化焊和扩散焊三种机理,并具有射流的特点。

爆炸焊接时,通常把炸药直接敷在覆板表面,或在炸药与覆板之间垫以塑料、橡皮作为缓冲层。覆板与基板之间一般留有平行间隙或带角度的间隙,在基板下垫以厚砧座。炸药引爆后瞬时释放的化学能将产生一高压(700 MPa)、高温(局部瞬时温度达 3 000 ℃)和高速(500 ~ 1 000 m/s)冲击波。高温、高速使覆板以 200 ~ 500 m/s 撞向基板,两板接触面产生塑性流动和高速射流,结合面的氧化膜在高速射流作用下喷射出来,同时使工件连接在一起。爆炸焊过程如图 3-36。爆炸焊按接头形式不同分点焊、线焊和面焊,其中面焊为主要类型。接头有板和板、管和管、管和管板等形式。所使用炸药的爆轰速度、用药量、被焊板的间隙和角度、缓冲材料的种类、厚度、被焊材料的声速、起爆位置等,均对焊接质量有重要影响,有关参数根据炸药密度、爆速、覆板的密度(强度)等因素计算,并在实爆中测试优化。

爆炸焊所需装置简单,操作方便,成本低廉,适用于野外作业。爆炸焊对工件表面清理要求不太严,而结合强度却比较高,适合于焊接异种金属,如铝、铜、钛、镍、钽、不锈钢与碳钢的焊接,铝与铜的焊接等。爆炸焊已应用于导电母线过渡接头、换热器管与管板的焊接和制造大面积复合板。爆炸焊接投资少,成本低。而且能够进行大面积工件的焊接,用途广泛。但是在生产过程中会产生噪声和地震波,对爆炸场附近环境和居民造成影响,因此,爆炸加工场一般应建在偏远的山区。通常情况下,在爆炸焊接作业点挖一二米左右深的基坑,在基坑中填以松土和细沙,将基板置于松土和细沙之上。爆炸焊接时,基、覆板向下运动的能量将有较大一部分被松土和细沙所吸收,使之不能向外传播;同时,细沙和松土对表面波的传播也不利,可以降低表面波的传播能量。图 3-36 所示为爆炸焊过程。

图 3-36　爆炸焊过程

爆炸焊除用于焊接外,还发展到其他新领域,如:

(1) 表面硬化和消除残余应力

用薄片炸药去爆炸冲击奥氏体钢材,可以使材料表面硬化,由此衍生的爆炸硬化技术;用小量的炸药处理大型容器焊缝的爆炸消除焊接残余应力技术,可以消除焊缝应力、改善应力腐蚀,已经用于大型化工储罐和三峡等水利工程引水压力管线,实现了焊接应力现场消除;利用水中爆炸实现了金属板料的无模成型和连铸结晶器等精密部件成型。

(2) 新材料合成的爆炸加工技术

主要有用于制造金属包覆材料的爆炸复合技术,用于金属与陶瓷粉末冶金的爆炸粉末烧结技术,用于陶瓷粉末和金刚石等超硬材料粉末制造的冲击波合成方法,以及制备纳米粉末的气相爆轰合成方法等。

(3) 爆炸复合方法生产金属复合板

目前已成功爆炸复合金属组合有数百种,对于铝-钢、铜-钢、钛-钢、锆-钢这些非常难焊接的金属,采用爆炸复合的界面的结合强度均可接近或大于母材,且复合界面能保持一定的韧性。如一次起爆数百公斤炸药,将厚度 2～6 mm 的不锈钢板一次爆炸复合在面积 3×10 m^2 左右碳钢板上。另外,爆炸复合还可以对管材实现内包覆与外包覆,可在一种管材的内表面或外表面包覆焊接上另外一种金属管材。因此,爆炸复合技术最普遍的应用领域就是用于制造各种双金属包覆材料,如复合板、棒、管材等。除此之外,爆炸复合还被用于制造各种双金属过渡材料,如:双硬度复合板、导电接头、结构过渡接头等。也被用于特殊场合焊接,如:热交换器管与管板焊接、电气铁路的导电连接焊、化工容器和管道的快速堵漏、电网快速焊接、输油管线接地焊等特定领域的焊接。爆炸复合技术与其他金属加工技术的结合,则更进一步拓宽了其产品的应用范围,如将爆炸复合坯料进行热轧、冷轧制成薄板复合材料的爆炸-轧制技术,加工复合管、棒、丝材的爆炸-挤压、爆炸-拉拔方法等。还有爆炸复合技术与热轧、拉拔等金属加工技术的结合将是复合板重点的发展方向。如连铸辊爆炸焊加工制造工艺是采用爆炸焊技术,把与连铸辊堆焊焊丝化学成分相同的定制合金管与堆焊基材辊身,利用爆炸产生的瞬间高温、高压使两者发生粘塑性变形而牢固地焊接在一起,形成冶金结合的复合辊,再对其辊体进行后续处理、加工制造连铸辊的生产技术。该工艺的主要特点在于连铸辊的覆层是以轧制态合金代替了原堆焊工艺的铸态堆焊合金,以此制造工艺制作的连铸辊除了具有高硬度和高耐磨性外,其机械性能有了显著的提高,其耐热疲劳和抗腐蚀能力也高于传统堆焊工艺。避免了采用传统堆焊工艺制造辊子时堆焊层易出现开裂的缺点(传统堆焊工艺堆焊热影响区会形成高碳粗大马氏体而保留较大应力和由于国产焊丝成分不稳定,而导致的堆焊层的裂纹),可有效减少连铸辊在使用过程中的剥落和龟裂现象,使连铸辊寿命得到有效的延长。同时该制造工艺技术与传统的连铸辊堆焊工艺相比,还具有制造成本低、生产效率高、能耗污染小、生产工艺简单、质量容易保证等特点。

爆炸焊接作为一种特种焊接技术,在国防、航空、航天、石油、化工、机械制造等许多领域得到了广泛的用。爆炸焊接最突出的特点是:可将性能差异极大、用通常方法很难熔焊在一起的金属焊接在一起。爆炸焊接结合面的强度很高,往往比母体金属中强度较低的母体材料的强度还高。

3.2.3　钎焊

钎焊是采用比母材熔点低的金属材料作钎料,将焊件和钎料加热到高于钎料的熔点,但低于母材熔化温度,利用液态钎料润湿母材、填充间隙,并与母材相互扩散,冷凝后实现连接的焊接方法。钎焊属于物理连接,也称钎接。钎焊过程中一般都需要使用钎剂。钎剂是钎焊时使用的溶剂,它的作用是清除钎料和母材表面的氧化物,保护焊件和液态钎料在钎焊过程中免于氧化;改善熔融钎料对焊件的润湿性。钎焊根据所用钎料的熔点不同,可分为硬钎焊和软钎焊两大类。

1）软钎焊

钎料熔点低于450℃,接头强度较低,一般为60～190 MPa,工作温度低于100℃。软钎焊由于所使用的钎料熔点低,渗入接头间隙的能力较强,所以具有较好的焊接工艺性。常用钎料有锡铅合金、锌基合金,前者主要用于钎焊铜及其合金和钢件,后者常用于钎焊铝及其合金,也可钎焊铜、钢等。常用钎剂为松香或氯化锌、氯化铵溶液。

2）硬钎焊

钎料熔点高于450℃,接头强度较高,在200 MPa以上,工作温度也较高。硬钎料常用铝基、银基和铜基合金钎料,钎剂主要有硼砂、硼酸、氟化物、氯化物等。银基钎料应用较广,它分银铜锌和银铜锌镉两种,常用于钎焊钢、铜及其合金件;铜基钎料有紫铜钎料和黄铜钎料,主要用于钎焊钢、铜及其合金件;铝基钎料有铝铜硅、铝银锌硅、铝硅铜锌等几种,主要用来钎焊铝及铝合金件。硬钎料中还有一种能同时提供钎料和钎剂的自钎剂钎料,如铜磷钎料和银铜钎料。

3）焊接接头

钎焊的接头形式采用对接、搭接和套件镶接等,如图3-37所示。这些接头有较大的钎结面以保证接头有良好的承载能力。

4）加热方式

钎焊的加热方法主要有火焰加热、电阻加热、感应加热、炉内加热、盐浴加热以及铬铁加热等。具体加热方法则可根据钎料种类、焊件形状与尺寸、接头数量、质量要求与生产批量等综合考虑进行选择。

铬铁加热温度较低,一般只适用于软钎焊。硬钎焊时采用气焊火焰热源加热,具有设

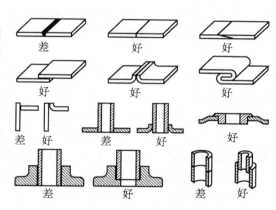

图3-37　钎焊接头的设计

备简单、灵活、适应性好的特点,很多修理中的钎焊常用此法,而大量生产时可在气体保护炉中进行。炉焊能很好地控制钎焊温度,对工人的技术要求低。盐浴钎焊时,零件浸入盐浴炉中加热,熔盐温度略高于钎料熔点,其特点是保护效果好,加热快且无过热危险,但焊后清理较繁。此法适用于铝及其合金的硬钎焊。感应钎焊是利用高频感应电流加热,因加热迅速,金属的氧化、污染及变形倾向小,产品质量稳定且表面光洁,但设备投资大。电阻钎焊与电阻焊原理相似,可用点焊机进行。钎料和钎剂放在两焊件之间,在通电并压紧下焊接。特点是加热迅速、生产率高,但温度不易控制,接头不宜太复杂。浸渍钎焊时,焊件浸入熔融钎料

槽中,钎料槽提供焊接所需的热源和钎料,此法主要适用于小型件,如金属丝的浸焊。采用炉中钎焊、盐浴钎焊和感应钎焊时,必须预先以某种夹持或固定方式把丝状或片状钎料装入工件,以保证钎料熔化后正确流入接缝。适合硬钎焊的加热方法也能用于软钎焊,但很少用炉焊和盐浴焊。

5) 钎焊特点及应用

(1) 焊件加热温度低,接头组织和力学性能变化小,焊件变形小,接头光滑平整,零件尺寸精确。

(2) 可以焊同种或异种金属,焊接厚度限制小。

(3) 生产率高。对焊件整体加热时,可焊由多条焊缝组成的复杂形状的焊件,如线路板波峰焊等。

(4) 设备简单,投资少。

钎焊主要用于焊接精密、微型、复杂、多焊缝、异种材料的焊接。软钎焊广泛用于电子、电器仪表等部门;硬钎焊用于制造硬质合金刀具、钻探钻头、换热器等。

3.3 焊接工艺设计

焊接工艺设计是根据产品的生产性质和技术要求,结合生产实际条件运用现代焊接技术知识和先进生产经验,确定焊接方法和程序的过程,焊接工艺设计不仅直接关系到产品制造质量、劳动生产率和制造成本,而且是设计焊接设备和工装夹具、进行生产管理的主要依据。其主要内容是根据焊接结构工作时的负荷大小和种类、工作环境、结构强度、工作温度等使用要求,合理选择结构材料、焊接材料和焊接方法,正确设计焊接接头、制定工艺和焊接技术条件等。

各种焊接结构,其主要生产工艺过程为:备料—装配—焊接—焊后处理(焊接变形矫正、热处理)—质量检验—表面处理(油漆、喷塑等)。备料:包括型材选择、下料、边缘加工、成形加工(冲压、机加工等);装配:用工装夹具等将零件或部件组装在一起,进行定位焊,为下一步焊接准备;焊接:根据焊接材质、尺寸、使用性能要求、生产比量及现场设备情况选择焊接方法,确定焊接工艺参数,按合理顺序施焊。

3.3.1 焊接材料

不同的焊接方法,其焊接材料是不同的。焊条电弧焊的焊接材料是焊条,埋弧焊的焊接材料是焊丝和焊剂。这里主要介绍焊条电弧焊和埋弧焊的焊接材料。

1) 焊条电弧焊焊接材料

(1) 焊条的组成及其作用

焊条由焊芯和药皮组成,焊芯是焊条中被药皮包覆的金属芯。手弧焊时,焊芯既是电极,又是填充金属。药皮是压涂在焊芯表面上的涂层料,起机械保护作用(产生气体和形成熔渣,使熔池金属与大气隔离),冶金处理(熔渣,保证焊缝金属脱氧、脱硫、脱磷等),改善焊接工艺性(引弧燃烧稳定)。药皮的种类、名称及应用见表3-3。

表3-3 焊条药皮原料的种类名称及作用

原料种类	原料名称	作　用
稳弧剂	碳酸钾,碳酸钠,长石,大理石,钛白粉,钠水玻璃,钾水玻璃	改善引弧性能,提高电弧燃烧的稳定性
造气剂	淀粉,木屑,纤维素,大理石	造成一定量的气体,隔绝空气,保护焊接熔滴与熔池
造渣剂	大理石,萤石,菱苦土,长石,锰矿,钛铁矿,黄土,钛白粉,金红石	造成具有一定物理、化学性能的熔渣,保护焊缝;碱性渣中的CaO,还可脱硫、磷
脱氧剂	锰铁,硅矿,钛铁,铝铁,石墨	降低电弧气氛和熔渣的氧化性,脱除金属中的氧;氧还起脱硫作用
合金剂	锰铁,硅铁,铬铁,钼铁,钒铁,钨铁	使焊缝金属获得必要的合金成分
粘结剂	钾水玻璃,钠水玻璃	将药皮牢固地粘在焊芯上

（2）焊条的种类

焊条表示有型号和牌号之分。型号是为和国际接轨,由国家标准规定的分类代号。牌号是全国统一的行业分类号。焊条按用途分可分为:结构钢焊条(J)、钼和铬钼耐热钢焊条(R)、铸铁焊条(Z)等。按熔渣的碱度可分为:酸性焊条和碱性焊条两大类。药皮中含有多量酸性氧化物的焊条称为酸性焊条,药皮中含有很多碱性氧化物的焊条称为碱性焊条。按药皮的类型可分为:钛型(氧化钛质量分数含量大于35%)、钛钙型(氧化钛质量分数含量小于35%)等。表3-4列出了按型号和牌号两种分类及对应关系。

表3-4 焊条分类

焊条型号			焊条牌号		
国家标准号	名称	代号	名称	代号	
				字母	读音
GB/T 5117—2012	非合金钢及细晶粒钢焊条	E	结构钢焊条	J	结
GB/T 5118—2012	热强钢焊条	E	结构钢焊条	J	结
			钼和铬钼耐热钢焊条	R	热
			低温钢焊条	W	温
GB/T 983—2012	不锈钢焊条	E	不锈钢焊条	G	铬
				A	奥
GB/T 984—2001	堆焊焊条	ED	堆焊焊条	D	堆
GB 10044—2006	铸铁焊条	EZ	铸铁焊条	Z	铸
GB/T 13814—2008	镍及镍合金焊条	—	镍及镍合金焊条	Ni	镍
GB/T 3670—1995	铜及铜合金焊条	TCu	铜及铜合金焊条	T	铜
GB/T 3669—2001	铝及铝合金焊条	TAl	铝及铝合金焊条	L	铝
—	—	—	特殊用途焊条	TS	特

焊条型号表示方法:"E"表示焊条;前两位数字表示熔敷金属抗拉强度最小值(×10 MPa);第三位表示适用的焊接位置,"0"及"1"表示适合全位置焊接,"2"表示适用平焊和平角焊,"4"表示适用向下立焊;第三和第四位组合时表示焊接电流种类和药皮类型;在第四位数字后附加"R"表示耐吸潮焊条,"M"表示耐吸潮和力学性能有特殊规定的焊条;附加"−1"表示冲击度有特殊规定的焊条。

在碳钢焊条中和低合金钢焊条中,碱性焊条由于熔敷的金属扩散氢含量很低,所以也称为低氢焊条,如 E5015(J507)、E5016(J506)。其他药皮类型,如钛型、钛钙型等焊条均属酸性焊条。酸性焊条适用于焊接一般的结构钢铁,对焊缝表面处理要求低。碱性焊条焊成的焊缝金属中有害元素(如硫、磷、氢、氧、氮等)含量很低,抗裂性及强度好,力学性能明显优于其他类型焊条,适于焊接重要的结构钢、合金钢结构产品。但碱性焊条的工艺性能和抗气孔性能差,因此,采用碱性焊条时,必须将焊件接缝处及其附近的油污、锈等清除干净,并烘干焊条去除水分。

(3) 焊条的选用

焊条种类很多,选用是否得当,直接影响焊接质量、生产效率和产品成本。选用焊条时通常考虑以下几个方面:

① 等强度原则 结构钢的焊接,一般应使得焊缝金属与母材等强度,即焊条的抗拉强度等级等于或稍高于母材的抗拉强度。对于不要求等强度的接头,可选用强度等级比母材低的焊条。

② 同成分原则 对特殊用钢(耐热钢、低温钢、不锈钢等)的焊接,为保证接头的特殊性能,应使得焊缝金属的主要合金成分与母材相同或相近。

③ 抗裂性要求 对于焊接或使用中容易产生裂纹的结构,如形状复杂、厚度大、刚度大、高强度、母材含碳量高或硫、磷杂质较多、受动载荷的作用的焊件,以及在低温环境中施焊或是使用的结构等,应选用抗裂性能优良的低氢型焊条。

④ 抗气孔要求 对于焊前难以清理、容易产生气孔的焊件,应选用酸性焊条。

⑤ 低成本要求 在酸碱性焊条都能满足要求时,为降低成本,一般应选用酸性焊条。

以上几条,前两条原则一般必须遵循,后三条应视具体情况而定。要综合考虑,全面衡量,选择符合实际需要的焊条。

2) 埋弧焊焊接材料

埋弧焊的焊接材料有焊丝和焊剂。埋弧焊的焊丝,除作为电极和填充金属外,还有渗合金、脱氧、去硫等冶金作用。埋弧焊焊剂有熔炼焊剂和非熔炼焊剂两类,熔炼焊剂呈现玻璃状颗粒,主要起保护作用;非熔炼焊剂除保护作用外,还有渗合金、脱氧、去硫等冶金作用。焊剂易吸潮,使用前要烘干。

埋弧焊通过焊丝焊剂的合理分配,保证焊缝金属化学成分和性能。常用熔炼焊剂的牌号如表 3-5 所示。

表 3-5 埋弧焊常用熔炼焊剂牌号

焊剂牌号	焊剂类型	使用说明	电流种类
HJ430(焊剂 430) HJ431(焊剂 431)	高锰高硅低氟	配合 H08A、H08MnA 焊接 Q235A、20、09Mn2 等;配合 H08A 或 H10Mn2 焊接 16Mn、15MnV 等;配合 H08MnMo 焊接 15MnVN 等	交流或直流反接
HJ350(焊剂 350)	中锰中硅中氟	配合 H08Mn2Mo 焊接 18MnNb、14MnMoV 等	交流或直流反接
HJ250(焊剂 250)	低锰中硅中氟	配合 H08Mn2Mo 焊接 18MnNb、14MnMoV 等	直流反接
HJ251(焊剂 251)		配合 H12CrMo、H15CrMo 焊接 12CrMo、15CrMo	直流反接
H260(焊剂 260)	低锰高硅中氟	配合 H12CrMo、H15CrMo 焊接 12CrMo、15CrMo;配合不锈钢焊丝焊接不锈钢	直流反接

3.3.2 焊接结构材料与焊接接头工艺设计

1) 焊接结构材料的选择

焊接结构件在选材时,总的原则是在满足使用性能的前提下,选用焊接性好的材料。根据焊接性的概念,可知碳的质量分数小于 0.25% 的碳钢和碳质量分数小于 0.2% 的低合金高强度钢由于碳当量低,因而具有良好的焊接性。所以,焊接结构件应尽量选用这一类材料。碳质量分数大于 0.5% 的碳钢和碳质量分数大于 0.4% 的合金钢,由于碳当量高,焊接性不好,一般不宜作焊接结构件材料。

对于不同部位选用不同强度和性能的钢材拼焊而成的复合构件,应充分注意不同材料焊接性的差异,一般要求焊接接头强度不低于被焊钢材中的强度较低者。因此,焊接工艺设计时,应对焊接材料提出要求,并且对焊接性较差的钢采取相应措施(如预热或焊后热处理等)。对于焊接结构中需采用焊接性尚不明确的新材料时,则必须预先进行焊接性试验,以便保证设计方案及工艺措施的正确性。焊接结构应尽量采用工字钢、槽钢、角钢和钢管等型材,这样,可以减少焊缝数量,简化焊接工艺,增加结构件的强度和刚性。对于形状比较复杂的部分甚至采用铸钢、锻件或冲压件焊接而成。此外,还应综合考虑经济等因素。下面介绍几种常用的金属材料的焊接性能。

自从焊接结构广泛应用以来,发生过不少焊接结构断裂等事故,所以在工艺设计件时,还要考虑焊接结构强度问题,如焊接结构的脆性断裂、疲劳断裂和应力腐蚀破坏等。

(1) 碳素钢和低合金钢的焊接性能

① 低碳钢 低碳钢的焊接性优良。一般情况下用任何一种焊接方法和最普通的焊接工艺都能获得优良的焊接接头。但在低温下焊接厚件时应将焊件预热到 100～150℃,某些重要结构钢件焊后还应进行退火处理,对电渣焊后的焊件应进行正火处理以细化热影响区的晶粒。

② 中碳钢 随着含碳量的增加,中碳钢的焊接性降为中等,焊缝中易产生热裂,热影响区易产生淬硬组织甚至产生冷裂。热裂纹是焊缝金属在高温状态下产生的裂纹。这种裂纹一般产生在焊缝金属中属于结晶裂纹,其特征是沿晶界裂开。导致热裂纹产生的因素有焊缝金属的化学成分(形成低熔点共晶偏聚于晶界处)、焊缝横截面形状(焊缝熔宽与熔深的比值越大,则热裂倾向越小)、焊件残余应力等;冷裂纹一般是在焊后(相当低的温度下大约

在钢 Ms 点附近),有时甚至放置相当长时间后才产生。产生冷裂纹的因素有:焊接接头处产生淬硬组织、焊接接头内含氢量较多和焊接残余应力较大等。

中碳钢焊件通常采用手弧焊和气焊。焊接时将焊件适当预热(150~250℃),选用合理的焊接工艺,尽可能选用低氢型焊条,焊条使用前烘干,焊接坡口尽量开成 U 形,焊后尽可能缓冷等,都能防止焊接缺陷的产生。

③ 高碳钢　高碳钢的含碳量大于0.6%,焊接性差,一般仅用手弧焊和气焊对其进行补焊。补焊是为了修补工件缺陷而进行的焊接。为防止焊缝裂纹,应合理选用焊条,焊前应对工件进行退火处理。若采用结构钢焊条,则焊前必须预热(一般为250~350℃以上),焊后注意缓冷并进行去应力退火。

④ 低合金结构钢　强度级别较低的低合金结构钢(小于392 MPa),合金元素少,碳当量低(小于0.4%),焊接性好,一般不需预热。当板较厚或环境温度较低时,才进行预热(100~150℃)。

强度级别较高的低合金结构钢(≥392 MPa),淬硬、冷裂倾向增加,焊接性较差。一般焊前要预热(150~250℃),并对焊件和焊接材料进行严格清理和烘干,同时应选用低氢型焊条并采用合理的焊接顺序。低合金结构钢常用手弧焊和埋弧焊焊接。

(2) 铸铁的焊接性能

铸铁的焊接性能差,一般不设计成焊接结构件,多用在修补、修复等,其焊接过程会产生以下几个问题:

① 焊接接头易产生白口及淬硬组织　焊接过程中碳和硅等石墨化元素会大量烧损,且焊后冷却速度很快,不利于石墨化,易产生白口及淬硬组织。

② 裂纹倾向大　由于铸铁是脆性材料,抗拉强度低、塑性差,当焊接应力超过铸铁的抗拉强度时,会在热影响区域或焊缝中产生裂纹。

③ 焊缝中易产生气孔和夹渣　铸铁中含较多的碳和硅,在焊接时被烧损后将形成 CO 气体和硅酸盐熔渣,极易在焊缝中形成气孔和夹渣缺陷。

由于铸铁的焊接性差,不宜作焊接结构材料,当铸铁件出现局部损坏时往往只进行修复性补焊。铸铁的补焊有热焊法和冷焊法。热焊法是焊前将焊件整体或局部预热到650~700℃,然后用电弧焊或气焊补焊,施焊过程中铸件温度不应低于400℃,焊后缓冷或再将焊件加热到600~650℃进行去应力退火;冷焊法是焊前不预热或仅预热到400℃以下,然后用电弧焊或气焊补焊。

热焊法能有效地防止产生白口组织和裂纹,焊缝利于机加工,但需配置加热设备,手弧焊时采用碳、硅含量较低的 EZC 型灰铸铁焊条和 EZCQ 铁基球墨铸铁焊条;冷焊法易出现白口组织、裂纹和气孔,但成本较低,冷焊时常用低碳钢焊条 E5016(J506)、高钒铸铁焊条 EZV(Z116)、纯镍铸铁焊条 EZNi(Z308)和镍铜铸铁焊条 EZNiCu(Z508)。

(3) 常用有色金属及其合金的焊接性能

① 铜及铜合金　铜及铜合金的焊接性比低碳钢差,在焊接时经常出现下列情况:

a. 铜及其合金的导热性好,热容量大,母材和填充金属不能很好熔合,易产生焊不透的现象。

b. 铜及其合金的线膨胀系数大,凝固时收缩率大,因此其焊接变形大。如果焊件的刚度大,限制焊件的变形,其焊接应力就大,易产生裂纹。

c. 液态铜溶解氢的能力强,凝固时其溶解度急剧下降,氢来不及逸出液面,易生成气孔。

d. 铜在高温时极易氧化,生成氧化亚铜,它与铜易形成低熔点的共晶体,分布在晶界上,易引起热裂纹。

e. 铜合金中的许多合金元素比铜更易氧化和蒸发,从而降低焊缝的力学性能,并易产生热裂,气孔和夹渣等缺陷。

铜及铜合金通常采用氩弧焊、气焊和钎焊进行焊接,焊前需预热,焊后需进行热处理。

为保证铜及其合金的焊接质量,常采取如下措施:

a. 严格控制母材和填充金属中的有害成分,对重要的铜结构件,必须选用脱氧铜做母材。

b. 清除焊件、焊丝等表面上的油、锈和水分,以减少氢的来源。

c. 焊前预热以弥补热传导损失,并改善应力分布状况;焊后进行再结晶退火,以细化晶粒和破坏晶界上的低熔点共晶体。

② 铝及铝合金 铝及铝合金焊接时的特点如下:

a. 极易氧化 在焊接过程中,铝及铝合金极易生成熔点高约 2 050℃,密度大的氧化铝阻碍了金属之间的良好结合,并易造成夹渣。解决办法是:焊前清除焊件坡口和焊丝表面的氧化物,焊接过程中采用氩气保护;在气焊时,采用熔剂,并在焊接过程中不断用焊丝挑破熔池表面的氧化物。

b. 容易形成气孔 液态铝的溶氢能力强,凝固时其溶氢能力将大大下降,易形成氢气孔。

c. 容易产生热裂纹 铝及铝合金的线膨胀系数约为钢的两倍,凝固时的体积收缩率达 6.6% 左右,因此,焊接某些铝合金时,往往由于过大的内应力而在脆性温度区间产生热裂纹。

d. 铝在高温时强度和塑性很低,焊接时常由于不能支持熔池金属而引起焊缝塌陷或烧穿,因此,焊接时需要采用垫板。

铝及铝合金的焊接常采用氩弧焊,气焊等,一般采用通用焊丝 HS311。

③ 钛及钛合金 钛及钛合金焊接时的特点如下:

a. 焊接时吸收气体使接头变脆 钛是化学活泼性非常强的元素,在液态或高于 600℃ 的固态下,极易吸收氧、氮、氢这些气体,使钛的性能发生显著脆化。氧易形成固溶体引起硬度、强度升高,塑性下降。氮形成很脆的氮化物。氢是钛中最有害的元素,400℃ 时在钛中具有很大溶解度,冷却过程中,由于溶解度下降使氢气来不及排出而聚集成气孔。

b. 易产生裂纹 由于钛及钛合金的熔点高、导热性差、导温系数低、热容量小,所以焊接时熔池具有积累热量多、尺寸大、温度停留时间长和冷却速度慢等特点,易使焊接接头产生过热组织,晶粒变粗大,脆性严重和出现裂纹。

因此,钛及钛合金的焊接须对焊接区域采取有效的保护措施,不能用氧-乙炔气焊、手工电弧焊及二氧化碳气体保护焊等方法,而应采用氩弧焊、等离子弧焊、真空电子束焊、点焊等方法。

（4）陶瓷与陶瓷及金属焊接

特殊性能的功能陶瓷和高性能的工程陶瓷,在电子信息领域发挥了重要的作用,同时由于其独特的高温性能、耐磨和耐腐蚀等性能而使其成为发展陶瓷发动机、磁流体发电及核反应装置等高科技产品的重要材料。但由于其严重的脆性而使其无法做成复杂和承受冲击载荷的零件。因此,必须采取连接技术来制造复杂的陶瓷件以及陶瓷和金属的复合件。这就涉及陶瓷与陶瓷以及陶瓷与金属的焊接问题。

不论陶瓷与金属焊接,还是用金属填充材料焊接陶瓷与陶瓷时都存在陶瓷/金属界面的结合问题。由于陶瓷与金属在电子结构、晶体结构、力学性能、热物理性能以及化学性能等方面存在着明显的差别,因此要实现陶瓷/金属界面的冶金结合是困难的;用常规的焊接材料和工艺几乎无法获得可靠的连接,尤其是熔化焊。因为一些陶瓷(如 SiC、Si_3N_4、BN)在熔化前就升华或分解,另一些陶瓷(如 MgO)熔化时迅速蒸发,其他能熔化的陶瓷,也很难与金属熔合在一起形成组织和性能满意的接头。到目前只有个别用熔化焊方法焊接氧化物陶瓷,如用电子束将 Mo、Nb、W 或合金丝熔化到 Al_2O_3 绝缘体上以及用激光焊接 Al_2O_3 等。现有的较成功的焊接方法都是在陶瓷不熔化的条件下进行的,如钎焊与扩散焊。

所以,熔化焊不适于陶瓷的焊接,固相扩散焊和钎焊较适合陶瓷的焊接,并得到了应用。如汽车发动机的陶瓷增压器等都是用扩散焊和钎焊焊接的陶瓷与金属的复合件。此外,在陶瓷的固相焊接方法中还有摩擦焊和微波焊等,但这些方法还在不断研发中,例如摩擦焊是在瞬时内施加很大的压力通过大变形量来达到结合的,这对硬脆的陶瓷材料很难达到;微波焊接是利用陶瓷吸收微波的特点来进行加热和扩散连接,因此不适用于金属的焊接。

表 3-6 列出了常用金属材料的焊接性能,可供选择焊接结构材料时参考。

表 3-6　常用金属材料焊接性能

金属材料	气焊	焊条电弧焊	埋弧焊	二氧化碳保护焊	氩弧焊	电子束焊	电渣焊	点焊缝焊	对焊	摩擦焊	钎焊
低碳钢	A	A	A	A	A	A	A	A	A	A	A
中碳钢	A	A	B	B	A	A	A	B	A	A	A
低合金钢	B	A	A	A	A	A	A	A	A	A	A
不锈钢	A	A	B	B	A	A	B	A	A	A	A
耐热钢	B	A	B	C	A	A	D	B	C	D	A
铸钢	A	A	A	A	A	A	A	—	B	B	B
铸铁	B	B	C	C	B	—	B	—	D	D	B
铜及其合金	B	B	B	C	A	B	D	D	A	A	A
铝及其合金	B	C	C	D	A	A	D	A	A	B	C
钛及其合金	D	D	D	D	A	A	D	B—C	C	D	B

A—焊接性好;B—焊接性较好;C—焊接性较差;D—焊接性不好;(—)—很少采用

2) 焊接接头工艺设计

（1）焊缝形式

焊缝是焊接接头的一个组成部分,焊缝的形式由焊接接头的形式而定。根据焊缝的截面形状,焊缝形式有:对接焊缝、角焊缝和塞焊缝等。这些已在金工实习(工程训练)中有了一定的了解,不在此详述,可参看表3-7。

（2）焊缝的布置

焊缝布置是否合理,将影响结构件的焊接质量和生产率,因此,设计焊缝位置时应考虑下列原则。

① 焊缝尽量处于平焊位置

各种位置的焊缝,其操作难度不同。以焊条电弧焊为例,平焊操作最方便,也易于保证焊接质量,是焊缝位置设计中的首选方案,立焊、横焊次之,仰焊施焊最不方便,也不易保证质量。

② 焊缝位置应尽量对称

焊缝对称布置可使各条焊缝产生的焊接变形相互抵消,这对减少梁、柱类结构的弯曲变形有明显效果。图3-38中(a)所示的箱形梁,焊缝偏于截面的一侧,会产生较大的弯曲变形。图(b),(c)中两条焊缝对称布置,可减少变形。

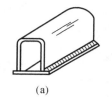 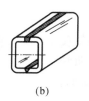

（a）　　　　　　　（b）　　　　　　　（c）

图3-38　焊缝对称布置

③ 焊缝应避免密集和交叉

焊缝密集或交叉会使接头处过热,力学性能下降,并将增大焊接应力。一般两条焊缝的间距要大于三倍的板材厚度,且不小于100 mm。图3-39中(a)焊缝布置不合理,应改为(b)所示的布置方式。此外,焊缝转角处容易产生应力集中,尖角处应力集中更为严重,所以焊缝应该尽量平滑过渡。

④ 焊缝应尽量避开最大应力和应力集中的位置

图3-40(b)为大跨度横梁,最大应力在

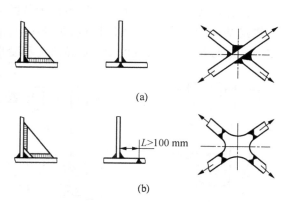

图3-39　焊缝布置应避免密集和交叉

跨度中间。两横梁由两焊件组成,焊缝在中间使结构承载能力减弱。如改为图3-40(a)结构,虽增加了一条焊缝,但改善了焊缝的受力情况,提高了横梁的承载能力。在压力容器焊接结构设计中,应使焊缝避开应力集中的转角处位置,不应采用如图3-40(c)所示的无折边封头设计,而应采用图3-40(d)所示的有折边封头设计。

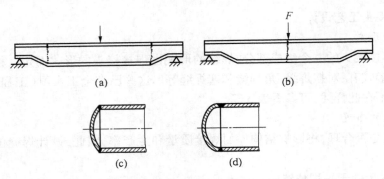

图 3-40　焊缝应避开应力集中处设计

⑤ 焊缝布置应便于焊接操作

焊缝应布置在便于焊接操作的部位，以满足焊接运条的需要，如图 3-41 所示。焊条电弧焊时，焊条要能伸到焊缝位置。电焊、缝焊时，电极要能伸到待焊位置。埋弧焊时，要考虑焊缝位置能否堆放焊剂。如忽略这些问题，就会导致无法施焊。

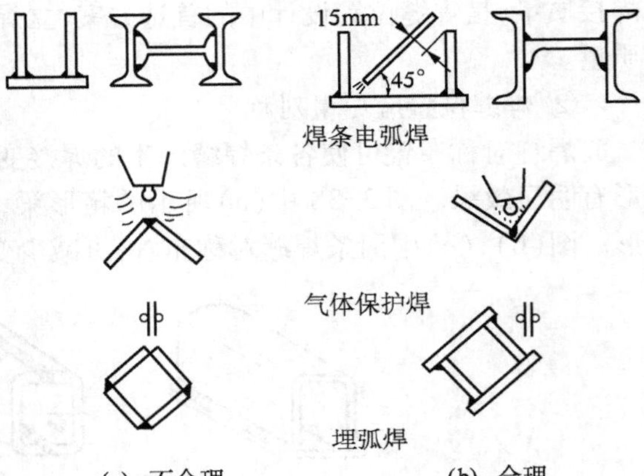

⑥ 焊缝应避开机械加工表面

若焊接结构在某些部位有较高的精度要求，且只能在加工后进行焊接时，为避免加工精度受到影响，焊缝应远离加工表面，如图 3-42 所示。

⑦ 减少焊缝数量及长度

焊条电弧焊

气体保护焊

埋弧焊

(a) 不合理　　　　　　　　(b) 合理

图 3-41　焊缝位置要便于施焊

设计焊接结构时，可通过选取不同形状的型材、冲压件来减少焊缝数量。如图 3-43 所示箱式结构，若用平板焊需四块板，四条焊缝，如改用槽钢或 U 型冲压件拼焊则只需两条焊缝。焊缝数量的下降，既可减少焊接应力和变形，又可提高生产率和降低成本。

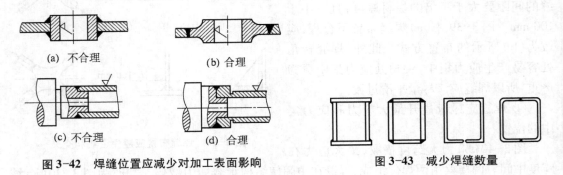

(a) 不合理　　　　　　　　(b) 合理

(c) 不合理　　　　　　　　(d) 合理

图 3-42　焊缝位置应减少对加工表面影响

图 3-43　减少焊缝数量

（3）焊接接头设计

焊接接头设计包括焊接接头形式和坡口形式设计。设计接头形式主要考虑焊件的结构形状和板厚、接头使用性能要求等因素。设计坡口形式主要考虑焊缝能否焊透、坡口加工难易程度、生产率、焊条消耗量、焊后变形大小等因素。

① 焊接接头形式设计

焊接结构常用的焊接接头形式有对接接头、盖板接头、搭接接头、T 形接头、十字接头、角接接头和卷边接头等，如图 3-44 所示。其中常用的有对接接头、搭接接头、T 形接头和角接接头。

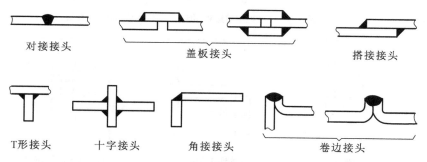

图 3-44　焊接接头形式

焊接接头主要根据焊接结构形式、焊件厚度、焊缝强度要求及施工条件等情况来选择。对接接头受力均匀，在静载和动载作用下都具有很高的强度，且外形平整美观，是应用最多的接头形式。但对焊前准备和装配要求较高。搭接接头焊前准备简便，但受力时产生附加弯曲应力，降低了接头强度，但对下料尺寸和焊前定位装配尺寸精度要求不高，且接头结合面大，增加承载能力。所以厂房金属屋架、桥梁、起重机吊臂等桁架结构常用搭接接头。电焊、缝焊和钎焊工件的接头也多采用搭接接头，以增加结合面。对于一些薄板，气焊或钨极氩弧焊时为避免接头烧穿并节约填充的焊丝，可采用卷边接头。角接接头通常只起连接作用，T 形接头广泛采用在空间类焊件上，具有较高的强度，如船体结构中焊缝多采用了 T 形接头。

② 焊接接头坡口形式设计

为使厚度较大的焊件能够焊透，常将金属材料边缘加工成一定形状的坡口，并且坡口能起到调节母材金属和填充金属比例即调整焊缝成分的作用，同时也使焊缝美观，还会影响到焊接材料的用量。常见接头坡口形式和尺寸见表 3-7。坡口加工方法有机械加工、气割和碳弧气刨等。

表 3-7　焊接接头的基本形式和尺寸

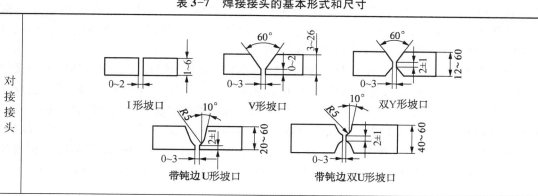

续表 3-7

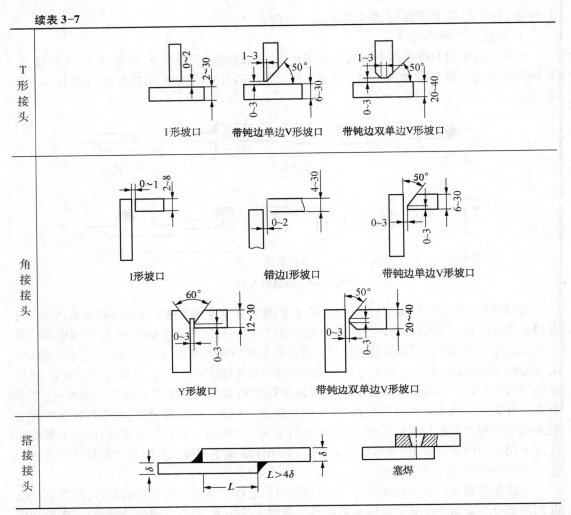

焊条电弧焊板厚小于 6 mm 时,一般采用 I 形坡口,但重要构件,板厚大于 3 mm 时需开坡口,以保证焊接质量。板厚在 6 ~ 26 mm 之间可采用 Y 形坡口,这种坡口加工简单,但焊后角变形大。板厚在 12 ~ 60 mm 之间可采用双 Y 形坡口,同样板厚下,填充金属量双 Y 形坡口比 Y 形坡口少 1/2,且焊后变形小,但需双面坡口和焊接。带钝边 U 形坡口比 Y 形坡口节省焊条和焊接工时,但坡口加工较麻烦,需切削加工。埋弧焊焊接较厚板采用 I 形坡口时,为使焊剂与焊件贴合,接缝处可留一定间隙。

坡口形式的选取既取决于板材厚度,也要考虑加工方法和焊接工艺性。如要求焊透的受力焊缝,能双面焊尽量采用双面焊,以保证接头焊透,变形小,但生产率下降,若不能双面焊时才单面开坡口焊接。设计焊接结构件最好采用等厚度的金属材料,否则,由于接头两侧的材料厚度相差较大,接头处会造成应力集中;且因接头两侧受热不均,易产生焊不透缺陷。对于不同厚度金属材料的重要受力接头,允许的厚度差见表 3-8,如果允许厚度差超过表 3-8 中规定值,或者双面超过 2 倍时,应加工出单面或双面斜边的过渡形式,如图 3-45。

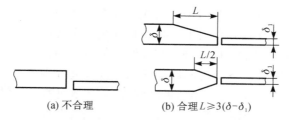

(a) 不合理　　　　(b) 合理 $L \geq 3(\delta - \delta_1)$

图 3-45 不同板厚对接

表 3-8 不同厚度钢板对接允许的厚度差/mm

较薄板的厚度	2~5	6~8	9~11	≥12
允许厚度差	1	2	3	4

（4）焊接符号

焊接符号是一种工程语言,是在图样上用技术制图方法,采用一些符号来表示焊缝的基本形式和尺寸的方法。焊接符号能简单、明了地在图纸上说明焊缝的形状、几何尺寸和焊接方法。焊接符号的国家标准主要有 GB/T 324—2008《焊缝代号》和 GB/T 985.1—2008《气焊、焊条电弧焊、气体保护焊和高能束焊的推荐坡口》。焊接符号能表示所焊焊缝的位置、焊缝横截面形状(坡口形状)及坡口尺寸、焊缝表面形状特征、焊接工艺和焊缝某些特殊要求等。

焊接符号一般是由基本符号和指引线组成,必要时还可以加上辅助符号、补充符号和焊缝尺寸符号。焊缝基本符号是表示焊缝截面形状的符号,它采用近似于焊缝横剖面形状的符号来表示 GB 985.1—2008 中规定了 13 种焊缝形式的符号,见表 3-9。

表 3-9 焊接基本符号

序号	焊缝名称	示意图	焊缝符号	序号	焊缝名称	示意图	焊缝符号
1	卷边焊缝（喇叭口焊缝）		八	8	带钝边 J 形焊缝		Ⴑ
2	I 形焊缝		‖	9	角焊缝		△
3	V 形焊缝		∨	10	点焊		○
4	单边 V 形焊缝		⌵				
5	带钝边 V 形焊缝		Y	11	封底焊缝		⌣
6	带钝边单边 V 形焊缝		Ⴒ	12	塞焊缝或槽焊缝		⊓
7	带钝边 U 形焊缝		Ⴘ	13	缝焊缝		⊖

焊缝的引出线是由箭头和两条基准线组成。其中一条为实线,另一条为虚线,线型均为细线,如图3-46。基准线的虚线可以画在基准线实线的上侧,也可画在下侧,基准线一般应与图样的标题栏平行,仅在特殊条件下才与标题栏垂直。若焊缝处在接头的箭头侧,则基本符号标注在基准线的实线侧;若焊缝处在接头的非箭头侧,则基本符号标注在基准线的虚线侧,当为双面对称焊缝时,基准线可不加虚线。基本符号表示位置及标注方法如图3-47,表3-10为焊接符号标注示例。

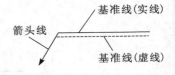

图 3-46 焊缝引出线

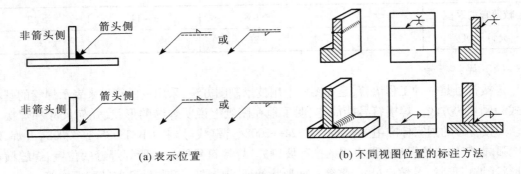

(a) 表示位置   (b) 不同视图位置的标注方法

图 3-47 基本符号表示位置及标注方法

表 3-10 焊接符号标注示例

标注示例	说　明
6 70° ⟨111	V 形焊缝,坡口角度 70°,焊缝有效高度 6 mm。
○ 4	角焊缝,焊角高度 4 mm,在现场沿工件周围焊接。
5	角焊缝,焊角高度 5 mm,三面焊接。
5 8×(10)	槽焊缝,槽宽(或直径)5 mm,共 8 个焊缝,间距 10 mm。
5 12×80(10)	断续双面角焊缝,焊角高度 5 mm,共 12 段焊缝,每段 80 mm,间隔 10 mm。
5	在箭头所指的另一侧焊接,连续角焊缝,焊缝高度 5 mm。

(5) 船舶与海洋工程装备焊接

造船业中以焊接代替铆接如同钢材代替木材一样是造船工业的一次划时代的变革。自

1921 年世界上出现第一艘全焊结构的船舶(载重量为 500 吨)以来,船舶焊接工艺得到迅速发展,现在不仅代替了铆接,而且形成了较完整的船舶焊接工艺系统,为船舶建造向自动化、大型化、专业化发展提供了可靠的技术保证。目前,中国已经成为世界上焊接大国和第一造船大国,焊接技术除了在散货船、油船、集装箱船等主力船型上应用之外,还在液化天然气船(LNG)、液化石油气船(LPG)、大型散装箱船、海洋浮式生产储油船(FPSO)、超大型油船(VLCC)、滚装船、水翼船和海上石油钻井平台等高技术、高附加值船舶与海工产品上得到广泛应用。

　　船舶焊接结构具有节省大量金属材料、可改变结构设计、结构强度高、焊接结构密封性好和成本低等优点。但也存在焊接结构的应力集中变化范围比铆接结构大、有较大焊接应力和变形、性能不均匀性和当构件产生裂纹时会通过焊缝扩展到另一构件等不足。

　　船舶与海洋工程装备(海工装备)焊接技术是现代造船模式中的关键技术之一,先进的船舶高效焊接技术涉及船舶制造中的工艺设计、计算机数控下料、小合拢、中合拢、大合拢、平面分段、曲面分段、平直立体分段、管线法兰焊接、型材部件装焊等工序和工位的焊接工程,同时也带动着与之相关的焊接产业链,如钢铁、金属加工、金属热切割、焊材、焊剂、保护气体、无损探伤、焊接接头性能与质量评估、焊接电源、焊接能源、电子控制系统、焊接专用自动化工装、焊接辅器具和环保、焊工技能培训、焊接质量管理与控制、焊接接头设计、焊接标准与规范等,由此可见船舶焊接技术在船舶制造中占有重要的地位,是一项技术性、专业性很强的系统工程。

　　船舶、海洋工程装备制造中主要有板材切割和焊接。船用板材、型材和管材的切割加工是船舶建造先行工序,具有品种和规格多、工件轮廓线型复杂、切割加工要求高、且各加工工作量巨大等诸多特点。船舶、海工装备多采用热切割技术,主要有数控火焰切割、数控等离子切割、数控激光切割、数控管子相贯线切割、机器人型材自动切割等先进自动化热切割技术。焊接主要采用焊条电弧焊、CO_2 焊和埋弧自动焊。钢板下料切割也有用到高压水流切割,以下简单介绍一下高压水流切割。

　　高压水流切割又称水刀切割,它是将普通的水经过多级增压后所产生的高能量(380 MPa)水流,再通过一个极细的红宝石喷嘴(直径 0.1 ~ 0.35 mm),以每秒近千米速度喷射工件表面实现切割。高压水流切割广泛地应用于石材、金属、玻璃、陶瓷、混凝土、塑料、布料、木材和橡胶等材料的加工,如可一次顺利切割 26 层牛皮、3 mm 厚的钢板等。如果在水中加入某种砂质磨料,在水的流速相同的情况下,可切割 300 mm 的花岗石或 130 mm 厚的钢板,可应用于航弹销毁、石化管道切割、油罐切割、油轮开孔等易燃易爆危险品的切割作业。

　　高压水切割有两种形式,一是纯水切割,其割缝约为 0.1 ~ 1.1 mm;其二是加磨料切割,其割缝约为 0.8 ~ 1.8 mm,水切割所用的磨料为石英砂、石榴石、河砂、金刚砂等。高压水流切割时所产生的热由水带走,金属温度仅为 50 ~ 60℃,这样可以防止高温变形,提高切割精度。高压水流切割具有以下特点:

　　① 数控成形各种复杂图案;

　　② 属冷切割,不产生热变形或热效应;

　　③ 环保无污染,不产生有毒气体及粉尘;

　　④ 可加工各种高硬度的材料,如:玻璃、陶瓷、不锈钢等,或比较柔软的材料,如:皮革、

橡胶、纸尿布等;

⑤ 是一些复合材料、易碎瓷材料复杂加工的唯一手段;

⑥ 切口光滑、无熔渣,无需二次加工;

⑦ 可一次完成钻孔、切割、成形工作;

⑧ 生产成本低,自动化程度高,可 24 小时连续工作。

船体焊接的总原则如下:

① 对一船体结构施焊时,总体上应按从中央向左右、前后的顺序进行。对称结构应由双数焊工同时进行对称焊接。

② 对一条焊缝进行焊接时,应视焊缝在船体结构中所处的位置,由靠近结构中央的一端向结构边缘的一端施焊或从焊缝中点向两端施焊。

③ 使用手工电弧焊、CO_2 焊焊接较长焊缝(长度大于 2 m)时,应采用分段退焊法。

④ 多层焊时,每层焊道的焊接方向要一致,各层的焊接方向可以相反。焊道的接头应相互错开,错开距离不小于 30 mm。

图 3-48 为船板拼板焊接顺序,图 3-49 为横向合拢焊接顺序,图 3-50 为船台合拢焊接顺序。

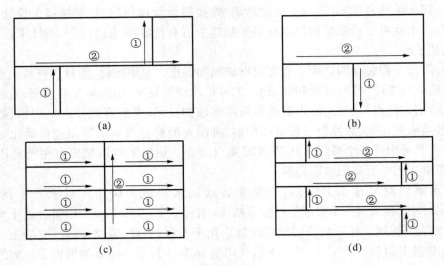

图 3-48　船板拼板焊接顺序

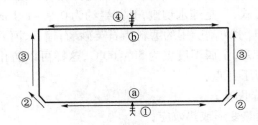

图 3-49　横向合拢焊接顺序

| 12 | 10 | 8 | | 6 | | 4 | 2 | 1 BASE BLOCK | 3 | | 5 | | 7 | | 9 | | 11 |

图 3-50　船台合拢焊接顺序

3.3.3　焊接工装夹具

与切削加工中用到钻夹具、铣夹具类似,在现代焊接生产中也常需要用到焊接工装夹具。焊接工装夹具(焊接夹具)就是将焊件准确定位和可靠夹紧,便于焊件进行装配、焊接和测量,保证焊件结构精度方面要求的工艺装备。在现代焊接生产中焊接工装夹具得到广泛应用,如在汽车车身焊接生产线上,为了保证焊接的钣金件能保证后续装配精度要求,大量采用焊接夹具。还有在一些机器人焊接、自动焊接,工件需旋转、翻转的焊接,柔性焊接生产线等,都需要焊接夹具,这对提高产品质量,减轻工人的劳动强度,加速焊接生产实现机械化、自动化进程等方面起着非常重要的作用。

另外在焊接生产过程中,焊接所需要的工时较少,而约占全部加工工时的 2/3 以上的时间是用于备料、装配及其他辅助的工作,极大地影响着焊接的生产速度。为此,使用机械化和自动化程度较高的装配焊接工艺装备具有重要意义。图 3-51 为焊接机械手焊接装在焊接夹具上的铲车翻斗。

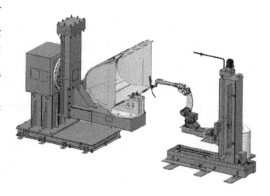

图 3-51　工件在焊接工装夹具上焊接

(1)焊接工装夹具的主要作用

① 采用焊接工装夹具,零件能得到准确的装配位置,保证装配精度,加快装配作业的进程;可以减轻甚至取消下料和划线工作,提高生产效率。

② 有效地防止和减轻了焊接变形。

③ 可提高焊件的互换性能;焊件上的配合孔、配合槽等机械加工要素可由原来的先焊接后加工改为先加工后焊接,从而避免了大型焊件焊接后加工所带来的困难,有利于缩短焊件的生产周期。

④ 以机械装置代替了手工装配零件部位时的定位、夹紧及工件翻转等繁重的工作,改善了工人的劳动条件;焊缝的成形性良好,工艺缺陷明显降低,焊接速度得以提高。

⑤ 可使焊件处于最有利的施焊位置,加大焊接工艺规范,充分发挥焊接方法的效能,扩大焊机的焊接范围。

⑥ 可使装配和焊接集中在一个工位上完成,减少工序数量,节约车间使用面积。

⑦ 可扩大先进的工艺方法的使用范围,促进焊接结构的生产机械化和自动化的综合发展。

(2)焊接夹具设计的基本要求

焊接夹具由夹具地板、定位装置、夹紧机构、测量系统及辅助装置组成。

① 工装夹具应具备足够的强度和刚度。夹具在生产中投入使用时要承受多种力度的作用,所以工装夹具应具备足够的强度和刚度。

② 夹紧的可靠性。夹紧时不能破坏工件的定位位置和保证产品形状、尺寸符合图样要求。既不能允许工件松动滑移,又不使工件的拘束度过大而产生较大的拘束应力。

③ 焊接操作的灵活性。使用夹具生产应保证足够的装焊空间,使操作人员有良好的视野和操作环境,使焊接生产的全过程处于稳定的工作状态。

④ 便于焊件的装卸。操作时应考虑制品在装配定位焊或焊接后能顺利地从夹具中取出,还要工件在翻转或吊运时不受损害。

⑤ 良好的工艺性。所设计的夹具应便于制造、安装和操作,便于检验、维修和更换易损零件。设计时还要考虑车间现有的夹紧动力源、吊装能力及安装场地等因素,降低夹具制造成本。

3.3.4　焊接方法的选择

各种焊接方法都有其特点及适用范围,选择焊接方法必须根据被焊材料的材质、可焊接性、接头、焊接厚度、焊缝空间位置、焊接结构特点、焊接质量要求、工作条件和设备等多方面的因素,在综合分析焊件质量、经济性和工艺可能性后,确定最适宜的焊接方法。焊接方法选择的总原则是在保证产品质量的条件下,优先选择常用的焊接方法,若生产批量大,还必须考虑尽量提高生产效率和降低成本。

低碳钢和低合金结构钢焊接性能好,各种焊接方法均适用。如焊件板厚度为中等厚度(10~20 mm),可选用焊条电弧焊、埋弧焊和气体保护焊。氩弧焊成本较高,一般不宜选用。若焊接件为长直焊缝或大直径环形焊缝,生产批量也大,可选用埋弧焊。若焊接件为单件,或焊缝短且处于不同空间位置,则选用焊条电弧焊为好。若焊件是薄板轻型结构,且无密封要求,则采用电阻焊可提高生产效率,如果有密封要求,则可选用缝焊。对于低碳钢焊件一般不应选用氩弧焊等高成本焊接方法。对于稀有金属或高熔点合金的特殊构件,焊接时可考虑采用等离子弧焊接、真空电子束焊接、脉冲氩弧焊接,以保证焊接件的质量。对于微型薄板件,则应选用微束等离子弧焊或脉冲激光点焊。表3-11为常用焊接方法比较表,可供选择焊接方法时参考。

表3-11　常用焊接方法比较表

焊接方法	热影响区大小	变形大小	生产率	可焊空间位置	适用板厚(一般钢材)/mm	设备费用
气焊	大	大	低	全	0.5~3	低
焊条电弧焊	较大	较小	较低	全	可焊1以上,常用3~20	较低
埋弧自动焊	小	小	高	平	可焊3以上,常用6~60	较高
氩弧焊	小	小	较高	全	0.5~25	较高
二氧化碳保护焊	小	小	较高	全	0.8~30	较低~较高
电渣焊	大	大	高	立	可焊25~1 000以上,常用35~450	较高
等离子焊	小	小	高	全	可焊0.025以上,常用1~12	高
电子束焊	极小	极小	高	全	5~60	高
点焊	小	小	高	全	可焊10以下,常用0.5~3	较低~较高
缝焊	小	小	高	全	3以下	较高

3.3.5　焊件工艺参数的选择

1）焊条直径和焊接电流的选择

焊接时,为了保证质量而选择的物理量(焊条直径、焊条电流、焊条速度和弧长等)的总称即焊接工艺参数。

焊条直径的粗细主要取决于焊件的厚度。焊件较厚,应选较粗的焊条;焊件较薄,应选细小的焊条。立焊和仰焊时焊条直径比平焊时细些,焊条直径的选择如表3-12。

表3-12　焊条直径的选择

焊接厚度/mm	2	3	4～7	8～12	>12
焊条直径/mm	1.6, 2.0	2.5, 3.2	3.2, 4.0	4.0, 5.0	4.0～5.8

焊接电流一般按 $I = (30～60)d$(d 为焊条直径)选取,但还要根据焊件厚度、接头形式、焊接位置、焊条种类等因素,通过试焊进行调整。

焊接速度过快,易产生焊缝熔池浅,焊缝宽度小,甚至可能产生夹杂渣和焊不透的缺陷;焊速过慢熔池较深,焊缝宽度增加,特别是薄件易烧穿。

弧长是焊接电弧的长度。弧长过长燃烧不稳定,熔池减小,空气易侵入产生缺陷。一般情况下,尽量采用短弧操作,弧长一般不超过焊条直径,大多为2～4 mm。

2）焊前预热温度和热处理温度的确定

低碳钢的焊接可按表3-13的碳当量范围确定施焊条件和焊前预热温度。

表3-13　施焊条件和焊前预热温度

碳当量 CE/%	酸性焊条	碱性焊条	消除应力	敲击处理
≤0.4	不需预热	不需预热	不需	不需
0.4～0.5	预热 40～100℃	-10℃以上不需预热	可选	可选
0.5～0.6	预热 150℃	预热 40～100℃	推荐	推荐
≥0.6	预热 150～200℃	预热 100℃	必须	推荐

常用钢材焊后消除应力热处理温度可参考表3-14。

表3-14　各种金属材料焊后消除应力热处理温度

材料	碳钢及中低合金钢	奥氏体钢	铝合金	镁合金	钛合金	铸铁
温度/℃	580～680	850～1 050	250～300	250～300	550～600	600～650

3.3.6　焊接质量检验

焊接质量检验是鉴定焊接产品质量优劣的手段,是焊接结构生产过程中必不可少的组成部分。在焊接接头处,除焊缝外形尺寸不符合要求外,还存在气孔、夹缝、裂纹、未焊透等各种不符合安全使用的缺陷。这些缺陷的产生一般是因为结构设计不合理、原材料不符合要求、接头焊前准备不仔细、焊接工艺不当或焊接操作技术不高等原因造成。焊接缺陷除影响焊缝美观外,主要是减少了焊缝的有效承载面积,造成应力集中,引起裂纹,从而直接影响焊接结构的安全使用。所以只有经历焊接质量检验后的焊接产品,其安全使用性能才能得以保证。

1)焊接质量检验过程

焊接质量检验包括焊前检验、焊接生产过程中的检验及焊后成品检验。

① 焊前检验　指焊接前对焊接原材料的检验,对设计图纸与技术文件的论证检查。

② 生产过程中的检验　是在生产各工序间的检验,主要是外观检验。

③ 成品检验　是焊接成品制成后的最后质量评定检验。焊接产品只有在经历有关检验并证明已达到设计要求的之后的标准后,才能以成品形式出厂。

2)焊接质量检验方法

检验方法可分为无损检验和破坏检验两大类,无损检验是不损坏被检查材料或成品的性能及完整性。如磁性粉检验,超声波检验,密封检验等。破坏检验是从焊件或试件上切取式样,或以产品(或模拟件)的整体做破坏实验,以检查各种力学性能。

常用的检查方法有:

① 外观检验　直接观察或借助样板,低倍数放大镜观察焊件表面,同时检查焊缝外形与尺寸。

② 密封性检验　检查常压或受压很低的容器和管道的焊缝致密性。如是否有漏水、漏气等,主要方法是静气压试验和煤油穿透实验。煤油穿透试验是先在焊缝的一面涂石灰水,待干燥泛白后,再在焊缝另一面涂煤油,利用煤油穿透力强的特点,观察煤油是否穿透到另一面来判断焊缝的的致密性。

③ 气密性检验　将压缩空气(或氨气等)压入焊接容器,利用容器内外气体压力差检查有无泄露。

④ 耐压检验　将水、油、气等充入容器内逐渐加压,以检查其泄漏、耐压、破坏的程度。

⑤ 力学性能试验　用于评定焊接接头或焊缝金属的力学性能,如新钢种焊接、焊条试制、焊接工艺试验评定等。

其他质量检验方法见表3-15,各种检验方法有其相应的适用条件和范围,因视情况具体分析选用。

表3-15　几种常用焊缝质量检验方法比较

检验方法	能探出的缺陷	可检验的厚度	灵敏度	其他特点	质量判断
磁粉检验	表面及近表面的缺陷(微细裂缝,未焊透,气孔等)	表面与近表面,深度不超过6 mm	与磁场强度大小及磁粉质量有关	被检验表面最好与磁粉正交,限于磁材料	根据磁粉分布情况判定缺陷位置,但深度不能确定
着色检验	表面及近表面的有开口的缺陷(微细裂纹,气孔,夹渣,夹层)	表面	与渗透剂性能有关,可检验出0.005~0.01 mm的微裂缝,灵敏度高	表面打磨到 Ra 12.5 μm,环境温度在15℃以上,可用于非磁性材料,适于各种位置单面检验	可根据显示剂上的红色条纹,形象地看出缺陷位置大小

续表 3-15

检验方法	能探出的缺陷	可检验的厚度	灵敏度	其他特点	质量判断
超声波检验	内部缺陷（裂缝,未焊透,气孔及夹渣）	焊件厚度的上限几乎不受限制,下限一般应大于 8 ~ 10 mm	能探出直径大于 1 mm 的气孔、夹渣,探裂缝较灵敏,对表面及近表面的缺陷不灵敏	检验部位的表面应加工达 Ra 6.3 ~ 1.6 μm,可以单面探测	根据荧光屏上讯号,可当场判断有无缺陷、缺陷位置及大致大小,但判断缺陷种类较难
X 射线检验	内部缺陷（裂缝,未焊透,气孔及夹渣）	150 kV 的 X 光机可检验厚度不大于 25 mm;250 kV 的 X 光机可检验厚度不大于 60 mm	能检验出尺寸大于焊缝厚度 1% ~ 2% 的各种缺陷	焊接接头表面不需加工,但正反两面都必须是可以接近的	从底片或显示屏上能直接形象地判断缺陷种类和分布。对平行于射线方向的平面形缺陷不如超声波灵敏
γ 射线检验		镭能源 60 ~ 150 mm;钴 60 能源 60 ~ 150 mm;铱 192 能源 1.0 ~ 65 mm	较 X 射线低,一般约为焊缝厚度的 3%		
高能射线检验		9 MV 电子直线加速器可检验 60 ~ 300 mm;24 MV 电子感应加速器可检验 60 ~ 600 mm	一般不大于焊缝厚度的 3%		

3.3.7　焊接工艺设计举例

图 3-52 所示乙炔气瓶,壁厚 4.5 mm,设计压力为 6 MPa,大量生产。

1）设计内容

① 选择乙炔气瓶材料;

② 确定焊缝位置;

③ 设计接头形式;

④ 选择焊接方法和焊接材料;

⑤ 拟定主要工艺过程;

⑥ 绘制气瓶装配图。

2）焊接工艺设计

（1）选择气瓶材料

瓶颈和易熔塞选 20 钢或 Q235 切削加工后焊接到瓶体上。根据产品使用要求,考虑到冲压、卷圆和焊接工艺,瓶体材料选用塑性和焊接性好的低合金钢 Q345R（即旧标准 16MnR，R 表示压力容器

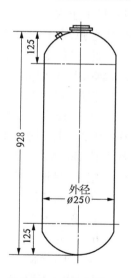

图 3-52　乙炔瓶简图

用钢),Q345R 是屈服点为 345 MPa 的压力容器的专用钢(与选用 Q235 相比,4.5 mm 板厚能满足性能要求,减少了重量),含碳量小于 0.2%,是我国压力容器行业用量最大的钢,具有良好的力学性能和制造工艺性能,Q345R 良好的焊接性可以满足乙炔气瓶的使用要求。瓶体上下封头用钢板冲压成形,筒身用钢板卷圆后焊成。

(2) 确定焊缝位置

瓶体焊缝布置有两种方案,方案一如图 3-53(a)所示(焊接符号表示用埋弧焊时对接不开坡口),瓶体由上下两部分经冲压成形后焊在一起,瓶体上只有一条环形焊缝,焊接工作量小。但由于瓶体细长,难以拉深成形,该方案不可取。方案二如图 3-53(b)所示,瓶体由上下封头与筒身三部分组成。上下封头拉深成形,筒身由钢板卷圆后焊好,再将上下封头与筒身焊接在一起,瓶体共有三条焊缝(二条环形焊缝和一条纵向焊缝),虽然焊接工作量大,但上下封头容易冲压成形,故选用方案二。

(3) 焊接方法选择及接头设计

根据工件材料、性能要求和结构特点合理选择焊接方法及接头形式。本例有多种焊接方法可选,如焊条电弧焊、埋弧自动焊、二氧化碳气体保护焊、氩弧焊等。考虑到是大量生产,且产品是压力较大的容器,又

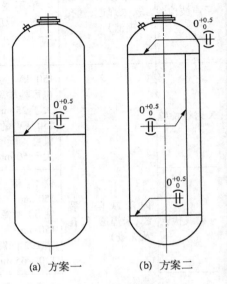

(a) 方案一   (b) 方案二

图 3-53 瓶体焊缝布置

装有可燃性气体,为保证焊接质量优良及经济性等因素,综合分析本例有两种较合适的方法:

① 采用埋弧焊 因板材不厚,接头可单面焊且不开坡口,简单、效率高,但需埋弧焊设备,且由于焊缝短、瓶直径小,操作会有些不便。如是尺寸大、焊缝长的锅炉、压力容器等,一般用埋弧焊自动焊,壁厚大可双面焊并视情况开坡口。

② 焊条电弧焊加 CO_2 焊 考虑气瓶内径尺寸及施焊条件、壁厚尺寸不大等因素,采用单面焊,开 Y 型坡口,先用焊条电弧焊打底焊第一层,再用 CO_2 焊外层。

瓶颈、易熔塞座与瓶体的焊接则采用焊条电弧焊,焊缝采用开坡口的角焊缝。

③ 选择焊接材料 瓶体环形焊缝、纵向焊缝埋弧焊时焊丝可选 H08A、H08MnA 或 H08Mn2A,焊剂选 HJ431。电弧焊打底焊第一层时焊条可选碱性焊条 J507,CO_2 焊外层时焊丝可选 H08A、H08MnA 或 H08Mn2A。

瓶颈、易熔塞座与瓶体焊条电弧焊时可用碱性焊条 J507。

④ 一些辅助工艺主要有:

a. 变形矫正 手工矫正、机械矫正、火焰矫正。

b. 热处理 焊后热处理,整体或局部热处理去应力。

c. 缺陷修整。焊接缺陷修补等。

d. 清洗防护、外观处理 除锈、氧化皮清理、酸洗、抛光、油漆防护等。

e. 焊缝质量 与结构的强度和安全相关,如无损检测等强度评定,压力试验、气密性实

验等。

⑤ 主要工艺过程见图3-54(选用埋弧焊)。

⑥ 乙炔气瓶装配图见图3-55。

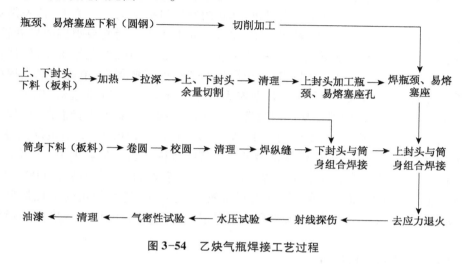

图 3-54 乙炔气瓶焊接工艺过程

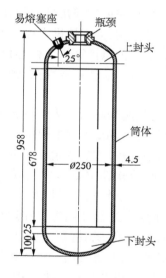

图 3-55 乙炔气瓶装配图

3.4 焊接新技术及发展

工业生产中的许多重要产品,如航空、航天及核能工业中产品的制造都离不开焊接技术。新兴工业的发展,新材料、新技术及新工艺的发展都迫使焊接技术不断进步,以满足其需要。如微电子工业的发展促进了微型连接工艺和设备的发展;陶瓷材料和复合材料的发展促进了真空钎焊、真空扩散焊的发展。所以焊接技术也将随着科学技术的进步而不断前

进,并获得更大的生命力,走上一个又一个新台阶。主要体现在以下几个方面:

1) 能源方面

目前,焊接能源已非常丰富,如火焰、电弧、电阻、超声、摩擦、等离子、电子束、激光束和微波等,但焊接热源的研究与开发并未停止,其新的发展可概括为三个方面:首先是对现有热源的改善,使其更为有效、方便、经济适用,在这方面电子束和激光束焊接的发展较显著;其次是开发更好、更有效的热源,采用两种热源叠加以求获得更强的能量密度,例如在电子束焊中加入激光束等;第三是节能技术,由于焊接所消耗的能源很大,节能技术在焊接工业中也是重要方向之一,所以出现了不少以节能为目标的新技术。如太阳能焊、电阻点焊中利用电子技术的发展来提高焊机的功率因数等。不断发展和研究新的焊接能源,使焊接更加环保和节能。以手工焊机为例,每台约 20 kVA,埋弧焊机每台约 60 kVA,电阻焊机每台则可高达上千 kVA。不少新技术的出现就是为了这一节能目标。在电阻点焊中,利用电子技术的发展,将交流点焊改变为次级整流点焊,可以大大提高焊机的功率因素,1 000 kVA 的点焊机可降低至 200 kVA,而仍能达到同样的焊接效果。近年来逆变焊机的出现是另一成功的例子,逆变焊机不仅可以节约电能,提高功率因素,更重要的是它能大幅度减小焊机体积及重量。

2) 计算机在焊接中的应用

弧焊设备采用计算机系统控制,可完成对焊接过程的开环和闭环控制,对焊接电源、焊接速度、弧长等多项参数进行分析和控制,对焊接操作程序和参数变化等作出显示和数据保留,从而给出焊接质量的确切信息。目前以计算机为核心建立的各种控制系统包括焊接顺序、控制调节系统及自适应控制系统等。这些系统均在电弧焊、压焊和钎焊等不同的焊接方法中得到应用。

计算机软件技术在焊接中的应用越来越得到人们的重视。目前,计算机模拟技术已用于焊接热过程、焊接冶金过程、焊接应力和变形等的模拟。一些先进的软件设计思想如人工智能、神经元网络、模糊控制、软件设计方法等也已引入焊接领域中,它们提高了软件的整体设计水平和实用性。焊接方面的软件主要集中在以下几个方面:焊接生产工艺管理(如计算机辅助焊接过程控制、焊接结构计算机辅助设计与制造);专家系统;数据库与应用软件;数值分析、数值模拟和焊接生产过程控制等。在焊接领域中,CAD/CAM/CAE 的应用正处于不断开发和应用阶段,焊接的柔性制造系统也已得到应用。有关焊接工程的专家系统,近年来国内外已有较深入的研究,并已推出一些商品化焊接专家系统。焊接专家系统是具有相当于专家的知识和经验水平,以及具有解决焊接专门问题能力范围的计算机软件系统。在此基础上发展起来的焊接质量计算机综合管理系统在焊接中也得到了应用,其内容包括对产品的初始试验资料和数据分析、产品质量检验、销售监督等,其软件包括数据库、专家系统等技术的具体应用。

3) 焊接机器人及焊接过程自动化和智能化

焊接机器人是焊接自动化的革命性进步,它突破了焊接刚性自动化的传统方式,开拓了一种柔性自动化新方式。目前全世界机器人有 50% 以上用在焊接技术上,从开始多用于汽车工业中的点焊流水线上拓展到弧焊领域。焊接机器人的主要优点是:稳定和提高焊接质量,保证焊接产品的均一性;提高生产效率,一天可 24 小时连续生产;可在有害环境下长期工作,改善了工人劳动条件;降低了对工人操作技术要求;可实现小批量产品焊接自动化,为焊接柔性生产线提供了技术基础。机器人虽然是一个高度自动化的装备,但从自动控制的角度来看,它仍是一个程序控制的开环控制系统。因而它不可能根据焊接时具体情况而进行适时调节。为此智能焊接成为当前焊接界重视的中心。智能焊接的第一个发展重点在视觉系统。目前已开发出的视觉系统可使机器人根据焊接中具体情况自动修改焊炬运动轨迹,有的还能根据坡口尺寸适时地调节工艺。智能化仅仅处在初级阶段,这方面的发展将是一个长期的任务。实现对焊接过程的自动控制、焊接工艺自动化的需求越来越迫切,计算机技术、控制理论、人工智能、电子技术及机器人技术的发展为焊接过程自动化提供了十分有利的技术基础,并已渗透到焊接各领域中,取得了很多成果,焊接过程自动化已成为焊接技术的生长点之一。从焊接技术发展来看,焊接自动化、机器人化以及智能化已成为趋势。目前对宏观焊接质量(如熔透控制,接头尺寸等)的控制已取得了较大的进展,对于微观焊接质量(焊缝的金相组织及机械性能)的控制也已经起步。焊接过程正由宏观向微观、由简单控制向系统的智能控制发展。

为提高焊接过程的自动化程度,除了控制电弧焊的自动跟踪外,还应实时控制焊接质量,为此需要在焊接过程中检测焊接坡口的状况,如熔宽、熔深和背面焊道成形等,以便能及时地调整焊接参数,保证良好的焊接质量,这就是智能化焊接。智能化焊接的第一个发展重点在视觉系统,它的关键技术是传感技术。虽然目前智能化还处在初级阶段,但有着广阔的前景,是一个重要的发展方向。焊接过程自动化与智能化提高了焊接质量的稳定性,同时,由于焊接质量要求严格,而劳动条件往往较差,因而也是解决恶劣劳动条件的重要方向。

4) 焊接方法与设备

新的焊接结构材料对焊接技术提出了新的课题,成为焊接技术发展的重要推动力。许多新材料,如耐热合金、钛合金、陶瓷等的连接都提出了新的课题。特别是异种材料之间的连接,采用通常的焊接方法,已难以完成。为此一方面不断研究新的各种配方的焊接材料,另一方面在原有基础上或新研发各种焊接方法,如固态连接,其优越性日益显现,扩散焊与摩擦焊已成为焊接界的热点;继续发展激光焊,与传统焊接办法比较,激光焊具有能量集中、焊接变形小、焊接速度高等优点。机器人与激光焊接相结合是高效化和高柔性化的完美结合。

提高焊接电源的可靠性、质量稳定性和可控性是发展方向。开发研制具有调节电弧运动、送丝和焊枪姿态,能探测焊缝坡口形状、温度场、熔池状态、熔透情况,适时提供焊接规范参数的高性能焊机,并积极开发焊接过程的计算机模拟技术,使焊接技术由"技艺"向"科学"演变,是实现焊接自动化的一个重要方面。大量发展逆变电源技术,使焊机具有体积小、重量轻、节能、省材、降耗和动态响应快、效率高、焊接功能好等特点,并用数字控制代替模拟控制,正在逐渐变成弧焊电源的主流。焊机向逆改动、数字化、智能化、主动化发展,焊接设备从成套设备到焊接单机、从焊接材料到焊接辅助机具,不只功能稳定、可靠性好,而且注意外观精美、色彩协调,技能特点更加鲜明。

数字化技术应用使焊机的焊接精度、可靠性和稳定性等整机功能和性能得到进步。还可经过变换外特性曲线、输出电流波形、动态特性参数等,完成多种焊接办法、多种焊材、多功用、多焊接参数的调节及其最佳匹配的控制。熔滴过渡办法与传统焊接比较,过渡熔滴温度相对较低,能够完成异种金属连接,能够把焊丝的熔化和过渡分别变成两个相对独立的过程,对于焊接能量的控制更加灵活。经过精确的弧长控制,结合脉冲电弧,实现无飞溅焊接,大大降低焊接的热输入。经过控制脉冲电弧影响热输入量,可使母材熔化时刻短,起弧速度快,焊接变形小,焊缝成形美观。

5) 提高焊接生产率

工业生产很重要的是效率,提高焊接生产率是推动焊接技术发展的重要驱动力。提高焊接生产率的途径主要有两个方面:一是提高焊接熔敷率。手弧焊中的铁粉焊、重力焊、躺焊等工艺,埋弧焊中的多丝焊、热丝焊均属此类。二是减少坡口截面及熔敷金属量。近年来最突出的成就是窄间隙焊接。窄间隙焊接采用气体保护焊为基础,利用单丝、双丝或三丝进行焊接。无论接头厚度如何,均可采用对接形式。对这些能够提高焊接效率的焊接工艺进行研究,怎样改变坡口、焊丝等工艺参数成了提高生产效率的主流研究方向,也是焊接技术发展的一个方向。

近年来,发展多丝焊接技术,如双丝、三丝以及四丝、五丝等多丝埋弧焊出现,大大提高了效率。双丝焊比单丝焊效率提高 30%,四丝焊比三丝焊焊速效率提高 35%,四丝($4 \times \phi 2.5$)与单丝($1 \times \phi 4$)焊比较,熔敷金属量从 12 kg/h 增加到 38 kg/h。在焊接一些低合金高强度钢等材料时,采用高速高效的气体保护焊接代替埋弧焊,能大大提高效率,如气体保护焊接 2~3 mm 薄板的焊接速度可达 6 m/min,焊接 8 mm 以上厚板的熔敷效率可达 24 kg/h。

6) 提高焊接产品安全可靠性

由于焊接对成品的安全可靠性能影响较大,面对诸多影响因素,对接头部的组织和性能进行了许多实验研究,通过改变焊接工艺、采用不同的焊接技术和热处理等方法,来改善焊接接头的组织性能,提高产品性能的安全可靠性。除此以外,还有对相关材料的研究来提高产品性能安全可靠性,如用 Ti 处理改善船体钢焊接组织与性能,用微细弥散的 Ti 氧化物改善钢的韧性等。可靠性是产品最根本的问题,所以围绕可靠性的诸多研究也是焊接技术发展的一个重要方向。

7) 发展主动化焊接体系和标准化模块化

焊接主动化就是通过焊接技能、资料、设备、主动化控制体系和焊接夹具等集成,完成对待焊工件的高效率、高品质、低成本的批量化规模生产,以确保高品质商品的稳定化、一致化批量生产。焊接主动化包括焊接主动化专机和焊接机器人,大规模使用工业机器人使成套配备满足主动化、柔性化、多功用化是今后发展趋势。如激光及其复合焊接机器人,弧焊机器人,点焊机器人专用伺服点焊枪,主动焊接、智能化焊接必需的各种焊缝跟踪技能等。

专用主动焊接设备就是为用户专门定制的焊接设备。由于是对用户个性化的设计、制作、调试等,导致商品交货周期长、风险大、成本高。但随着现代制作业的快速开展和技能水平的不断进步,交货周期长与用户的急需现已变成主动化焊接设备开发的突出矛盾。科研部门及厂家逐渐认识到模块化设计的重要性,积极进行主动化焊接设备的模块化设计,模块化是主动化专用焊机的开展方向,其制作技能水平和电子控制体系的水平将不断进步。

8) 提高准备车间的机械化和自动化水平

为了提高焊接结构生产的效率和质量,仅仅从焊接工艺着手是有一定局限性的。因而世界各国特别重视准备车间的技术改造,提高准备车间的机械化、自动化水平是当前重点发展方向。准备车间的主要工序包括:材料运输;材料表面去油、喷砂、涂保护漆;钢板划线、切割、开坡口;部件组装及点固。以上四道工序在现代化的工厂中均已全部机械化、自动化。其优点不仅在于提高生产率,更重要的是提高产品质量。例如,钢板划线(包括装配时定位中心及线条)、切割、开坡口全部采用计算机数字控制技术(CNC 技术)以后,零部件尺寸精度大大提高而坡口表面粗糙度大幅度降低。整个结构在装配时已可接近机械零件装配方式,因而坡口几何尺寸都相当准确,在自动焊施焊以后,整个结构工整、精确、美观,完全改变了过去铆焊车间人工操作的落后现象。在高效、主动化、环境友好方面焊接资料的种类将更加丰富,焊接主动化、高效化、清洗化更加突出;焊接中存在的手艺粗糙、环境脏乱、低速逐渐向主动、精细、清洗、高效发展。

焊接技术在工业生产大规模应用的诸多实践中,克服生产中出现的具体问题是焊接技术发展的主要动力,焊接技术也就是在这些实际的需要下不断地发展。当今焊接技术面临着诸多要解决问题,主要包括如何使用能源、节约能源、提高效率及计算机在焊接过程中的应用、焊接可靠性的确保等。为解决这些问题的设想和方法也就是当今的焊接技术的主要发展方向。对于一门以实践为主的工艺科学,实用性永远是第一位的,向实用的方向发展则是焊接技术永远的方向。

思考题

1. 焊接电弧是怎样产生的?

2. 什么是焊接接头,提高焊接接头质量应从哪些方面考虑?

3. 举例说明焊接应力与变形的产生过程。试分析五种基本焊接变形的特征,并分别说明防止变形的措施。

4. 试比较焊条电弧焊、埋弧焊、氩弧焊、电阻焊和钎焊的特点和应用范围。

5. 高能焊、水下焊接、水切割有何特点和应用?

6. 选择焊接方法应考虑哪些因素?

7. 焊接如题图 3-1 所示的圆筒形构件,试按下表所列的不同情况分别选择合理的焊接方法。

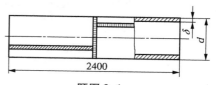

题图 3-1

焊接材料	板厚 δ/mm	直径 d/mm	生产批量	施焊条件	焊接方法
低碳钢	2	200	单件	野外操作	
低碳钢	2	200	成批	室内操作	
低碳钢	10	1 000	单件	室内操作	
低碳钢	10	1 000	成批	室内操作	
低碳钢	50	1 000	单件	室内操作	
铝合金	2	200	单件	室内操作	
铝合金	10	1 000	单件	室内操作	
不锈钢	4	1 000	单件	室内操作	

8. 如题图 3-2 所示的低压容器,材料为低碳钢,板厚为 15 mm,内径为 φ1500 mm,长 8 000 mm,接管为 φ90 mm × 14 mm,生产 10 台,试为焊缝 A、B、C 选择焊接方法。

9. 题图 3-3 所示八种焊件,其焊缝布置是否合理? 若不合理,请加以改正。

10. 题图 3-4 所示五组焊接结构中哪些合理? 为什么?

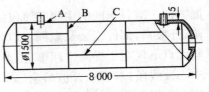

题图 3-2

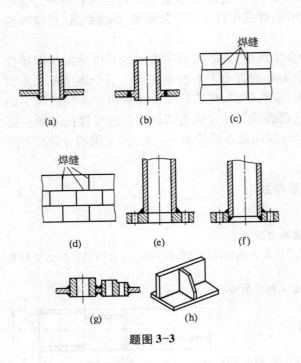

题图 3-3

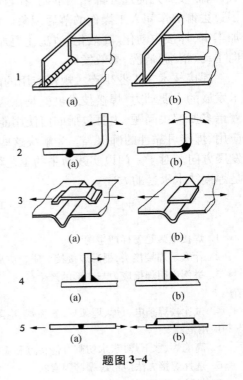

题图 3-4

4 粉末冶金

粉末冶金是用金属粉末或金属与非金属粉末的混合物做原料,经压制、烧结以及后处理等工序,制造某些金属制品或金属材料的方法。

粉末冶金和金属的熔炼及铸造方法有根本的不同。它是先将均匀混合的粉料压制成形,借助于粉末原子间的吸引力与机械咬合作用,使制品结合为具有一定强度的整体,然后再在高温下烧结,由于高温下原子活动能力增加,使粉末接触面积增多,进一步提高了粉末冶金制品的强度,并获得与一般合金相似的组织。

粉末冶金制品种类繁多,主要有难熔金属及其合金(如钨、钨-钼合金),组元彼此不融合、熔点悬殊的烧结合金(如钨-铜的电触点材料),难熔金属及其碳化物的粉末制品(如硬质合金),金属与陶瓷材料的粉末制品(如金属陶瓷),含油轴承和摩擦零件以及其他多孔性制品等。以上种类的制品,用其他工业方法是不能制造的,只能用粉末冶金法制造,所以其技术经济效益是无法估量的。还有一些机械结构零件(如齿轮、凸轮等),虽然可用铸、锻、冲压或机加工等工艺制造,但用粉末冶金法制造可能更加经济,因为粉末冶金法可直接制造出尺寸准确、表面光洁的零件,是一种少无切削的生产工艺,既节约材料又可省去或大大减少切削加工工时,显著降低制造成本。

粉末冶金在工业上得到了广泛应用。但是,由于制品内部总有孔隙,普通粉末冶金制品的强度比相应的锻件或铸件要低(约低 20% ~30%)。此外,由于成形过程中粉末的流动性远不如液态金属,因此对产品的结构形状有一定的限制;压制成形所需的压强高,因而制品一般小于 10 kg;压模成本高,一般只适用于成批或大量生产。

4.1 粉末冶金基础

粉末冶金制品的主要制造工序是粉末混合、压制成形、烧结及后处理。

4.1.1 金属粉末的性能和粉末的制造及筛分混合

1)金属粉末的性能

金属粉末的性能对其成形和烧结过程以及制品的性能都有重大影响。金属粉末的基本性能大体上可分为:化学成分、物理性能和工艺性能。

(1)金属粉末的化学成分

金属粉末的化学成分一般是指主要金属或组分、杂质或夹杂以及气体含量。

金属粉末中主要金属的纯度一般不低于 98% ~99%。

氧化物是金属粉末中最常存在的夹杂物,可分为易被氢还原的金属氧化物(如铁、铜、钨、钴、钼等的氧化物)和难还原的氧化物(如铬、锰、硅、钛、铝等的氧化物)。不管哪种氧化物,都使金属粉末的压缩性变坏,增大压模的磨损。但是,有时含有少量的易还原金属氧化物,有利于金属粉末的烧结,而难还原金属氧化物却不利于烧结。总的说来,金属粉末的氧化物含量越少越好。

金属粉末中的主要气体杂质是氧、氢、一氧化碳及氮,这些气体杂质使金属粉末脆性增大,使压制性及其他性能变坏,特别是使一些难熔金属与化合物(如钛、铬、碳化物、硼化物、硅化物)的塑性变坏。加热时,气体强烈析出,这也可能影响压坯在烧结时的正常收缩过程。因此,一些金属粉末往往要进行真空脱气处理,以除去气体杂质。

(2)物理性能

金属粉末的物理性能包括颗粒形状、颗粒大小和粒度分布。

金属粉末的颗粒形状是决定粉末工艺性的因素之一。颗粒的形状通常有球状、树枝状、针状、海绵状、粒状、片状、角状和不规则状,它与粉末的制造方法有关,也与制造过程的工艺参数相关。

金属粉末的颗粒大小对其压制成形时的比压、烧结时的收缩及烧结制品的力学性能有重大影响,通常情况下可用筛测定颗粒大小,将颗粒的大小用若干目来表示。

粒度分布是指大小不同的颗粒级的相对含量,也称作粒度组成,它对金属粉末的压制和烧结都有很大影响。

(3)工艺性能

金属粉末的工艺性能包括松装密度、流动性、压缩性与成形性。

松装密度是指金属粉末在规定的条件下,自由流入一定容积的容器时,单位体积松装粉末的重量。松装密度是金属粉末的一项重要特性,它取决于材料密度、颗粒大小、颗粒形状和粒度分布。松装密度对粉末成形时的装粉与烧结极为重要,一般粉末压制成形时,是将一定体积或重量的粉末装入压模中,然后压制到一定高度或施加一定压力进行成形,若粉末的松装密度不同,压坯的高度或孔隙度就必然不同。所以松装密度是压模设计的一个重要参数。

粉末的流动性是指将 50 g 粉末从圆锥角 60°、孔径 $\phi 2.5^{+0.02}$ mm 的漏斗中流出的时间(s)。它对于自动压制时的快速连续装粉和压制复杂形状零件时的均匀装粉十分重要。

压缩性是指金属粉末在压制过程中的压缩能力。它取决于粉末颗粒的塑性,并在相当大的程度上与颗粒的大小及形状有关。一般是用在一定压力(例如 40 kPa)下压制时获得的压坯密度来表示。

粉末的成形性是指粉末压制成形的难易程度和粉末压制后压坯保持其形状的能力,通常以压坯的强度来表示。

2)金属粉末的制备

金属粉末可以是纯金属粉末,也可以是合金、化合物或复合金属粉末,一般由专门生产粉末的工厂按规格要求来供应,其制造方法很多,常用的有以下几种:

(1)机械方法

对于脆性材料通常采用球磨机破碎制粉;另外一种应用较广的方法是雾化法,它是使熔化的液态金属从雾化塔上部的小孔中流出,同时喷入高压气体,在气流的机械力和急冷作用下,液态金属被雾化、冷凝成细小粒状的金属粉末,落入雾化塔下的盛粉桶中。

(2)物理方法

常用蒸气冷凝法,即将金属蒸气冷凝而制取金属粉末。例如,将锌、铅等的金属蒸气冷凝便可获得相应的金属粉末。

（3）化学方法

常用的化学方法有还原法、电解法等。

还原法是从固态金属氧化物或金属化合物中还原制取金属或合金粉末。它是最常用的金属粉末生产方法之一，方法简单，生产费用较低。如铁粉和钨粉，便是由氧化铁和氧化钨粉通过还原法生产的。铁粉生产常用固体碳将其氧化物还原，钨粉生产常用高温氢气将其氧化物还原。

电解法是从金属盐水溶液中电解沉积金属粉末。它的生产成本要比还原法和雾化法高得多，因此，仅在特殊性能（高纯度、高密度、高压缩性）要求时才使用。

值得指出的是：金属粉末的各种性能均与制粉方法有密切关系。

3）金属粉末的筛分混合

筛分的目的是使粉料中的各组元均匀化。在筛分时，如果粉末越细，那么同样重量粉末的表面积就越大，表面能也越大，烧结后的制品密度和力学性能也越高，但成本也越高。

粉末应按要求的粒度组成与配比进行混合。在各组成成分的密度相差较大且均匀程度要求较高的情况下，常采用湿混。例如，在粉末中加入大量酒精，以防止粉末氧化。为改善粉末的成形性与可塑性，还常在粉料中加入增塑剂，铁基制品常用的增塑剂是硬脂酸锌。为便于压制成形和脱模，也常在粉料中加入润滑剂。

4.1.2　压制成形

1）压制成形方法

粉末冶金的压制成形方法很多，主要有：封闭钢模压制、流体等静压制、粉末锻造、三轴向压制成形、高能率成形、挤压、振动压制、连续成形等。这里主要介绍封闭钢模冷压成形。

封闭钢模冷压成形，是指在常温下，于封闭钢模中用规定的比压将粉末成形为压坯的方法。它的成形过程由称粉、装粉、压制、保压及脱模组成。

在封闭钢模中冷压成形时，最基本的压制方式有四种，如图4-1所示。其他压制方式是这四种基本方式的组合，或是用不同结构来实现的。

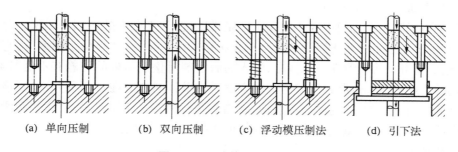

（a）单向压制　　（b）双向压制　　（c）浮动模压制法　　（d）引下法

图4-1　四种基本压制方式

（1）单向压制

在压制过程中，阴模与芯棒不动，仅只在上模冲上施加压力。这种方式适用于压制无台阶类厚度较薄的零件。

（2）双向压制

阴模固定不动，上、下模冲从两面同时加压。这种方式适用于压制无台阶类的厚度较大的零件。

（3）浮动模压制

阴模由弹簧支承着，在压制过程中，下模冲固定不动，一开始在上模冲上加压，随着粉末被压缩，阴模壁与粉末间的摩擦逐渐增大，当摩擦力变得大于弹簧的支承力时，阴模即与上模冲一起下降（相当于下模冲上升），实现双向压制。

（4）引下法

一开始上模冲压下既定距离，然后和阴模一起下降，阴模的下降速度可以调节。若阴模的下降速度与上模冲相同，称之为非同时压制；当阴模的引下速度小于上模冲时，称之为同时压制。压制终了时，上模冲回升，阴模被进一步引下，位于下模冲上的压坯即呈静止状态脱出。零件形状复杂时，宜采用这种压制方式。

2）粉末压制成形中的几个基本问题

（1）封闭钢模冷压成形的一些基本现象

为将金属粉末成形为压坯，必须将一定量的粉末装于压模中，在压力机上通过模冲对粉末施加一定压力。这时，粉末颗粒在某种程度上向各个方向流动，从而对阴模壁产生一定的压力，称之为侧压力。

在压制过程中，由于粉末与阴模壁间产生摩擦，这就使压制力沿压坯高度方向出现了明显的压力降，接近模冲端面处压力最大，随着远离模冲端面，压力逐渐减小。模冲端面与毗邻的粉末层间也产生摩擦。这样导致压力分布不均匀，成形的压坯各个部分的密度不相同，称之为密度不均匀。

在压制过程中，金属粉末颗粒首先发生相对移动，相互啮合，在颗粒相互接触处发生弹性变形和塑性变形以及断裂等，随后，压模内的粉末颗粒从弹性变形转为塑性变形，颗粒间从点接触转为面接触。同时，压坯内聚集了很大的内应力，压力消除后，压坯仍紧紧箍住在压模内，要将压坯从阴模中脱出，必须要有一定的脱模力。压坯从压模中脱出后，尺寸会胀大，一般称之为弹性后效或回弹。

（2）粉末压制成形中的润滑

为了减小压制成形过程中的摩擦和减轻脱模困难，都需要有效的润滑系统。对于封闭钢模冷压，传统方法是将粉末润滑剂混合于金属粉末中，其中一些将位于模壁处，有助于润滑，但大量的润滑剂将遗留在粉末体中，混入的润滑剂对松装粉末的性能有不良影响，也会减小压坯的生坯强度和烧结强度。另一种方法是模壁润滑法。在这两种方法中，最常用的润滑剂是低熔点有机物，如金属硬脂酸盐、硬脂酸及石蜡等。应注意的是，这些润滑剂材料密度都很低，因此添加的重量百分比虽很小，但体积百分比却较大。

（3）压坯密度

在粉末冶金制品的生产中，需要控制的最重要的性能之一便是压坯密度，它不仅标志着压制对粉末密实的有效程度，而且可以决定以后烧结时材料的形状。压坯密度与几个重要变量的关系如图4-2所示。一般说来：

① 压坯密度随压制压力增高而增大，这是因为压制压力促使颗粒移动、变形及断裂；

② 压坯密度随粉末的粒度或松装密度增大而增大；

③ 粉末颗粒的硬度和强度降低时，有利于颗粒变形，从而促进压坯密度增大；

④ 减低压制速度时,有利于粉末颗粒移动,从而促进压坯密度增大。

4.1.3 烧结

烧结是将压坯按一定的规范加热到规定温度并保温一段时间,使压坯获得一定的物理及力学性能的工序,是粉末冶金的关键工序之一。

烧结是一个非常复杂的过程,其机理是:粉末的表面能大,结构缺陷多,处于活性状态的原子也多,它们力图把本身的能量降低。将压坯加热到高温,为粉末原子所贮存的能量释放创造了条件,由此引起粉末物质的迁移,使粉末体的接触面积增大,导致孔隙减少,密度增高,强度增加,形成了烧结。

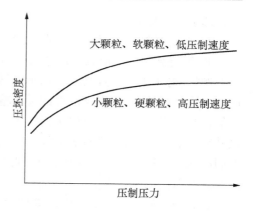

图 4-2　压坯密度与压制压力、颗粒大小、颗粒硬度及压制速度的关系

如果烧结发生在低于其组成成分熔点的温度,则产生固相烧结;如果烧结发生在两种组成成分熔点之间,则产生液相烧结。固相烧结用于结构件,液相烧结用于特殊的产品。

普通铁基粉末冶金轴承烧结时不出现液相,属于固相烧结;而硬质合金与金属陶瓷制品的烧结过程将出现液相,属于液相烧结。液相烧结时,在液相表面张力的作用下,颗粒相互靠紧,故烧结速度快、制品强度高,此时,液、固两相间的比例以及湿润性对制品的性能有着重要影响,例如,硬质合金中的钴(粘结剂),在烧结温度时要熔化,它对硬质相金属键的碳化钨有最好的湿润性,所以钨钴类硬质合金既有高硬度,又有较好的强度;而钴对非金属键的氧化铝、氮化硼之类的湿润性很差,所以目前金属陶瓷的硬度虽高于硬质合金,但强度却低于硬质合金。

烧结时最主要的因素是烧结温度、烧结时间和大气环境,此外,烧结制品的性能也受粉末材料、颗粒尺寸及形状、表面特性以及压制压力等因素的影响。

烧结时为了防止压坯氧化,通常是在保护气氛或真空的连续式烧结炉内烧结。常用粉末冶金制品的烧结温度与烧结气氛见表4-1。烧结过程中,烧结温度和烧结时间必须严格控制。烧结温度过高或时间过长,都会使压坯歪曲和变形,其晶粒亦大,产生所谓"过烧"的废品;如烧结温度过低或时间过短,则压坯的结合强度等性能达不到要求,产生所谓"欠烧"的废品。通常,铁基粉末冶金制品的烧结温度为1 000～1 200℃,烧结时间为0.5～2 h。

表4-1　常用粉末冶金制品的烧结温度与烧结气氛

粉冶材料	铁基制品	铜基制品	硬质合金	不锈钢	磁性材料 (Fe-Ni-Co)	钨、铝、钒
烧结温度/℃	1 050～1 200	700～900	1 350～1 550	1 250	1 200	1 700～3 300
烧结气氛	发生炉煤气、分解氨	分解氨、发生炉煤气	真空、氢	氢	氢、真空	氢

4.1.4 后处理

很多粉末冶金制品在烧结后可直接使用,但有些制品还要进行必要的后处理。后处理的方法按其目的不同,有以下几种:

① 为提高制品的物理性能及力学性能,后处理方法有复压、复烧、浸油、热锻与热复压、

热处理及化学热处理;

② 为改善制件表面的耐腐蚀性,后处理方法有水蒸气处理、磷化处理、电镀等;

③ 为提高制件的形状与尺寸精度,后处理方法有精整、机械加工等。

例如,对于齿轮、球面轴承、钨钼管材等烧结件,常采用滚轮或标准齿轮与烧结件对滚挤压的方法进行精整,以提高制件的尺寸精度、降低其表面粗糙度值;对不受冲击而要求硬度高的铁基粉末冶金零件,可以进行淬火处理;对表面要求耐磨,而心部又要求有足够韧性的铁基粉末冶金零件,可进行表面淬火;对含油轴承,则需在烧结后进行浸油处理;对于不能用油润滑或在高速重载下工作的轴瓦,通常将烧结的铜合金在真空下浸渍聚四氟乙烯液,以制成摩擦系数小的减摩件。

还有一种后处理方法是熔渗处理,它是将低熔点金属或合金渗入到多孔烧结制件的孔隙中去,以增加烧结件的密度、强度、塑性或冲击韧性。

4.2 粉末冶金工艺过程

4.2.1 粉末冶金的主要工序

粉末冶金的工艺流程如图 4-3 所示。主要包括粉末混合、压制成形、烧结和后处理。

粉末混合是将金属或合金粉末与润滑剂、增塑剂等相混合,以获得各种组分均匀分布的粉末混合物。润滑剂和增塑剂等添加物在烧结时被挥发掉。

压制成形是将一定量的粉末混合物装于压模中进行压制。通常是在室温、于 14～84 kPa 压力下进行的,包括称粉、装粉、压制、保压和脱模等过程。

烧结是在保护气氛中将压坯加热到高温(通常约为主要组分绝对熔点(K)的 2/3)并保温,以获得制品要求的物理性能及力学性能。

某些粉末冶金制品烧结后就可使用。但许多零件需要进行后处理,以使制件具有规定的形状、尺寸精度及使用性能。

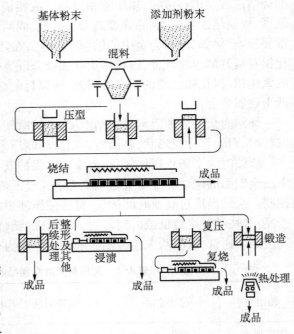

图 4-3　粉末冶金工艺流程

4.2.2 粉末冶金模具

1）单向压模

压制过程中,单向压模相对于阴模运动的只有一个模冲,或是上模冲或是下模冲,这种压模适用于生产高径比 $H/D < 1$ 且形状简单的零件。图 4-5 是轴套类压坯的单向手动压模,压模结构由阴模、上模冲、下模冲和芯杆组成。压制时,下模冲和芯杆固定不动,上模冲

向下加压,压缩粉末体,用压床滑块行程控制压坯高度。脱模时,将阴模移至右边脱模座上,用上模冲向下顶出压坯即可。

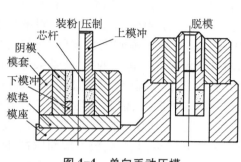

图 4-4 单向手动压模

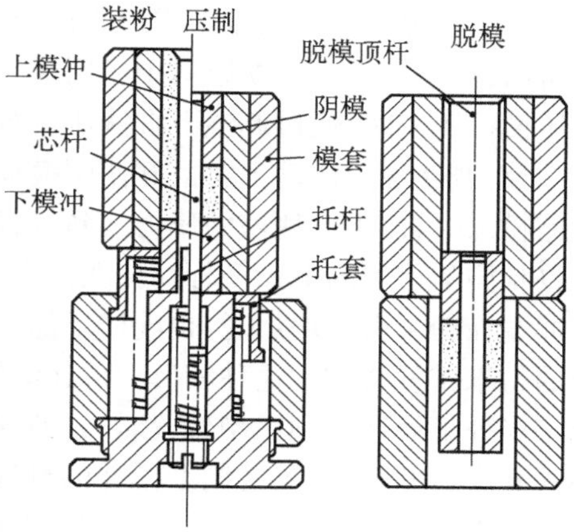

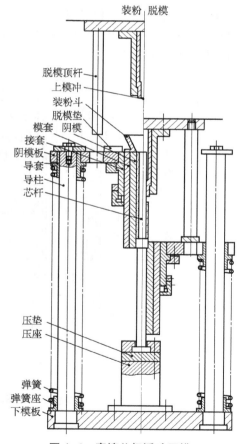

图 4-5 浮动式双向手动压模

2)双向压模

模具的双向压制结构特点是:上、下模冲相对阴模都有移动,模腔内粉末体受到两个方向压缩,或下模冲固定不动,由上模冲和阴模对着下模冲做不同距离的移动,浮动阴模向下与上模冲不等距离的移动形成了下模冲向上的相对运动,实现双向压制。图 4-5 为套类压坯浮动式双向手动压模,阴模的浮动结构一方面与上模冲一起向下作不等距离移动,实现了上、下模冲的双向压制,另一方面又与芯杆的浮动一起改善了压坯密度的均匀性。

3)摩擦芯杆压模

摩擦芯杆压模用于压制较长薄壁套类零件。模具结构特点在于:芯杆和上模冲同速同向对着固定的阴模和下模冲移动压缩粉末体,或是阴模和上模冲同速同向对固定芯杆和下模冲运动压缩粉末体,形成摩擦芯杆压制。

图 4-6 是套类零件摩擦芯杆浮动压模,阴模固定在阴模板上,用弹簧支承着,下模冲与芯杆做成整体固定在压床上。压制时,上模冲压在阴模上面强制阴模与上模冲同速压下。脱模时,脱模垫盖在通孔上,将阴模板压下顶出压坯。

4)组合压模

以上介绍的压模结构均是压制轴套类、实心体

图 4-6 摩擦芯杆浮动压模

的简单形状的零件。然而,形状各样的零件则要求模具的结构复杂得多,一方面要满足压制成形的要求,另一方面要保证压制工件的质量。在模具结构设计时,一般采取不同形状的组合模冲来满足复杂零件的压制成形要求,而采取多种压制方式综合运用来解决压坯质量问题。所以,组合压模是压模结构中运用最广泛的类型。图 4-7 为压制外法兰压坯的拉下式组合压模。压制时,通过调整下缸液压负载,获得支承阴模的不同浮动力。为保证压坯密度均匀一致,调整液压浮动力时最好使阴模板和芯杆以最小阻力同速下降。当上模冲进入阴模压缩粉末时,产生对侧壁的压力,当它增加到等于下缸支承阴模的液压力时,阴模与上模冲将以相同的速度向下运动,此时,在两个模冲的端面就形成了高密度粉末层。同时,当内下模冲端面粉末密度增加时,也同样增加了粉末对外下模冲向下运动的阻力,结果又使法兰部分的粉末密度增加。这种相反力的连续平衡,在整个压制过程使每个部位的粉末逐步致密化。当外下模冲达到压制位置时,它的移动被垫片滑轮所阻止,借此来控制法兰以下轴套压坯的高度,用限位开关控制上模冲的行程以达到控制法兰厚度。脱模时,阴模向下运动,装在阴模下的楔形块把滑轮向外推开,直到外下模冲脱开支承,此时阴模下端面压在外下模冲肩胛上,当阴模继续向下拉时,带着外下模冲运动,直到脱模过程完成。阴模芯杆和两个下模冲端面成一水平,送粉器再次向前推走压坯并填装粉末,开始下一个压制周期。可见,图 4-7 是综合了双向、浮动、拉下压模结构组合的典型实例。这种结构组合工艺遵循了粉末体在压制过程中的变形规律,尽量利用各种结构特征,改善复杂形状零件压制时密度的均匀性,从而保证压坯的质量。

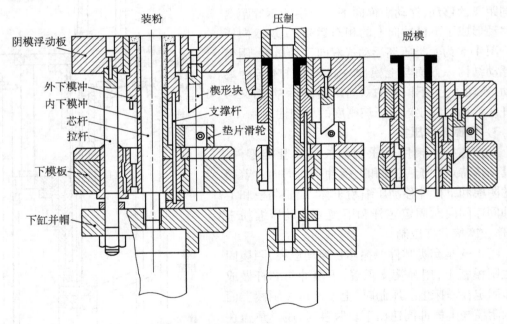

图 4-7　压制外法兰压坯拉下式组合压模

4.3 粉末冶金制品的结构工艺性

由于粉末的流动性不好,使有些制品形状不易在模具内压制成形,或者压坯各处的密度不均匀,影响了成品质量。所以,粉末冶金制品的结构工艺性有其自己的特点。

① 壁厚不能过薄,一般不小于 2 mm,并尽量使壁厚均匀。法兰只宜设计在工件的一端,两端均有法兰的工件,难于成形。

② 沿压制方向的横截面有变化时,只能是沿压制方向缩小,而不能逐渐增大。

③ 阶梯圆柱体每级直径之差不宜大于3 mm,每级的长度与直径之比(L/D)应在 3 以下,否则不易压实。

④ 应避免与压制方向垂直的或斜交的沟槽、孔腔,因此粉末冶金制品上不能压制出垂直于压制方向的退刀槽与内、外螺纹,这些只能留待以后切削加工制出。制品上也无法做出斜孔和旋钮上的网纹花。

⑤ 制品应避免内、外尖角,圆角半径 R 应不小于 0.5 mm。球面部分也应留出小块平面,便于压实。

表4-2 列出了粉末冶金制品结构工艺性的正误示例,学习时希望能举一反三。

表4-2 粉末冶金制品结构工艺性的正误示例

例号	原来设计	修改后的设计	说　明
1			原设计孔四角距外缘太近,不易压实
2			法兰厚度太薄,不易压实
3			原设计的截面沿压制方向逐渐增大,无法压实,也不便脱模
4			阶梯圆柱体各级直径之差不宜大于3 mm,上、下底面之差也不能悬殊太大,否则不易压实,也不便脱模。不得已时,模具上要做出垫块

续表 4-2

例号	原来设计	修改后的设计	说　明
5			粉冶制品上无法压制出与压制方向垂直的沟槽
6			粉冶制品上无法压制出网纹花
7			球面的外形不易压实,应做出小块平面
8	$R0.1$	$R0.5$	粉冶制品应避免内、外尖角,圆角半径不小于 0.5 mm
9	<1.5		键槽底部太薄(小于 1.5 mm),改成凸键后容易压实
10			粉冶制品上应避免狭的深槽。修改后的设计易压制,易脱模,模具也简单

4.4 粉末冶金技术新进展

近30年来,粉末冶金技术取得了相当引人注目的进展,一系列新技术、新工艺相继出现,使得整个粉末冶金领域出现了一个崭新的局面。本节仅对粉末冶金新技术、新工艺的进展作一简单介绍。

4.4.1 自蔓延高温合成(SHS)

自蔓延高温合成是一种合成、制造和加工处理各种材料的新技术,近年来受到国际上广泛重视,不少国家如美国、日本、俄罗斯和西欧许多国家都积极开展这方面的研究和开发。

SHS 技术是利用化学能而不是电能,用快速内部自燃而不是慢速外部加热。与传统材料制造工艺相比,SHS 技术工艺和设备简单;能耗和原材料消耗低;由于高温可蒸发掉低沸点杂质,产品纯度高;由于高的温度梯度和大的冷却速率,能获得复杂相或亚稳相;生产率高,成本低等。

SHS 的应用非常广泛,一般可归纳为以下六个方面:

1)SHS 制粉

这是 SHS 中最简单的技术,可用来制备各种化合物粉末。例如,用钛粉和碳粉可合成 TiC 粉,用钛粉和氮气反应可合成 TiN 粉等。据称,SHS 已经得到 II 至 VIII 族金属和非金属的碳化物、硼化物、氮化物、硅化物、氢化物、氧化物、硫化物、磷化物、金属间化合物以及上述化合物的复合化合物和固溶体等 500 余种以上的粉末。这些材料可用来制造各种合金和陶瓷材料的制品。

2)SHS 烧结

SHS 烧结是指在燃烧过程中发生固相烧结,从而制备具有一定形状和尺寸的零件。制品的孔隙度可控制在 5% ~ 70%。SHS 烧结制品可用作多孔过滤器、催化剂载体及耐火材料等。

3)SHS 致密化

此工艺是将 SHS 和挤压成形结合起来进行。利用 SHS 致密化,可以生产无钨硬质合金、金属陶瓷和超强合金。

4)SHS 熔铸

这种方法是利用反应过程中产生的高温来得到 SHS 熔体而制得铸件或进行表面处理。目前用 SHS 离心浇注法已制得了单层管、多层管等。

5)SHS 焊接

它以 SHS 高温熔体焊接,可以把同一金属、不同金属、金属与陶瓷焊接起来。已经实现了钨、钼、钛、钢、碳化钛等相互间的焊接。

6)SHS 涂层

目前最广泛应用的 SHS 涂层有两种类型,即工件表面的 Cr-B 和 Cr-C 涂层以及硬质合金(切削刀片)上的 Ti-C 涂层。从钢表面含铬涂层的某些性能来看,SHS 涂层优于扩散涂层。

4.4.2 粉末制备

在粉末冶金方法中具有重大意义和代表性的新技术有快速冷凝技术、机械化合金。

1）快速冷凝技术（RST）

从液态金属制取快速冷凝粉末的方法如下：当冷却速度为 $10^6 \sim 10^8 ℃/s$ 时，有熔体喷纺法、熔体沾出法；当冷却速度为 $10^4 \sim 10^6 ℃/s$ 时，有旋转盘雾化法、旋转杯雾化法、超声气体雾化法等。

2）机械合金化（MA）

机械合金化由国际镍公司于 1970 年研制成功，现已实现工业规模生产。机械合金化的特点在于各合金组元的粉末在高能搅拌球磨机中，粉末颗粒之间、粉末颗粒与球之间在高速搅拌过程中发生强烈的碰撞，所形成的新生态表面互相冷焊而逐步合金化。

机械合金化可以作为一种理想的弥散强化复合技术。目前 MA 方法生产的产品有：MAODS 镍基高温合金、MAODS 铁基高温合金、MA 铝合金。现在 MA 方法正在开发金属间化合物弥散强化铝基合金、高速钢等。值得指出的是，MA 方法还可生产 MA 非晶材料，一些用 MA 方法制得的 MA 非晶材料如 Nd-Fe-B、YCO_3、YCO_7 等相继出现。

4.4.3 成形

粉末成形基本上以钢模压制成型为多，其他还有特殊成形。各种成形均有新的发展，例如三轴向压制成型、粉末轧制、连续挤压等。具有重大意义和代表性的特殊成形技术有粉末注射成型、喷射沉积、大气压力固结等。

1）粉末注射成型（PIM）

粉末注射成型是一种粉末冶金与塑料注射成形相结合的工艺，是上世纪 80 年代发展起来的一种新型粉末成形技术。人们视 PIM 为一种未来的粉末冶金技术。

PIM 可以生产高精度、不规则形状制品和薄壁零件。PIM 技术已经试制出镍基合金、高速钢、不锈钢、蒙乃尔合金以及硬质合金零件等。美国在 1984 年已成功生产了波音 707 和波音 727 飞机机翼传动机构中带螺纹的镍密封圈，这种零件用传统的粉末冶金方法一直不能制造。

2）喷射沉积（Spray Deposition）

喷射沉积法是使雾化液滴处于半凝固状态便沉积为预成形的实体。英国 Osspray 金属公司首先利用这一概念成功进行了中间试验和工业生产，并取得专利，故又名 Osspray 工艺。

工艺过程包括熔融合金的提供、将其气雾化并转变为喷射液滴、相继使之沉积等步骤，在一次形成预形坯后，再进行热加工（可分别进行锻、轧、挤等），使其成为完全致密的棒、盘、板、带和管材。预形坯的相对密度可高达 98% ~99%。

Osspray 工艺现已半工业化生产高合金型材，如高速钢、不锈钢、高温合金、高性能铝合金和钕-铁-硼永磁合金等的型材。此工艺还可作高密度表面涂层、硬质点增强复合材料或多层结构材料的生产手段。

3）大气压力固结（CAP）

粉末装入真空混合干燥器与含有烧结活化剂的溶液如硼酸甲醇溶液混合。干燥时甲醇蒸发掉，粉末颗粒表面包覆硼酸薄膜，浇入硼硅玻璃模子。模子的形状可以是圆柱体、管状以及与固结零件相近的各种复杂形状。用泵将模中粉末去气，将玻璃模密封，密封容器放入标准大气压炉中加热进行烧结。烧结时玻璃模软化并紧缩，使零件致密化。烧结完成后，模子从炉中取出并冷却，剥去玻璃模。固结零件的相对密度为 95% ~99%。大气压力固结的产品作为热加工如热锻、热轧、热挤等的坯料,可加工到全致密。

4.4.4　烧结及热致密化

在烧结和热致密化方面具有重大意义和代表性的新技术有热等静压制(HIP)和拟热等静压制、烧结-HIP等。

1)热等静压制(HIP)和拟HIP

HIP是一种热致密化技术。应用HIP装置可使硬质合金、粉末高速钢、金属陶瓷、精细陶瓷等达到或接近完全致密的程度。

由于HIP设备昂贵,逐步发展了拟HIP。拟HIP有陶瓷颗粒固结法和快速多向成形法等。

(1)陶瓷颗粒固结法(CERACON)

陶瓷颗粒固结本质上是一种拟热等静压制固结技术。此法采用传统的粉末冶金设备,用预热的陶瓷颗粒材料作为压力传递介质,而不采用HIP中使用的气体,不需包套。它可用于熔点150～2 800℃的金属、聚合物和陶瓷材料的固结,已用于固结RSP铝合金、金属间化合物、Al-SiC复合材料、Nd-Fe-B磁体以及高温超导体,也可将WC-Co包覆到钢材上。

(2)快速多向成形法(ROC)

该法是利用一个独特的薄壁粉末容器——流动模,流动模材料(如低碳钢)在固结温度和固结压力下能产生塑性流动,当压力施于流动模外部时,薄壁作为不可压缩的液体部件,并传递压力于粉末。流动模可以固结复杂形状如中孔、凹角以及不规则外形。ROC法已投入工业应用,用于固结超合金燃气涡轮零件、高速钢工具、钛合金飞机零件以及Si_3N_4发动机零件。

2)烧结-HIP

烧结-HIP是研制高密度、性能优异的粉末冶金制品的新技术,它是在原烧结的基础上同时施加等静压的一种新工艺。其特点是:所需致密压力大大降低,例如对硬质合金烧结后再进行HIP,压力一般需要大于100 MPa,而烧结-HIP可降到10 MPa以下;烧结、加压、冷却等工序在同一设备中完成,大大缩短了工艺周期。

目前,许多工业发达国家制造了多种类型的烧结-HIP装置,将其用于硬质合金生产,取得了明显的经济效益,而且合金的性能也很优异。

思考题

1. 爱迪生发明灯泡后,灯丝如何制作成为当时的技术难题,事实上,灯丝制作技术的发展经历了颇为曲折的过程,你知道这一历程吗?你知道现在所用的灯丝是怎样制作的吗?

2. 粉末冶金制品在机械制造业中应用越来越广,请列举五种以上的应用实例,并请说明在这些应用实例中,采用粉末冶金制品的优越性。

3. 通过对粉末冶金制品制作工艺过程的了解,你认为粉末冶金制品主要存在哪些缺陷?

4. 简述粉末冶金技术的新进展。

5 非金属材料及其成形技术

材料科学领域包括金属材料和非金属材料。金属材料以其高强度、高硬度并具有一定塑性、韧性等力学性能和良好的加工工艺性能,被广泛应用于工业、农业、国防建设和国民经济各个领域。特别是机械工业生产中,金属材料曾扮演"一统天下"的角色。随着生产和科学技术的不断发展,金属材料难以达到和满足一些特殊性能的要求(如耐高温性能、耐强腐蚀性能等),需要研制开发出大批高性能化、高功能化、精细化和智能化的非金属材料与金属材料相辅相成,共同满足各种需求。非金属材料的研制、开发、应用虽晚于金属材料,但由于非金属材料具有金属材料不具备的某些独特性能,加之非金属材料的原料来源丰富,制造、加工容易,节约能源。因此,在材料领域里,非金属材料的地位日益突出,近几十年来非金属材料在产量、质量和性能等方面都有长足的发展,在航空航天、石油化工、机械制造等领域起着越来越重要的作用。如飞船外表的耐高温涂层可以经受飞船在升空冲出大气层时的摩擦引起的高温,保证飞船正常运行,如图 5-1 所示。石油化工企业的储运管道、容器和阀等要求具有耐腐蚀、高强度等性能,可在保证高强度的金属外壳里衬以耐腐蚀的高分子材料或复合材料,如图 5-2 所示。利用陶瓷的绝缘性能,用以生产电力输出线上的绝缘瓷瓶,如图 5-3 所示。

非金属材料只有经过各种成形方法的加工才能转变成有使用价值的制品。本章主要介绍工业生产中常见的几种非金属材料(高分子材料、陶瓷材料、复合材料)及其成形技术。

图 5-1 长征二号捆绑式火箭发射神舟飞船

图5-2　化工玻璃钢防腐阀

图5-3　高压支柱绝缘瓷瓶

5.1　高分子材料及其成形技术

高分子材料主要有塑料、橡胶、合成纤维、涂料、胶粘剂等。以下主要介绍塑料、橡胶和胶粘剂。

5.1.1　塑料及其成形

1）塑料的组成及特性

塑料是应用最广的有机高分子材料,也是主要的工程结构材料之一。

随着我国石油化学工业的发展和材料科学的不断进步,塑料制品的使用量和应用范围也以惊人的速度逐年增加。一些造型新颖、色泽鲜艳、性能优良、价格低廉、实用性高的塑料制品令我们耳目一新。在航天航空等尖端科学领域,工程塑料以其独特的性能崭露头角。但是我们应该注意,伴随着工程塑料使用范围和使用量的日益增长,相应的废弃物(如成形加工时的废料和失效的塑料制品)也愈来愈多。对这些废物的回收、再加工利用的问题应当引起充分重视,以保护自然环境免遭"白色"污染。

（1）塑料的组成

塑料的主要成分是合成树脂,此外还包括填料或增强材料、增塑剂、固化剂、润滑剂、稳定剂、着色剂、阻燃剂等添加剂。合成树脂为各种单体通过聚合反应合成的高聚物。树脂在一定的温度、压力下可软化并塑造成形,它决定了塑料的基本属性,并起到粘结剂的作用。其他添加剂是为了弥补或改进塑料的某些性能。例如填料(木粉、碎布、纤维等)主要起增强和改善性能作用,其用量可达 20% ~ 50%。

（2）塑料的特性

① 密度小　塑料的相对密度一般只有 1.0 ~ 2.0,大约为钢的 1/6,铝的 1/2。这对减轻车辆、飞机、船舶等运输工具的自重意义十分重大。

② 比强度和比刚度高　一些特殊塑料如纤维增强塑料的拉伸比强度高达 170 ~ 400 MPa,比一般钢材(约为 160 MPa)要高得多。一些玻璃纤维、碳纤维增强塑料的比强度和比刚度相当高,甚至超过钢、钛等金属,已在汽车、船舶、航天和国防工业中得到应用。

③ 耐腐蚀　大多数塑料化学稳定性好,对酸、碱和有机溶液都有良好的抗蚀能力。有

些还可与陶瓷材料媲美。其中最突出的代表是聚四氟乙烯,它对强酸、强碱及各种氧化剂等腐蚀性很强的介质都很稳定,甚至在沸腾的"王水"中也无动于衷,核工业中使用的强腐蚀剂五氟化铀对它也不起作用。

④ 电绝缘性好 大多数塑料具有良好的电绝缘性和较小的介电损耗,因此是理想的电绝缘材料。

⑤ 耐磨和减摩性好 大部分塑料摩擦系数低,有自润滑能力,可在湿摩擦和干摩擦条件下有效工作。

⑥ 良好的成形性 大部分塑料都可以直接采用注塑或挤压成形工艺,无需切削,所以可提高生产率,降低成本。

⑦ 热导率低 塑料的热导率比金属低得多,与钢相比相差数百倍。可以用来制作需要保温和绝热的器皿和零件。

此外,有些塑料具有良好的透明性,透光率高达 90% 以上,如有机玻璃、聚碳酸酯、聚苯乙烯等都具有良好的透明性,可用于制造光学透镜、航空玻璃、透明灯罩和光导纤维材料等。

塑料的不足之处是强度、硬度较低,耐热性差,易老化,易蠕变等。

2) 常用工程塑料

根据树脂的热性能,塑料可分为热塑性塑料和热固性塑料两类。

热塑性塑料又称受热可熔性塑料。在常温下它是硬的固体,加热时变软以致流动,冷却时变硬,这是一个可逆的过程,因此可以回收利用。热塑性塑料中的合成树脂分子链都是线型或带有支链线型结构,分子链之间没有化学键产生,加热、冷却过程只发生物理变化。

热固性塑料又称受热不可熔塑料。第一次加热时可以软化以致流动,加热到一定温度后,塑料产生交联化学反应,结构固化而变硬,这一过程是不可逆的,因此只能一次成形,不能回收利用。热固性塑料中的合成树脂分子链在第一次加热前是线型或带有支链线型结构,交联反应后成为体型网状结构,若再次加热,就不能再熔融。

(1) 热塑性塑料

① 聚烯烃 聚烯烃塑料主要有聚乙烯和聚丙烯等两种,无毒、无味。

聚乙烯(PE) 按生产工艺不同,分为高压、中压、低压三种。其中高压、低压聚乙烯应用较多。高压聚乙烯的短链分枝多,密度、相对分子质量较小,结晶度较低,所以质地较柔软,常用于制造薄膜、软管等。低压聚乙烯则相对分子质量、密度较大,结晶度较高,因此比较刚硬、耐磨、耐蚀,绝缘性较好,常用来制造塑料管、板和绳以及载荷不高的齿轮、轴等。

聚丙烯(PP) 相对密度小(0.9~0.92),其强度、硬度和刚性优于聚乙烯,并具有良好的耐蚀性、绝缘性、耐热性(加热到150℃不变形)和耐曲折性(可弯折100万次以上),可用作各种机械零件、医疗器械、生活用具,如齿轮、法兰、叶片、壳体、包装带等。

② 聚氯乙烯(PVC) 按加入增塑剂量的大小,聚氯乙烯可分为硬质和软质二种。增塑剂量少的硬质聚氯乙烯的强度、硬度较高,耐蚀、耐油和耐水性好,常用于制造塑料管、塑料板。此外,聚氯乙烯板材及管材易于热成形、热接以及切削加工,故用途广泛。软质聚氯乙烯强度、硬度低,耐蚀性较差,易老化,可制造薄膜、软管、低压电线的绝缘层等。此外,在聚氯乙烯中加入发泡剂可制成泡沫塑料,常用作垫衬、包装盒等。

③ 聚苯乙烯(PS) 聚苯乙烯的密度小,无色、透明,透光率仅次于有机玻璃,着色性

好、吸水性极微,而且具有良好的耐蚀性和绝缘性,高频绝缘性尤佳,但其冲击韧度低,耐热性差,易燃,易脆裂,常用来制造仪表零件、设备外壳、日用装饰品等。聚苯乙烯泡沫塑料因相对密度只有 0.033,是隔音、包装、救生等器材的极好材料。

④ ABS 塑料 ABS 塑料是丙烯腈(A)、丁二烯(B)、苯乙烯(S)的三元共聚物,具有三种组元的特性。丙烯腈使 ABS 具有良好的耐热、耐蚀性和一定的表面硬度;丁二烯能提高 ABS 的弹性和韧性;苯乙烯赋予 ABS 较高的刚性,良好的加工工艺性和着色性。可见,ABS 具有较高的综合性能。

ABS 的用途极广,在机械工业中可制造轴承、齿轮、叶片、叶轮、设备外壳、管道、容器、把手等,以及电气工业中仪器、仪表的各种零件等。近年来在交通运输车辆、飞机零件上的应用发展很快,如车身、方向盘、内衬材料等。

⑤ 聚酰胺(PA) 商业上又称为尼龙或锦纶,是由二元胺与二元酸缩聚而成,或由氨基酸脱水成内酰胺再聚合而得。由于含有极性基团,尼龙大分子链间易于形成氢键,故分子间作用力大,结晶度较高。所以,尼龙具有较高的强度和韧性、突出的耐磨性和自润滑性以及良好的成形工艺性。此外,其耐蚀性也较好,并且抗霉、抗菌、无毒。但尼龙具有较大的吸水性,尺寸稳定性差,耐热性不高,蠕变值较大。

尼龙被广泛用作各种机器零件,如轴承、齿轮、轴套、螺帽、垫圈等。

⑥ 聚甲醛(POM) 聚甲醛是一种没有侧链、密度大、结晶度高的工程塑料。按聚合方法有均聚甲醛和共聚甲醛两种。聚甲醛具有优异的综合性能,抗拉强度在 70 MPa 左右,并有较高的冲击韧度、耐疲劳性和刚性,还具有良好的耐磨性和自润滑性,摩擦系数低而稳定,在干摩擦条件下尤为突出。使用温度为 -50 ~ 110℃,吸水性小,尺寸稳定。但聚甲醛成形时收缩率较大,热稳定性较差。

聚甲醛已广泛用来制造齿轮、轴承、凸轮、制动闸瓦、阀门、仪表外壳、化工容器、叶片、运输带等。

⑦ 聚碳酸酯(PC) 聚碳酸酯是 20 世纪 60 年代初发展起来的一种工程塑料。它的透明度为 86% ~ 92%,有"透明金属"之称。聚碳酸酯大分子链中既有刚性的苯环,又有柔顺的醚键,因此它具有良好的综合性能。其抗拉强度达 66 ~ 70 MPa,耐冲击性特别突出,比尼龙和聚甲醛高 10 倍左右,是刚而韧的工程塑料;抗蠕变性能好,尺寸稳定,使用温度宽,可以长期在 -60 ~ 30℃ 间使用。此外,还具有良好的耐气候性和电性能,在 10 ~ 130℃ 之间介电常数和介质损耗几乎不变。但是,其自润滑性差,耐磨性不如尼龙和聚甲醛,疲劳抗力较低,有应力开裂倾向。

聚碳酸酯常用于制造各种机器、电器及仪表零件,如齿轮、蜗轮、轴承、凸轮、螺栓、外壳、护罩等。又由于透明度高,耐冲击性好,可用作防盗、防弹窗玻璃,安全帽,驾驶室挡风玻璃等。

⑧ 聚四氟乙烯(F-4) 聚四氟乙烯的突出优点是在很宽的温度范围内性能相当稳定,可长期在 -180 ~ 240℃ 之间使用,耐热性和耐寒性极好。它具有极高的耐蚀性,任何强酸、强碱、强氧化剂对它都不起作用,素有"塑料王"之称;摩擦系数极低,仅 0.12 ~ 0.04,是极为优良的减磨、自润滑材料;吸水性极小,绝缘性能优良,是目前介电常数和介电损耗最小的固体材料,且不受频率和温度的影响。但其强度较低,冷流性强,结晶熔点高,加工成形困难。

聚四氟乙烯常用做化工设备的管道、泵、阀门和各种机械的密封垫圈、活塞环、轴承及医疗手术的代用血管,人工心、肺等。

（2）热固性塑料

① 酚醛塑料（PF）　由酚类和醛类经缩聚反应而制成的树脂称为酚醛树脂,根据不同性能要求加入各种填料便制成各种酚醛塑料。常用的酚醛树脂是以苯酚和甲醛为原料制成的。其性质可根据制备工艺的不同,分为热塑性和热固性两类。

以木粉为填料制成酚醛压塑粉,俗称胶木粉,是常用的热固性塑料。经压制而成的电开关、插座、灯头等,不仅绝缘性好,而且有较好的耐热性,较高的硬度、刚性和一定的强度。

以纸片、棉布、玻璃相等为填料制成的层压酚醛塑料,具有强度较高、耐冲击性好以及优良的耐磨性等特点,常用以制造受力要求较高的机械零件,如齿轮、轴承、汽车刹车片等。

② 氨基塑料（UF）　以氨基化合物（如尿素或三聚氰胺）与甲醛经缩聚反应制成氨基树脂,然后加入添加剂而制成氨基塑料。氨基塑料中最常用的是脲醛塑料。

用脲醛塑料压塑粉压制的各种制品有较高的表面硬度,颜色鲜艳,且有光泽,又有良好的绝缘性,俗称"电玉"。常见的制品有仪表外壳、电话机外壳、开关、插座等。

③ 环氧塑料（EP）　环氧塑料是由环氧树脂加入固化剂（胺类和酸酐类）后形成的热固性塑料。它强度较高,韧性较好,并具有良好的化学稳定性、绝缘性以及耐热、耐寒性,长期使用温度为 $-80 \sim 150℃$,成形工艺性好,可制作塑料模具、船体、电子工业零部件。

环氧树脂对各种工程材料都有突出的粘附力,是极其优良的粘结剂,目前广泛用于各种结构粘结剂和制备各种复合材料,如玻璃钢等。

3）塑料的成形

塑料工业包含塑料生产（包括树脂和半成品生产）和塑料制品生产（也称塑料成形工业或加工工业）两个系统。其生产流程如图 5-4 所示。塑料只有通过成形、加工制成所需形状的塑料制品才有使用价值。本节将重点介绍塑料制品的生产。

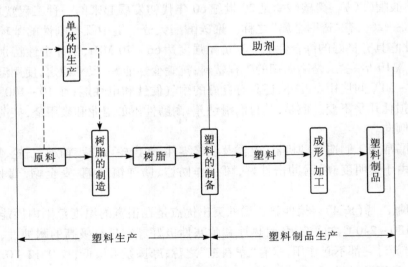

图 5-4　塑料制品的简单生产流程

塑料制品的生产系统主要由成形、机械加工和修饰三个过程组成（如图5-5）。其中的成形过程非常重要，是塑料制品生产的基础。塑料的成形是将各种形态的塑料（粉料、粒料、溶液或分散体）通过加热使其处于粘流态，经流动或压制使其成形并硬化，得到各种形状的塑料制品的过程。

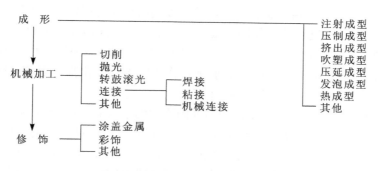

图5-5　塑料制品生产系统的组成

（1）工程塑料的成形性能及其影响因素

工程塑料对各种成形方法、成形工艺及模具结构的适应能力叫做成形性能。成形性能的好坏直接影响成形加工的难易程度和塑料制品的质量，同时，还影响生产效率和能源消耗以及生产成本等。表明塑料成形性能的指标有粘度、收缩性、吸湿性等。

① 粘度及其影响因素

塑料的物理聚集状态可归纳为结晶态、玻璃态、高弹态和粘流态。工程塑料在成形过程中，绝大多数是处于粘流态。因为塑料在这种状态下易于流动和变形。通常，物质的粘度越高，则其流动和变形能力越差，反之粘度越低流动性越好。工程塑料在成形过程中应根据塑料的种类、成形工艺、成形方法、成形设备等合理选取适当的粘度。

影响塑料粘度的因素主要从以下几方面考虑：

a. 聚合物分子量的影响　聚合物的分子量作为塑料的固有特性而影响粘度，聚合物的分子量越大、缠结程度越严重、流动时所受阻力越大，则聚合物熔体粘度越高。不同成形方法对聚合物熔体粘度的要求不同，因此对分子量的要求也不一样。注射成形要求塑料的流动性好、粘度低，可采用分子量较低的聚合物；挤出成形要求粘度较高一些，可采用分子量较高的聚合物；中空吹塑成形可采用中等分子量的聚合物。在塑料制品生产中，常常在聚合物中通过加入一些低分子物质（如增塑剂等），以减小聚合物的分子量，降低粘度值，促进聚合物熔体的流动，改善成形性能。

b. 温度的影响　升高温度可以使聚合物大分子的热运动和分子间距离增加，从而降低聚合物熔体的粘度。但是，不同聚合物熔体对温度变化的敏感性不完全相同。成形时，对那些粘度对温度不敏感的聚合物，不能仅凭升高温度来降低其粘度。因为，温度大幅度增加，而其粘度降低有限，而且，大幅度提高温度可能使聚合物降解、分解，从而降低塑料制品的质量，同时增加成形设备的损耗和能源的消耗。而有些粘度对温度非常敏感的聚合物（如聚甲基丙烯酸甲酯、聚碳酸酯和聚酰胺-66等）在成形过程中可以通过升高温度来降低其粘度，增加流动性。因为它们的熔体升温不多，但粘度却能下降许多。但是，对于这种情况更要严格控制成形温度,因为,微小的温度波动也会引起粘度较大的变化,使生产过程不稳定,塑料制品的质量难以保证。

一般情况下,聚合物熔体的粘度对温度的敏感性要比对剪切应力(或剪切速率)的敏感性强。

c. 剪切速率的影响　通常聚合物熔体的粘度随剪切应力(或剪切速率)的增加而降低。但不同聚合物熔体的粘度对剪切作用的敏感程度不一样。应该注意的是,那些熔体粘度对剪切应力(或剪切速率)非常敏感的聚合物在成形过程中要严格控制剪切速率或剪切应力(如螺杆式注塑机中的压力和转速),否则,剪切作用的微小变化都会引起粘度的显著变化,致使充模不均、密度不匀和表面质量差等缺陷。

d. 压力的影响　通常聚合物熔体的粘度随压力的增大而升高,有时粘度竟能增加一个数量级。如当压力从 13.8 MPa 增至 17.3 MPa 时,高密度聚乙烯熔体的粘度增加 4~7 倍,而聚苯乙烯可能增加 100 倍。由于粘度随压力的增大而升高,将有可能造成某种塑料在常压下可以成形,而当压力增大时就不容易甚至不能成形的现象。由此说明在塑料成形过程中单纯靠增加压力来提高塑料的流动性是不恰当的,况且,过高的压力还会造成过大的设备损耗和功率消耗。此外还应注意:即使在同一压力下的同一种聚合物熔体,在成形时由于所用设备的大小不同,其流动性也有差别,这是因为尽管所受的压力相同,但所受的剪应力不一定相同,则其粘度就不同。

从温度和压力对聚合物熔体的粘度影响效果来看,增加温度和降低压力的作用是相似的,这种在塑料成形过程中通过改变压力或改变温度都能获得同样粘度的效果称为压力-温度等效性。许多聚合物,当压力增大 100 MPa 时,其熔体粘度的变化相当于温度降低30~50℃的作用。

塑料在成形过程中聚合物熔体的流动除表现粘性流动和变形外,还不同程度呈现出弹性变形。一个明显的实例就是塑料在挤压时的出模膨胀现象(如图 5-6),这种现象在低分子液体中不会出现。弹性变形对塑料的成形加工有很大的影响,它将影响制品或型坯的尺寸稳定性和表面光滑程度等。

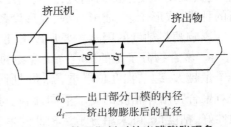

d_0——出口部分口模的内径
d_f——挤出物膨胀后的直径

图 5-6　挤压塑料时的出膜膨胀现象

综上所述,塑料在成形过程中,聚合物熔体的粘度直接影响成形过程的难易程度。不同的成形工艺要求有相应的熔体粘度配合,熔体粘度太大,则流动性差,成形困难,且模具的大小与设计就受到较大的限制;熔体粘度太小时,容易出现溢模现象,且塑料制品质量难以保证,只有合适的熔体粘度才利于成形。如注射成形时,当某种塑料熔体在温度不高于其降解温度而剪切速率为 1 000 s^{-1} 的情况下,其粘度在 50~500 Pa·s 范围内适合注射成形。

② 收缩性

塑料成形的收缩性是指制品从模具中取出冷却至室温再经 24 小时后发生尺寸收缩的特性。造成收缩的主要原因是:成形时加热和冷却引起聚合物熔体的热胀冷缩、弹性回复引起的收缩、聚合物熔体凝固时引起的凝固收缩等。收缩的大小用计算收缩率表示:

$$K_{计} = \frac{a-b}{a} \times 100\%$$

式中 $K_{计}$——计算收缩率；

  a——模具型腔在常温下的实际尺寸；

  b——制品在常温下的实际尺寸。

影响收缩率的因素主要有：塑料的品种、制品形状、成形压力、成形温度和成形时间。不同品种的塑料，其收缩率是不同的，即使是同一品种的塑料，由于制造厂家或颜色的不同，其收缩率也会有很大的差异。形状复杂、尺寸较小、壁薄有嵌件或有较多型孔的制品，其收缩率较小；成形压力越大，制品的弹性回复能力越大，其收缩率越小；成形温度越高，则热胀冷缩大，收缩率越大；成形时间越长，冷却时间越长，收缩率越小，但超过一定时间后，过长的冷却时间由于收缩率的变化不大而降低生产率。

塑料成形时不同程度的收缩将导致制品的实际尺寸与模腔尺寸不相符合，故在设计模具时应考虑塑料的收缩性。由于影响收缩性的因素很多，要精确确定成形时的收缩率较困难。在设计成形模具时，通常是先初步估算塑料的收缩率，以此进行模具设计、制造，再试模，对收缩率加以调整，对模具尺寸加以修正，最后得出符合塑料制品尺寸要求的模具型腔尺寸。另外，模具结构上的模具分型面、浇注系统的形式、尺寸大小及压力等对收缩率都有很大的影响。

③ 吸湿性

塑料中各种添加剂对水的敏感程度称为吸湿性。吸湿性大的塑料在成形过程中由于高温高压使水分变成气体或发生水解作用，致使塑料制品存在气泡或表面粗糙等缺陷，并影响其电气性能。因此，成形前应将各聚合物和添加剂进行干燥处理。

④ 定向作用

塑料中的细而长的纤维状填料(如木粉、短玻璃纤维等)和聚合物本身，成形时会顺着流动的方向作平行的排列。这种排列称为定向作用。若制品中存在定向作用，则制品中将会出现各向异性。热固性塑料制品中的定向是无法消除的。塑料成形时有时需利用定向作用，如用拉伸方法制造定向薄膜与单丝等，可以使制品沿拉伸方向的抗拉强度和光泽等有所增加。但在制造厚度较大的制品(如模压制品)时，应积极消除定向作用，因为定向作用使制品的性能各向异性，有些方向的力学性能较高，而另一些方向的强度较低，可能引起制品翘曲或开裂。

（2）工程塑料的成形方法

工程塑料的成形方法很多，塑料的种类也很多。每一种塑料不一定适应各种成形方法，每一种成形方法也不一定能适用于各种塑料。表5-1列出了部分塑料对成形方法的适应性。以下简述常见工程塑料成形方法的生产过程、成形设备和成形特点等。

① 注射成型

注射成型又称注塑模塑或注射法，是热塑性塑料的重要成形方法之一。几乎所有热塑性塑料都可以用注射法成形，近年来注射成型已成功地用于某些热固性塑料的成形。注射成型具有成形周期短、生产率高、能一次成形空间几何形状复杂、尺寸精度高、带有各种嵌件的塑料制品，对多种成形塑料的适应性强，生产过程易于实现自动化等优点。

表 5-1　部分塑料对成形方法的适应性

成形方法 / 塑料	注射	挤出	模压	吹塑	层压		浇注	压延	发泡	热成形
					高压	低压				
聚乙烯	好	好	中	好	差	差	差	差	好	中
聚丙烯	好	好	差	好	差	差	差	差	中	中
聚氯乙烯	中	好	中	好	差	好	差	好	好	好
聚苯乙烯	好	好	差	好	差	差	差	差	好	好
ABS	好	好	差	中	差	差	中	差	差	好
聚酰胺	好	好	中	中	差	差	中	差	差	好
聚甲基丙烯酸甲酯	好	好	中	中	差	差	中	差	差	中
聚甲醛	好	好	差	差	差	差	差	差	差	差
聚四氟乙烯	差	中	好	差	差	差	差	差	差	差
环氧树脂	中	差	好	差	中	好	好	差	差	差
脲甲醛	中	差	好	差	差	差	中	差	中	差
酚醛	差	差	好	差	差	差	差	差	中	差
聚氨酯	好	中	中	中	中	差	好	差	好	好

　　注射成型过程是将粒状或粉状塑料从注射机(图5-7所示)的料斗送进加热的料筒,经

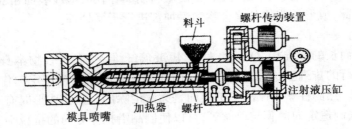

图 5-7　注射成型工作原理示意图

加热熔化至粘流态后,由螺杆(或柱塞)的推动而通过料筒端部的喷嘴并注入温度较低的闭合塑模中,经过一定时间保压、冷却、固化定型后得到所需形状和尺寸的制品。开启模具,由顶杆顶出制品,由此完成一个注射成形周期。

　　注射成型的设备是注射机(如图5-8)。有柱塞式和螺杆式两种型式。它们的功能有两个:其一是加热塑料,

图 5-8　卧式螺杆注射机

使塑料达到粘流状态;其二是对塑料熔体施加压力,使其射出并充满模具型腔。柱塞式注射机结构简单,但存在控制温度和压力较困难、熔化不均匀、注射压力损失大、注射容量有限等不足,现已逐步被螺杆式注射机取代,螺杆式注射机具有加热均匀、塑料可在料筒内得到良好的混合和塑化、注射量大等优点。在选用注射机类型时应根据实际情况而定。生产 60 g 以下的小型塑料制品多选用柱塞式注射机,而那些粘度对温度敏感性大的塑料、流动性差的塑料,以及大、中型塑料制品的生产多选用移动式螺杆注射机。注射机的规格大小以最大注射容量表示。通常该注射容量可用重量表示。如聚苯乙烯的密度为 1.05 g/cm^3,近似于 1.0 g/cm^3,若注射容量为 60,则表示该机的最大注射量为 60 g 聚苯乙烯。

图 5-9 是经注射成型的塑料手机外壳。

塑料在成形过程中依靠模具而得到制品的形状,模具的主要基本结构由浇注系统、成形零件和结构零件三大部分组成。图 5-10 是一典型的注塑模结构简图。浇注系统包括主流道、冷料道、分流道和浇口等,它是塑料从喷嘴进入型腔前的流通部分,直接与塑料接触。成形零件包括动模、定模、型腔、成形杆以及排气口等,它也直接与塑料接触。结构零件包括导向、脱模、抽芯及分型等,结构零件不与塑料直接接触。

图 5-9　注射成型的手机外壳

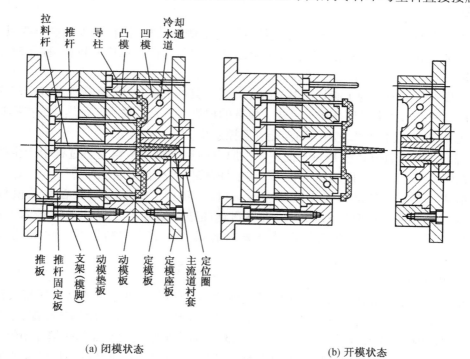

(a) 闭模状态　　　　　　　　　　(b) 开模状态

图 5-10　单分型面注射模结构示意图

根据模具中各个零件的不同功能,注射模由以下七个(或部分)系统或机构组成:

a. 成形零部件 成形零部件是指构成模具成型制品型腔,并与塑料熔体直接接触的模具零件或部件。一般有型腔(凹模)、型芯(凸模)、成型杆、镶件等,在动、定模闭合后,成型零件便确定了塑件的内外形状和尺寸。

b. 浇注系统 浇注系统是将熔融塑料引向闭合型腔的通道。通常由主流道、分流道、浇口和冷料穴组成。

主流道是连接注射机喷嘴至分流道或型腔后段通道。其顶部呈凹形,以便与喷嘴衔接,进口直径应略大于喷嘴直径(0.8 mm)以避免溢料,并防止两者因衔接不准而发生堵截。主流道进口直径一般为 4~8 mm,并向内逐渐扩大呈 3°~5°锥形,以便流道赘物的脱模。分流道是多槽模中连接主流道和各个型腔的通道,它在模具结构上的排列应呈对称和等距离分布。浇口是接通主流道(或分流道)与型腔的通道。作用是控制料流的速度;在注射过程中因为存在这部分的熔料早凝而防止倒流;使通过的熔料受到较强的剪切作用而升高温度并降低粘度以提高流动性;便于制品与流道系统的分离。冷料穴是设在主流道末端的一个空穴,用来收集喷嘴端部两次注射之间所产生的冷料,从而防止分流道或浇口的堵塞。冷料穴的直径约为 8~10 mm,深度约为 6 mm。

c. 导向装置 导向装置用以保证动模和定模闭合时的位置准确。它由导柱和导套组成。对于多型腔注射模,其脱模机构也设置了导向装置,以免推杆弯曲和折断。

d. 脱模机构 脱模机构是实现制品脱模的装置。常见的有推杆式、推管式、推板式和推块式等。

e. 侧向分型与抽芯机构 当塑件上带有侧孔或侧凹结构时,在塑件被脱出模具之前,必须先侧向分型并将侧向型芯抽出。完成上述动作的零部件所构成的机构,称侧向分型与抽芯机构。

f. 温度调节系统 为了满足注射成型工艺对模具的温度要求,模具应设有冷却或加热系统。模具的冷却通常采用循环水冷却。模具的加热可通入热水、蒸汽、热油或在模具中设置加热元件,对于温度要求较高的还需配置温控系统。

g. 排气系统 排气系统是为了把型腔内原有的空气以及塑料受热过程中产生的气体排出而在模具分型面处开设的排气槽。利用推杆、镶件的配合间隙也可排气。

注射成型时模具的动作规律是:装在注射机固定板上的定模与装在移动模板上的动模闭合,形成型腔和浇注系统,注射机将塑化的塑料熔体通过浇注系统进入型腔,经冷却凝固成形后,开模(即动模与定模分离),脱模机构推出塑料制品。由此完成一个动作周期。

② 压塑成型

压塑成型又称压制成型或模压成型,是塑料加工中最传统的工艺方法。压塑成型通常用于热固性塑料的成形。因为热塑性塑料在压塑时模具需要交替地加热与冷却,生产周期长,故热塑性塑料的成形常以注射成型更为经济,只有在成形较大平面的热塑性塑料制品时才采用压塑成型方法。热固性塑料压塑成型是将粉状、粒状或纤维状的热固性树脂放入成形温度下的模具型腔中,然后闭模加压,在温度和压力作用下,热固性树脂转为熔融的粘流态,并在这种状态下流满型腔而取得型腔所赋予的形状,随后发生交联反应,分子结构由原来线型分子结构转变为网状分子结构,塑料也由粘流态转化为玻璃态,即硬化定型成塑料制品,最后脱模取出制品,如图 5-11 所示。

压塑成型的主要设备是压机和模具。

压机多数为液压机,吨位自几十吨至几百吨不等。压塑成型用的模具按其结构特征可分为敞开式压塑模、闭合式压塑模和半闭合式压塑模三类。

a. 敞开式压塑模 又称溢式压塑模或溢料式压塑模,如图 5-12 所示。模具中无单独加料室,模具型腔起加料室作用。型腔在凸、凹模完全闭合时形成,型腔的高度近似制品高度。由于凸、凹模无配合部分,因此,闭模后多余的塑料将从溢料缝溢出并与型腔内部的塑料仍有连接,脱模后就附在制品上成为水平分布的毛边,此毛边去除不当,会影响制品的外观。该种模具适于加料量不作精确要求,只要稍有盈余(约比制品重量多 5%)即可的场合,常用于压制扁平或近于碟形的制品。

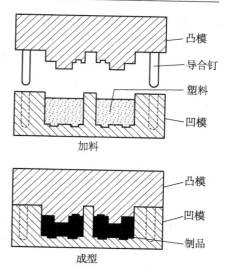

图 5-11 压塑成型过程图

b. 闭式压塑模 又称不溢式压塑模或全压式压塑模,如图 5-13 所示。闭式压塑模的加料室即为模具型腔的延续部分,凸模与加料室之间没有挤压面,成形时压力机的压力全部传递到制件型坯上,能获得密度高、强度大、形状复杂、壁薄、长流程、比容大的塑料制品。由于凸模、凹模之间有一定配合(单边间隙为 0.07~0.08 mm),产生的溢边少,且垂直方向分布,可用磨削方法去除。用这种模具不但可以采用流动性较差或压缩率较大的塑料,而且还可以制造牵引度较长的制品。但加料量要求较精确,必须用称量法。闭式压塑模一般不设计成多腔模,因为加料稍不均衡就会形成各腔压力不均,导致部分制品欠压。

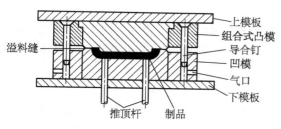

图 5-12 溢式压塑模示意图

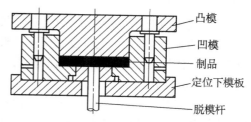

图 5-13 不溢式压塑模示意图

c. 半闭式压塑模 又称半溢式压塑模,如图 5-14 所示。其结构特点是有加料室、挤压面。加料室设在型腔上方,其断面尺寸大于型腔,凸模与加料室之间有 0.025~0.075 mm 的配合间隙,可让多余的塑料溢出,还兼有排气作用。为减少凸模与加料室壁间的磨损,把加料室上壁做成 15′~17′的锥形引导部分,其高度约为 10 mm。加料室与型腔分界处有边宽 4~5 mm 的挤压面,凸模可以运动到与挤压面接触为止。每次加料量允许略有过量,而过量的塑料经凸模配合间隙排出。挤压面

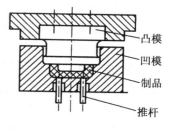

图 5-14 半溢式压塑模

产生水平毛边。

半闭合式压塑模的优点有：塑件的紧密程度比敞开式压塑模高；塑件的高度一定，不必精确计量每次的加料量；凸模不会损伤凹模内表面，顶出塑件时也不会损伤制件外表面；凸模与加料室在制造上较闭合式压塑模简单。其缺点是对于流动性小的片状或纤维状塑料的成形会形成较厚的毛边。

半闭合式压塑模使用广泛，适用于各种压塑场合，如单型腔、多型腔、大的、复杂的塑件等。

d. 半不溢式压塑模　半不溢式压塑模是由以上三种基本结构形式压塑模演变而成的。如半闭合式与闭合式结合而成的压塑模就是其中一例，其结构如图5-15所示。在凸模前端有凸缘能伸进型腔，并与型腔呈间隙配合。当凸缘未伸进型腔时，其结构类似于半闭合式，过剩的塑料可经过间隙溢出，这样即使加料量不准确，也不影响塑件的质量。当凸缘伸进型腔时，其结构类似于闭合式，成型时的过剩塑料难以从模具内溢出，压力全部加到封闭在型腔内的塑料上，使塑件致密。由于凸缘高度一般为 1.5~2.5 mm，它不易擦伤型腔。毛边呈垂直分布，易于清除。该模具适用于压制厚薄不均或壁厚腔深的塑件。

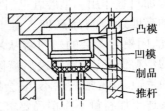

图5-15　半闭式与闭合式结合的半不溢式压塑模

压塑成型模具的加热主要是电加热、过热蒸汽加热或热油加热，其中电加热最普遍。

压塑成型通常用于热固性塑料，但对于那些在加热情况下粘度高、难熔化的热塑性塑料（如氟塑料）是不能用一般的热塑性塑料成形方法成形的，而只能以类似粉末冶金烧结成形的方法成形。这种方法称为冷压烧结成形。其过程是：先将一定量的氟塑料（多为悬浮聚合树脂）放入常温下的模具中，在压力作用下压塑成密实的型坯，然后送至烘房内进行烧结，冷却后成为制品。

压塑成型的主要特点是：设备和模具结构简单，投资少，可以生产大型制品，尤其是有较大平面的平板类制品，也可以利用多槽模大量生产中、小型制品，制品的强度高。但压塑成型的生产周期长，效率低，劳动强度大，难以实现自动化。

③ 层压成形

层压成形是指用层叠的、浸有或涂有树脂的片状底材，在加热和加压下制成坚实而又近于均匀的板状、管状、棒状等简单形状塑料制品的成形过程。因此方法涉及的物料除聚合物外还有诸如纸张、木材等材料，故在后续的复合材料一节中详叙。

④ 挤出成型

挤出成型又称挤塑成型，在热塑性塑料的成形领域中，挤出成型是一种变化众多、用途广泛的重要的成形方法之一。主要用于生产棒材、板材、线材、薄膜等连续的塑料型材。

挤出成型过程总体可分两个阶段：第一阶段是使固态塑料塑化（即使塑料转变成粘流态）并在加压情况下使其通过特殊形状的口模而成为截面与口模形状相似的连续体，连续体（塑料型材）的形状取决于口模内腔的形状；第二阶段是用适当的冷却处理方法使挤出具有粘流态的连续体转变为玻璃态的连续体，即得到所需型材或制品。根据塑化的方式不同，挤出工艺可分为干法和湿法两种。干法的塑化是靠加热将塑料变为熔体，其塑化和加压可在同一设备内进行,其定型处理只需通过冷却解决;湿法的塑化则是用溶剂将塑料充分软化,塑化和加压是两个独立的过程,其定型处理必须采用比较麻烦的溶剂脱除法。在实际挤出成型工艺中使用较多的还是干法挤出,而湿法挤出仅限于少数塑料(如硝酸纤维素和少数醋酸纤维素填料)的挤出。

挤出成型的设备有螺杆式挤出机和柱塞式挤出机两种。螺杆式挤出机的挤出过程是连续的,如图5-16所示。装入料斗中的粉状或粒状的热塑性塑料,借助旋转的螺杆进入料筒中并沿螺旋槽前进,由于料筒的外热以及塑料自身之间和与设备之间的剪切摩擦,促使塑料熔化转变成粘流态,并在螺杆的推动作用下不断前进直至口模处,随即被螺杆挤出机外形成连续体,经冷却凝固获得连续的型材或制品。柱塞式挤出机的挤出过程是间歇式的。首先将一批已塑化好的塑料放入料筒内,然后借助柱塞的压力将塑化后的塑料熔体挤出口模以外,当料筒内的塑料熔体挤空后马上退出柱塞以便进行下一个生产周期。柱塞式挤出机的优点是能给予塑料熔体较大的压力,缺点是操作不连续,物料要预先塑化,因而应用较少,只有在挤压聚四氟乙烯和硬聚氯乙烯大型管材方面有应用。

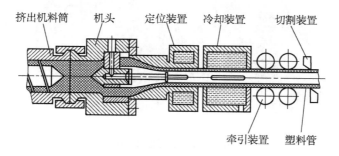

图5-16 螺杆式挤出成型原理图

综上所述,挤出成型适用于热塑性塑料,而且采用干法塑化和螺杆式挤出机。成形特点是:成形过程是连续的,生产率高,制品内部组织均衡致密,尺寸稳定性高,模具结构简单,制造维修方便,成本低。此外,挤出成型工艺还可用于塑料的着色、造粒和共混改性等。

⑤ 吹塑成型

吹塑成型包括注射吹塑成型和挤出吹塑成型两种。它是借助压缩空气,使处于高弹态或粘流态的中空塑料型坯发生吹胀变形,然后经冷却定型获得塑料制品的方法。塑料型坯是用注射成型或用挤出成型生产的。中空型坯或塑料薄膜经吹塑成型后可以作为包装各种物料的容器。

吹塑成型的特点是:制品壁厚均匀、尺寸精度高,事后加工量小,适合多种热塑性塑料。

图5-17是塑料瓶的注射吹塑成型过程示意图。其生产步骤是:先由注射机将熔融塑料注入注射模内形成管坯(图(a)),开模后管坯留在芯模上,芯模是一个周壁带有微孔的空心凸模,然后趁热使吹塑模合模(图(b)),并从芯模中通人压缩空气(图(c)),使型坯吹胀达到模腔的形状,继而保持压力并冷却,经脱模后获得所需制品(图(d))。

吹塑成型只限于热塑性塑料的成形(如聚乙烯、聚氯乙烯、聚丙烯、聚苯乙烯、聚碳酸酯、聚酰胺等),常用于成形中空、薄壁、小口径的塑料制品,如塑料瓶、塑料罐、塑料壶等。还可利用吹塑原理生产各种塑料薄膜。图5-18是经吹塑成型的塑料制品。

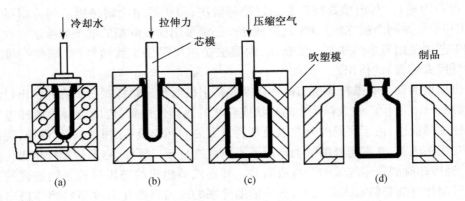

图 5-17　注射吹塑示意图

图 5-18　吹塑成型制品

吹塑成型设备是专用的注射(挤出)吹塑一体机。由主机注射(挤出)机和辅机模具、合模架、锁模装置、电路、油路、气路系统等组成。如图 5-19 为挤出成型中空塑料制品用设备结构示意图。

⑥ 压延成型

压延成型是将已加热塑化的接近粘流温度的热塑性塑料通过一系列相向旋转的水平辊筒间隙,并在挤压和延展作用下成为规定尺寸的连续片状制品的成形方法。

压延成型的原材料大多是热敏性非

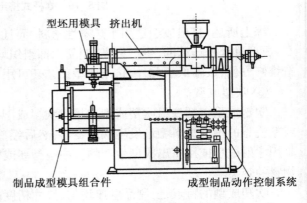

图 5-19　吹塑成型设备结构示意图

晶态塑料,其中用得最多的是聚氯乙烯。压延成型制品有各种薄膜(如农业用的保温保鲜薄膜、工业用的包装薄膜等)和各种热成型用的片材。薄膜与片材的区别主要在于厚度,通常以 0.25 mm 为界,小于 0.25 mm 者为薄膜,大于 0.25 mm 者为片材。聚氯乙烯薄膜和片材又有硬质、半硬质和软质之分,由其所含增塑剂比例而定。含增塑剂不大于 5%(树脂重量百分数)者为硬质聚氯乙烯,含增塑剂大于 25% 者为软质聚氯乙烯,含增塑剂在 6% ~

25%范围的为半硬质聚氯乙烯。压延成型适用于生产厚度为 0.05~0.5 mm 范围内的软质聚氯乙烯薄膜和片材以及厚度在 0.3~1.0 mm 范围内的硬质聚氯乙烯片材。压延软质聚氯乙烯薄膜时,如果将布或纸张随同薄膜一起压延成形,则薄膜就会粘在布或纸张上,所得制品为涂层布,也就是人造革或塑料墙纸。这种成形方法称为压延涂层法。

压延成型主要包括以下过程:

配制塑料→塑化塑料→向压延机供料→压延→牵引→轧花→冷却→卷取→切割→薄膜/片材。

压延成型的主要设备是压延机、挤出机和辊压机。挤出机的作用是将塑化好的料先用挤出机挤成条状或带状,并趁热用适当的输送装置均匀连续地供给压延机;辊压机的作用也是向压延机供料,供料过程与挤出机没有多大差别,只是将挤出改为辊压,所供料的形状只限于带状;压延机通常以辊筒数目及排列方式进行分类。根据辊筒数目,压延机有双辊、三辊、四辊、五辊、六辊。双辊压延机也称为开放式炼胶机或滚压机。主要用于原材料的塑炼和压片。压延成型常以三辊或四辊压延机为主。三辊压延机辊筒的排列方式有 I 型、三角型等几种,四辊压延机辊筒的排列方式有 I 型、倒 L 型、正 Z 型、斜 Z 型等,如图 5-20 所示。由于四辊压延机对塑料的压延比三辊压延机多压延了一次,因而可生产较薄的薄膜,而且厚度均匀,表面光滑,辊筒的转速可大大提高。此外,四辊压延机还可一次完成双面贴胶工艺。至于五辊、六辊压延机的压延效果当然更好,但设备太复杂庞大,目前还没有普遍使用。

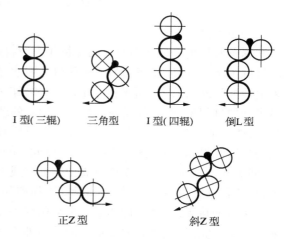

图 5-20　常见的压延机辊筒排列形式

辊筒常用铸钢或合金钢制造,辊筒直径为 0.6~1.2 m,为便于加热,辊筒结构可采用中空式或内部钻孔式,如图 5-21 所示。中空式辊筒的壁厚约为 100 mm,内部钻孔式辊筒由于均匀分布的孔与辊筒表面较近,故与中空式辊筒相比,内部钻孔式辊筒对加热温度的控制更准确、稳定,辊筒表面温度更均匀,温差可小于 1℃。但内部钻孔式辊筒的制造费用比中空式辊筒的高,刚性较差。

图 5-22 和图 5-23 是压延机和压延成型制品图。

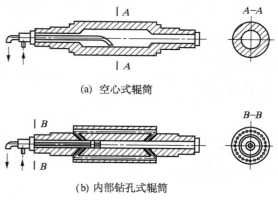

(a) 空心式辊筒

(b) 内部钻孔式辊筒

图 5-21　辊筒的结构

压延成型具有加工能力大,生产速度快、产品质量好,生产连续、可以实现自动化等优点,其主要缺点是设备庞大,前期投资高,维修复杂,制品宽度受压延机辊筒长度的限制。

图 5-22　片材压延机　　　　　　　　　　图 5-23　压延产品

⑦ 热成型

热成型是利用热塑性塑料的片材作为原料来制造塑料制品的一种塑料成形方法。原料片材可用浇铸、压延或挤出等方法获得。因此，热成型可以认为是二次成形。热成型可以用来生产内凹外凸的半壳形塑料制品。如杯、碟、化工容器、雷达罩、洗衣机内胆、冰箱内胆等。热成型的过程是：先将裁成一定尺寸和形状的塑料片材夹在框架上，塑料片材被加热至热弹状态，然后借助施加的压力使塑料片材贴近模具的型面，得到与模具型面相仿的形状，经冷却脱模后获得制品，如图 5-24 所示。热成型的基本方法有差压成型、覆盖成型、柱塞助压成型、回吸成型、对模成型、双片热成型等不同成形方法。各种热成型方法主要包括 5 个基本内容：片材的夹持、片材的加热、成型、冷却和脱模。其中片材的夹持由夹持框架完成；片材的加热由加热系统完成，加热系统常采用红外线辐照式；成型和脱模由模具和真空系统、压缩空气系统完成；成型后的冷却有内冷与外冷两种形式。内冷是通过模具的冷却来实现，模具采用金属模。外冷用风冷法或空气-水雾法，模具材料除金属材料外，还可根据制品的生产数量与质量采用木材，石膏，酚醛、环氧树脂、聚酯等塑料。

图 5-24 和图 5-25 分别是塑料热成型原理示意图和塑料片材热成型机示意图。

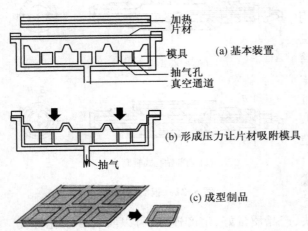

图 5-24　塑料热成型原理示意图

图 5-25　塑料片材热成型机

热成型适应的塑料种类有聚苯乙烯、聚甲基丙烯酸甲酯、聚氯乙烯、ABS、聚丙烯,聚酰胺、聚碳酸酯和聚对苯二甲酸乙二酯等。

与注射成型相比热成型的特点是生产率高(如采用多槽模生产时,生产速度可达1 500件/分钟),设备投资少,能生产面积大的塑料制品。缺点是后续加工工序多,成本高。目前注射成型和热成型的发展都比较快,尤其是热成型的发展更引人注目。

⑧ 浇铸成型

塑料的浇铸成型是借鉴液态金属浇铸成型的方法而形成的。其成形过程是将已准备好的浇铸原料(通常是单体经初步聚合或缩聚的浆状物或聚合物与单体的溶液等)注入模具中并使其固化(完成聚合或缩聚反应),从而获得与模具型腔相吻合的塑料制品。浇铸成型主要适用于流动性好、收缩小的热塑性塑料或热固性塑料,尤其适宜制作体积大、重量大、形状复杂的塑料件。浇铸时原料是在重力作用下充满型腔的,故称为静态浇铸成型。若改变原料的受力形式,又可发展成其他的浇铸成型方法,如嵌铸成型、离心浇铸成型、搪塑和滚塑成型等。

嵌铸成型又称封入成型,是将各种物体包封在塑料中的一种成形方法。如用透明塑料包封各种生物标本或医用标本、商品样本、纪念品等。透明塑料通常是聚甲基丙烯酸甲酯。在工业中还有借嵌铸成型将某些电气元件及零件与外界环境隔绝,以起到绝缘、防腐蚀、防震动破坏等作用,嵌铸塑料一般为环氧树脂塑料类。

离心浇铸是将液态塑料注入旋转的模具中,在离心力作用下使其充满回转体形的模具,再使其固化定型而获得制品的一种成形方法。滚塑是靠液态塑料自重作用流动并粘附于旋转模具的型腔壁上,经固化定型获得制品的一种成形方法。它与离心浇铸的主要区别在于离心浇铸的转速比滚塑成型的转速大。共同之处是塑料制品的形状多为空心圆柱体或近似圆柱形,如轴套、齿轮、转子、垫圈等。

搪塑又称涂凝成型。它是用糊状塑料制造空心软制品(如玩具)的一种成形方法。其成形过程是将糊状塑料(塑性溶胶)倾倒至预先加热的模具(只有阴模)中,接近模壁的塑料便会因受热而胶凝,然后将没有胶凝的塑料倒出,并将附在模子上的塑料进行热处理(烘熔),再经过冷却后便可从模具中取出空心制品。

滚塑成型是将定量的粉状树脂装入模具中,通过外加热源加热模具,在此同时模具进行缓慢的公转和自转,从而使树脂熔融并借助自身的重力均匀地涂布于整个模具内腔表面,最后经冷却脱模后得到中空制品的方法。即滚塑成型将经历装料→加热→冷却→成形脱模四个步骤,如图5-26所示。

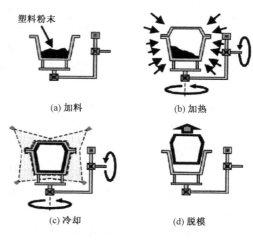

(a) 加料　　　　(b) 加热

(c) 冷却　　　　(d) 脱模

图5-26　滚塑成型示意图

滚塑是制造大型中空塑料制品最经济的方法,尤其是在模具中使用石棉、氟塑料等不粘材料可生产局部有孔或敞口的塑料制品,因而已越来越多地用于生产大型厚壁的塑料管道、塑料球、塑料桶等。

浇铸成型的生产特点是:投资小(因浇铸成型时不施加压力,对模具和设备的强度要求不高),产品内应力低,对产品的尺寸限制较小,可生产大型制品。缺点是成形周期长,制品的尺寸准确性较低。

⑨ 发泡成型

发泡成型用来生产泡沫塑料。所谓泡沫塑料是以树脂为基础而内部具有许多微气孔的塑料制品,又称多孔塑料或微孔塑料。泡沫塑料具有密度低、绝热、绝缘、吸震、吸音等性能,常被用作绝热、绝缘材料,吸震材料,隔音材料,漂浮材料等。若泡沫塑料内各个气孔相互连通,称之为开孔泡沫结构;若泡沫塑料中各个气孔相互分隔,称之为闭孔泡沫结构。开孔或闭孔泡沫结构可由生产方式确定。泡沫塑料的发泡方法有物理发泡、化学发泡和机械搅拌发泡三种。它们的共同之处是待发泡的复合物必须处于液态或粘度在一定范围内的塑性状态。

泡沫塑料根据其弹性模量的大小可分为软质泡沫塑料、半硬质泡沫塑料和硬质泡沫塑料。在23℃和50%相对湿度时弹性模量大于7 000 Pa 的泡沫塑料称为硬质泡沫塑料,小于700 Pa 的称为软质泡沫塑料,介于7 000 ~ 700 Pa 的称为半硬质泡沫塑料。应该注意,即使弹性模量相当的泡沫塑料,其他力学性能可能有较大的差别。

泡沫塑料也可根据密度分为低发泡、中发泡和高发泡泡沫塑料。低发泡泡沫塑料密度大于 $0.4 \mathrm{~g/cm^3}$,即气体/固体比值小于1.5;中发泡泡沫塑料密度在 $0.1 \sim 0.4 \mathrm{~g/cm^3}$ 之间,即气体/固体比值在 $1.5 \sim 9$ 之间;高发泡泡沫塑料密度小于 $0.1 \mathrm{~g/cm^3}$,即气体/固体比值大于9。

常用于制造泡沫塑料的树脂有:聚苯乙烯、聚氯乙烯、聚乙烯、聚氨酯、脲甲醛、环氧等。

⑩ 塑料的机械加工和修饰

上述塑料的成形方法可认为是塑料的一次成形。有时塑料经一次成形后还需进行机械加工或修饰,这种经一次成形后进行的机械加工称为塑料的二次加工。塑料的机械加工是借用切削金属和木材等加工方法对一次成形的塑料制品或半成品进行加工的总称。是在一次成形后的制品或半成品上进行铣削、钻孔、切螺纹、锯切、剪切、冲切、粘合、焊接、机械连接等工序,目的是进一步提高一次成形后的半成品的尺寸精度、形状精度、位置精度和表面质量。而修饰的目的是去除塑料制品的废边和附生的赘物、美化塑料制品的表面或外观,以提高其性能。塑料的修饰包括锉削、转鼓滚光、抛光、磨削、涂盖金属、溶浸增亮及透明涂层。塑料的二次加工通常是在玻璃态下进行的,具有"冷"、"硬"、"固体状"的特点。在塑料的整个生产过程中,一次成形处于主要地位,它给予制品的初始尺寸,二次加工和修饰处于次要地位。但二次加工和修饰使塑料制品的尺寸、形状、加工精度等更完善。至于塑料一次成形后是否需要继续进行二次加工和修饰,应根据具体情况而定,应考虑制品的结构、精度、生产量、生产成本等因素。

a. 机械加工 切削金属材料的各种方法(如车、铣、磨等)都可以用于塑料的加工,但由于塑料的导热性、刚性不及金属,故切削前选择切削刀具的几何参数及切削条件时,应充分考虑这一特点,力求切屑成为平滑的连续带,以保证经切削后塑料制品表面质量。

由于激光经聚焦后具有极高的功率,塑料能吸收聚焦后的激光并迅速转变成热能,此热能足以将塑料本身烧蚀。因此可以利用激光对塑料制品进行各种封闭曲线或非封闭曲线的切割,如果对激光不进行聚焦以降低其强度,则这样的激光对塑料的作用就会被抑制,仅仅能够熔化塑料而不能烧蚀塑料,以此可对塑料进行焊接,即激光焊接。

热塑性塑料受热会熔化。将两个热塑性塑料件的表面加热至热熔状态.使它们熔接为一体的方法称为塑料件的焊接。塑料件焊接时可用塑料焊条,也可不用塑料焊条而直接在两塑料件表面间进行焊接。使用塑料焊条时,其类型应与被焊塑料件相同或与之主要化学成分相同。塑料焊条的截面常为圆形或三角形。根据加热方式的不同,塑料件的焊接方法可分为加热工具焊接(加热工具为被加热的金属或烙铁)、感应焊接(以金属嵌件放在被焊的塑料件表面之间或涂上金属粉)、热风焊接(焊枪由加热元件、压缩空气管道和喷嘴组成,喷出的压缩空气温度范围约为 200 ~ 400℃)、超声波焊接、激光焊接等。其中热风焊接在工程上应用较广泛,焊缝系数(即缝强度与母材强度之比值)较高,可达 0.7 ~ 0.8。以上各种焊接方法只适用于热塑性塑料制品的焊接,而热固性塑料件可用胶接的方法。所谓胶接是指利用胶粘剂,使塑料与塑料或塑料与其他材料之间连接的方法。胶接方法既可用于热塑性塑料制品,也可用于热固性塑料制品。胶接可以使简单的塑料部件转变为复杂而完整的大件,胶接还可用于修残补缺。关于胶接技术将在后面详叙。

塑料件的连接除用焊接、胶接方法以外还可用机械连接方法,如铆接、螺钉连接等。

b. 修饰 塑料件的修饰方法有转鼓滚光、磨削、抛光、塑料件的表面金属化、塑料的涂饰等。

从本质上来看,转鼓滚光、磨削、抛光也应属于机械加工范畴,但它们的加工目的似乎更倾向于提高制品的表面质量和精度,故将它们归入修饰中叙述。

(a) 转鼓滚光 对于小型塑料模塑制品,为了倒角、去除废边及注口残根、磋光表面等,可采用转鼓滚光的修饰方法。具体操作过程是:先将小型塑料制品连同附加的菱形木块与磨料等放入八角转鼓内,放入的总容量最多不超过转鼓容量的 1/3,随着转鼓的转动,转鼓内的塑料制品与磨料、菱形木块间不断摩擦,起到表面磋光、倒圆角的作用。但被滚光的塑料制品上不应带有易碎的凸出物。

(b) 磨削和抛光 用砂轮或砂带去除塑料制品的废边或注口残根的方法称为磨削。用表面附有磨蚀料或抛光膏的旋转布轮对制品表面进行处理的方法叫做抛光。磨削和抛光后制品的表面质量比转鼓滚光的好。

塑料件表面金属化可以提高其观赏价值,还可代替有色金属件以减轻产品重量、降低成本、改善性能。塑料件的表面金属化应用范围非常广泛。使塑料件表面金属化的方法主要有化学电镀和真空镀膜两种。

(c) 化学电镀 塑料是绝缘材料,不导电,若要在其表面进行电镀,应先解决导电问题。通常用化学浸镀的方法使塑料表面事先沉积一层导电的金属层,过去是用喷雾镀银来解决,由于银的价格较贵,可用铜或镍代替昂贵的银,所以现在一般是沉积铜或镍。有了导电层,塑料就可以像金属制品一样进行电镀。为使导电层与塑料结合牢固,在沉积导电层以前,应对塑料表面进行处理,使其粗化,增加其亲水性。在塑料表面吸附一层易氧化的物质,可以加快沉积导电层的反应,这种处理称为敏化活化处理,常以酸洗或碱洗来实现。所以,化学电镀法的全过程共分四个步骤:表面粗化、表面敏化活化、沉积导电层和电镀。电镀后的金属膜层厚度为 30 ~ 100 μm。

(d) 真空镀膜　　真空镀膜是在高度真空($1.3 \times 10^{-2} \sim 1.3 \times 10^{-3}$ Pa)条件下,使金属加热蒸发并吸附于被镀塑料件的表面形成一层金属膜。真空镀膜的金属膜层较薄,一般仅为 $0.01 \sim 0.1$ μm,它与塑料基体的结合牢度差。所以被镀塑料件镀前和镀后都要进行处理。基本工艺过程是:清洗→烘干→涂底漆→真空喷镀→涂面漆→检验。真空镀膜与化学电镀相比,有消除污染、减轻劳动强度、提高劳动生产率和成本低等优点。真空镀膜可用于塑料薄膜、玩具、望远镜、日用装饰品、家用电器零件等的表面镀膜。

(e) 塑料的烫印(热转印)　　塑料烫印工艺是将附在某一物体(称为载体)上的一层金属膜或颜料层通过加热加压的办法转移到塑料制品表面上的工艺。若用一种像图章一样的紫铜模具,在加热情况下,将烫印箔压印入印刷品上,烫印金黄色图纹或文字,就称为烫金。现在烫印技术发展很快,可烫印银、蓝、绿、红等多种带金属光泽的颜色,还可以烫印自然纹理,如木纹、大理石纹以及各种图案。还可做大面积的平面烫印和凸纹烫印,如各种塑料家具表面木纹装饰、音箱壳的木纹等。还可将制品突出部分烫以仿镀铬或仿金属切削痕迹的表面。大平面烫印和凸纹烫印都是利用硅橡胶平膜或辊子加热进行直压或辊压进行的。烫印箔可采用聚酯薄膜为载体,先涂上一层色层(起染色和脱离作用),然后真空镀上金属。烫印工艺的优点是能在一次操作中施用几种色彩,而且不妨碍花纹或图案的清晰和光滑,缺点是生产率低。

(f) 塑料的涂饰　　塑料的涂饰是将油脂或树脂溶液(即涂料)涂敷在塑料制品的表面上,形成界面层,起到隔离热、光、氧、水蒸气、腐蚀性气体和液体的作用,从而保护或改善制品表面性能。也有为弥补制品表面孔洞、刀痕等缺陷或丰富色彩、增加光泽等美化目的而进行的。所以涂饰分保护性和装饰两类。涂饰的方法有刷涂、浸涂、辊涂和喷涂几种,其中喷涂分手工、自动(借助压缩空气)、静电喷涂和无气喷涂(借助高压泵)等。

装饰类中的静电植绒,是指用静电场的作用在塑料表面用粘合剂印上花纹,然后在静电场将有色短绒毛直立地粘附其上,再加热使粘合剂固化,获得外观上类似立绒的塑料制品。

(3) 工程塑料的成形工艺

成形工艺正确与否,直接影响制品的成形性能、生产率和制品质量。以下简述注射成型、压塑成型的工艺参数制订。其他成形方法的工艺参数可参考相应的手册或资料来制订。

① 注射成型工艺

注射成型工艺过程包括成形前的准备、注射过程和制件的后处理。

a. 成形前的准备　　为使注射过程顺利进行、保证制品的质量,注射前应对所要用的设备和塑料做好准备工作。第一次使用某种塑料或某台注射机之前,或在生产中需改变产品、更换颜色、调换原料时,必须对注射机(主要是料筒)进行清洗或拆换,在模腔表面上适量均匀地涂喷脱模剂以利塑料制品从模腔中脱出。除注射聚酰胺类塑料外,一般均可用硬脂酸锌作脱模剂,而注射聚酰胺类塑料通常用液体蜡作脱模剂。成形前还应对成形的塑料进行外观(如色泽、粒度、形状及均匀性等)和工艺性能(如流动性、稳定性、收缩性和含水量等)等方面进行检测。对易吸湿的聚碳酸酯、聚酰胺、聚砜和聚甲基丙烯酸甲酯等塑料,成形前必须进行干燥处理。常在100℃以下玻璃化温度以上的温度范围内进行干燥处理,使物料的湿度控制在0.4%以下。

　　b. 成形过程　准备好的物料、设备、模具只有在合理的工艺参数条件下操作,才能获得优质的成形制品。注射成型的主要工艺参数有温度、压力和时间。

　　(a) 温度　注射成型过程中需要控制的温度有料筒温度、喷嘴温度和模具温度等。料筒温度与喷嘴温度主要影响塑料的塑化和流动,模具温度主要影响塑料的流动和冷却。对于无定型塑料,料筒末端最高温度应高于其流动温度 T_f 而低于分解 T_d,对于结晶型塑料,料筒末端温度应高于熔点 T_m 而低于分解温度 T_d。不同类型的注射机由于对塑料塑化过程不同,故其料筒温度不同。一般螺杆式注射机的料筒温度比柱塞式注射机的低 10~20℃。为使塑料的温度平稳地上升到塑化温度,料筒的温度分布应是不均匀的,一般遵循"前高后低"的原则,即从后端(料斗一侧)至前端(喷嘴一侧)的温度是逐渐升高的(料斗和喷嘴的位置参见图 5-7)。喷嘴温度应略低于料筒最高温度,以防止熔料在直通式喷嘴发生"流涎现象",而由喷嘴低温产生的影响可以从塑料注射时所发生的摩擦热得到一定补偿,但喷嘴温度也不能过分低,否则会因此造成熔料的早凝而堵死喷嘴或者由于早凝料注入模腔中影响塑料制品的性能。为便于塑料熔体的定型和制品的顺利脱模,模具温度(低于玻璃化温度)应保持恒温,一般在 40~60℃范围内。总之,温度的选择应充分考虑制品的塑料种类、结构和其他工艺条件。在注射压力较低、制品的壁厚较小时,应选择较高的料筒温度和模具温度。

　　(b) 压力　注射成型过程需要控制的压力有塑化压力和注射压力等。塑化压力又称背压,是指采用螺杆式注射机时,螺杆头部熔料在螺杆转动后退时所受到的压力。这种压力大小是通过液压系统中的溢流阀来调整的。当塑料的种类、制品的质量要求和螺杆转速不变的情况下,增加塑化压力可以提高熔料的温度,能使熔料的温度波动小、色料混合均匀,还能排出熔料中的气体。但是,增大塑化压力的同时,会减小熔料的塑化速率,延长成形周期。注射压力是指在注射成型时,柱塞或螺杆的头部对塑料所施加的压力。注射压力的作用是克服塑料从料筒流向型腔的流动阻力,给予熔料充模的速率以及对熔料进行压实。注射压力的大小取决于塑料制品的质量、塑料的种类、注射机类型、模具结构、模具的浇注系统、模温和料筒温度等。

　　(c) 时间　注射成型的时间可以通过成形周期来体现。所谓成形周期即完成一次注射成型过程所需的时间。它包括注射时间(指充模和保压时间)、模内冷却时间和其他时间(指开模、脱模、喷涂脱模剂、安放嵌件和闭模等),注射时间和冷却时间对制品的质量具有决定性的影响。充模时间一般不超过 10 s,保压时间一般为 20~120 s(特厚塑料制品可达 5~10 min)。冷却时间主要取决于塑料的壁厚、模温、塑料的热性能和凝固性能等因素,一般约为 30~120 s,决定冷却时间的原则是:在保证塑料制品脱模时不变形的前提下尽可能取低值。过长的冷却时间不仅延长了成形周期、降低生产率,对形状复杂的塑料制品还会造成脱模困难。成形周期中的其他时间则与生产过程自动化程度有关。生产中应通过合理组织管理,减少这些时间。总之,成形周期的长短,直接影响生产率和设备利用率。生产中应在保证塑料制品质量的前提下尽量缩短成形周期中的各阶段时间。

　　表 5-2 提供了部分塑料注射成型时的主要工艺参数。

　　c. 塑料制品的后处理　塑料经注射成型、脱模或机械加工之后,常需要进行适当的后处理,以提高和改善塑料制品的性能。塑料制品的后处理主要是指退火和调湿处理。

表 5-2　部分塑料注射成型工艺参数

塑料	料筒温度/℃	喷嘴温度/℃	模腔表面温度/℃	注射压力/MPa
聚乙烯	200～270	200～240	50～90	70～150
聚丙烯	210～280	200～260	50～70	70～120
聚苯烯	180～260	200～230	40～60	80～150
ABS	180～260	200～230	50～90	80～150
聚酰胺	230～260	210～230	40～60	90～140
聚碳酸酯	280～320	260～270	80～100	100～150
聚甲基丙烯酸甲酯	210～240	200～220	40～70	100～150

（a）退火处理　是使塑料制品在一定温度的加热液体介质（如热水、热油等）或热空气循环烘箱中静置一段时间，以消除塑料制品中的内应力，退火温度常常控制在制品使用温度以上 10～20℃，或低于塑料的热变形温度 10～20℃。温度过高会使塑料制品发生变形或翘曲，温度过低则达不到退火目的。退火时间视制品壁厚而定。退火后的冷却应缓慢冷却至室温，若太快，可能会重新引起内应力而前功尽弃。

（b）调湿处理　聚酰胺类塑料制品在高温下与空气接触时会氧化变色，同时，在空气中使用或存放易吸收水分而膨胀，使尺寸不稳定。只有经过长时间后达到吸湿平衡其尺寸才能稳定下来。若将刚脱模的聚酰胺类塑料制品放入热水中进行调湿处理，可以隔绝空气，有效防止高温氧化，加速达到吸湿平衡。这种方法叫做调湿处理。

② 压塑成型工艺

压塑成型过程包括安放嵌件、加料、闭模、排气、硬化和脱模等几个阶段。控制压塑过程的主要工艺参数有压塑压力、温度和时间等。

a. 压塑压力　在压塑成型过程中，由压机对塑料所施加的迫使塑料充满型腔并硬化的压力叫做压塑压力。压塑压力大小的确定受诸多因素的影响，如被压塑的塑料和模具预热与否，制品的高度、密度等。通常预热的塑料所需的压塑压力比不预热的小，提高模具温度有利于降低压塑压力。但模具温度不能提高过高，否则会使靠近模具的塑料出现局部过热或该处的塑料会过早地硬化而失去降低压塑压力的可能性。在其他条件不变的情况下，制品的高度越高、模具的深度越大，则所需的压塑压力越大；制品要求的密度越大，则要求压塑压力越大。

b. 压塑温度和时间　压塑温度指压塑成型所规定的模具温度。压塑温度越高，成形周期越短。经过预热的塑料，由于内外温度较均匀，塑料的流动性好，其压塑温度可以比不预热的高些。压塑厚度较大的塑料制品时，由于导热性差，其成形时间就长，以避免内层达不到应有的硬化。增加压塑温度虽可以加快传热速率，但制品表面容易发生过热现象。因此，压塑厚大的制品时，不是增加而是降低压塑温度。此外，压塑时间除与压塑温度有关外，还与压塑压力、制品的结构形状等有关。一般为 30 秒到几分钟。

表 5-3 为部分热固性塑料压塑成型的主要工艺参数。

压塑成型的预先处理和后处理内容与注射成型相似，在此不作详述。

表 5-3 部分热固性塑料压塑成型的工艺参数

塑料类型	压塑压力/MPa	压塑温度/℃
酚醛	7 ~ 42	146 ~ 180
脲甲醛	14 ~ 56	135 ~ 155
环氧树脂	0.7 ~ 14	145 ~ 200
有机硅塑料	7 ~ 56	150 ~ 190

（4）塑料制品的结构工艺性

塑料制品的形状、尺寸大小等对成形工艺和模具结构的适应性称为塑料制品的结构工艺性。塑料成形时，成形工艺的正确制订是获得优质塑料制品的前提，合理的温度、压力、时间是获得优质塑料制品的保证。但是，制品的结构设计应尽可能适应成形过程，必须有利于粘流态熔料的流动，有利于充满模具型腔和制品的脱模，有利于成形模的制造。因此，在进行塑料制品的结构设计时，应保证在满足使用性能的条件下易于成形。具体设计原则如下：

① 制品的壁厚应均匀。为保证塑料的流动性，制品的最小壁厚不得小于 1 mm，通常取 1 ~ 4 mm，大型制品的最小壁厚可达 6 mm 或更厚。

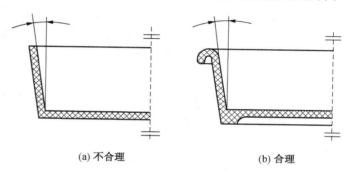

(a) 不合理　　　　　(b) 合理

图 5-27 塑料制品开口处的翻边和脱模斜度

② 制品的开口部分应设计出翻边凸缘，以增加该处的刚度，如图 5-27（b）为合理。

③ 为保证制品的顺利脱模，应有一定的脱模斜度（35′ ~ 1°20′），还应避免制品有内凸的形状，如图 5-28（a）为合理。

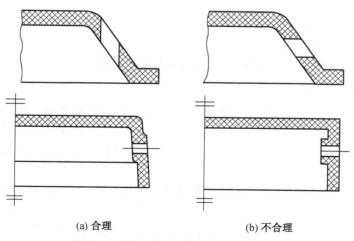

(a) 合理　　　　　(b) 不合理

图 5-28 便于脱模的塑料制品结构设计

④ 要避免以整个平面作支承面,在高壁或大面积的平底部分应设计加强筋,以增大其刚度与强度,如图5-29(b)为合理。

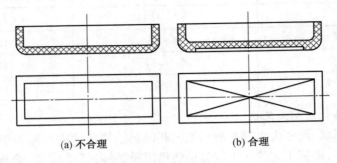

(a) 不合理   (b) 合理

图5-29 设计加强筋

⑤ 为保证制品的强度,制品中的孔与壁边的距离应不小于孔径,如图5-30(b)为合理。

⑥ 一些受力的制品,可在其中心嵌金属芯,以增加强度和刚度。

⑦ 两壁相连处,应有圆角过渡。

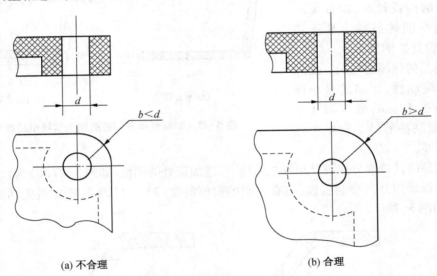

(a) 不合理   (b) 合理

图5-30 制品的孔与壁边的距离

5.1.2 橡胶的成形

工业橡胶的主要成分是生胶。生胶基本上是线型非晶态高聚物,其结构特点是由许多能自由旋转的链段构成柔顺性很大的大分子长链,通常呈卷曲线团状。当受外力时,分子便沿外力方向被拉直,产生变形,外力去除后又恢复到卷曲状态,变形消失,表现出极高的弹性。

橡胶具有很高的弹性,但由于生胶分子链之间相互作用力很弱,易产生塑性变形,使其强度低、耐热性差、耐寒性也差。遇高温发粘,遇冷发脆。在溶剂中会溶解。天然橡胶的最高使用温度为80℃,合成橡胶硅橡胶、氟橡胶的最高使用温度可达250℃;天然橡胶的最低使用温度为−55℃,合成橡胶硅橡胶的最低使用温度可达−96℃。经过硫化处理后和炭黑增强的橡胶,具有较高的强度,可达 25～35 MPa,并具有良好的耐磨性。

1）橡胶的种类

橡胶有天然橡胶和合成橡胶两大类,按照应用范围橡胶还可分为通用橡胶和特种橡胶。

（1）天然橡胶

天然橡胶是橡胶树流出的胶乳经过加工制成的固态生胶。其主要成分是异戊二烯高分子化合物。

（2）合成橡胶

合成橡胶是由生胶、配合剂及骨架材料组成的。

生胶是指未经硫化处理的橡胶。其分子结构为线型的或带有支链型的大分子长链,分子中有不稳定的双键存在,因而其弹性很高,但强度及耐磨性差。配合剂是指为改善生胶的性能而添加的各种物质。主要包括硫化剂、促进剂、活化剂、软化剂、填充剂、防老化剂和着色剂。骨架材料是指为增加橡胶制品的承载能力,减少变形而在胶料中加入的某些纤维或织品。常用的骨架材料有合成纤维、石棉纤维、布、金属丝网等。

合成橡胶主要有丁苯橡胶（SBR）和顺丁橡胶（BR）两种。

① 丁苯橡胶　是应用最广、产量最大的一种合成橡胶。它是以丁二烯和苯乙烯为单体形成的共聚物。丁苯橡胶的性能主要受苯乙烯含量的影响,随着苯乙烯含量的增加,丁苯橡胶的耐磨性、硬度增大而弹性下降。丁苯橡胶比天然橡胶质地均匀,耐磨、耐热、耐老化性能好,但成形加工困难,硫化速度慢。丁苯橡胶广泛用于制造轮胎、胶布、胶板等。

② 顺丁橡胶　是丁二烯的聚合物。其特点是具有较高的耐磨性,比丁苯橡胶高 26%。顺丁橡胶的原料易得,发展很快,产量仅次于丁苯橡胶。广泛用于制造轮胎、三角胶带、减震器、橡胶弹簧、电绝缘制品等。

（3）特种合成橡胶

① 丁腈橡胶（NBR）　丁腈橡胶是丁二烯和丙烯腈的共聚物。丙烯腈的含量一般控制在 15%～50% 之间,过高会失去弹性,过低则不耐油。丁腈橡胶具有良好的耐油性及对有机溶液的耐蚀性,有时也称耐油橡胶。此外,它有较好的耐热、耐磨和耐老化性等。但它耐寒性和电绝缘性较差,加工性能也不好。这类橡胶主要用于制造耐油制品,如输油管、耐油耐热密封圈、储油箱等。

② 硅橡胶　硅橡胶的分子结构中以硅原子和氧原子构成主链。这种链是柔顺链,极易于内旋转,因此硅橡胶在低温下也具有良好的弹性,此外,硅氧键的键能极高,这就使硅橡胶的热稳定性很高。硅橡胶品种很多,目前用量最大的是甲基乙烯基硅橡胶。其加工性能好,硫化速度快,能与其他橡胶并用,使用温度为 −70～300℃。硅橡胶主要用于制造各种耐高温、耐低温的橡胶制品,如管道接头、高温设备的垫圈、衬垫、密封件以及高压电线、电缆的绝缘层。

2）橡胶制品的成形方法

橡胶成形加工是用生胶（天然胶、合成胶、再生胶）和各种配合剂（硫化剂、防老化剂、填充剂等）用炼胶机混炼而成混炼胶（又称胶料）,再根据需要加入能保持制品形状和提高其强度的各种骨架材料（如天然纤维、化学纤维、玻璃纤维、钢丝等）,经混合均匀后放入一定形状的模具中,并在通用或专用设备上经过加热、加压（即硫化处理）,获得所需形状和性能的橡胶制品。

橡胶制品的成形与工程塑料制品的成形有许多相似之处。

橡胶的成形若按生产设备的不同可分为两类：其一是在平板硫化机中模压成型，其二是在注射机中注射成型；若按成形方法分，主要有压制成型、压铸成型、注射成型和挤出成型等。其中的在平板硫化机中压制成型方法，由于其成形模具和设备比较简单，通用性强，故该方法的应用最广。

（1）压制成型

是将具有一定可塑性的胶料，经预制成简单的形状后填入敞开的模具型腔，闭模后经加热、加压硫化后，获得所需形状的橡胶制品的方法。压制成型的模具结构简单，通用性好，操作方便。压制成型在橡胶的生产中应用很广。

（2）压铸成型

又称传递法成型或挤胶法成型。是将混炼过的、形状简单而且限量的胶条或胶块半成品置于压铸模的型腔中，通过压铸塞的压力挤压胶料，并使胶料通过浇注系统进入模具型腔中硫化定型的方法。压铸成型过程中，可以增强橡胶与金属嵌件的结合粘附力，模具在工作过程中由于先合模后加料，因而模具不易损坏。因此，该方法在橡胶制品生产中逐渐被广泛应用。压铸成型适用于制作普通压制成型不易压制的薄壁、细长的制品以及形状复杂难于加料的橡胶制品，而且制品致密性好，质量优越。

（3）注射成型

又称注压成型，它是利用注射机或注压机的压力，将预加热成塑性状态的胶料经注压模的浇注系统注入模具型腔中硫化定型的方法。注射成型时常采用自动进料、自动控制计时、自动脱模。因此，注射成型的硫化时间、成形时间短，生产率高，还能减少生产中的准备工作，大大减轻工人的劳动强度，制品质量稳定，可以生产大型、厚壁、薄壁及几何形状复杂的制品。

（4）挤出成型

又称压出成型，它是橡胶制品生产中的一项基本的成形方法。挤出成型的生产过程是在挤出机中对胶料加热与塑化，通过螺杆的旋转，使胶料在螺杆和机筒筒壁之间受到强大的挤压力并不断地向前移送，通过安装在机头的成型模具（口模）而制成各种截面形状的橡胶型材半成品，以达到初步造型的目的。挤出成型的优点是胶料通过挤出机机头螺杆旋压，使混炼胶得到进一步混炼和塑化，故所得的半成品致密度高；此法使用的口模结构简单、便于制造、拆装方便、易于保管和维修；成形过程易实现自动化。缺点是只能挤出形状简单的直条型材（如管、棒、板材等）或预成形半成品，不能生产精度高、断面形状复杂的橡胶制品和带有金属嵌件（骨架）的橡胶制品。

3）橡胶制品的成形设备及成形模具

成形设备、成形模具、成形工艺是橡胶制品生产的必要条件。成形设备多为平板硫化压机、液压机、注射机等。平板硫化压机有单层式或多层式，其中的平板是铸钢件，结构内部有用蒸汽加热平板的互通管道，被加热的平板再将热量传递给模具。液压机多为油压机，油压机由外加电阻丝（镍铬丝）电热元件加热平板，并装有自动控制时间继电器。油压机与上述专用橡胶平板硫化机（蒸汽加热）相比精度高、效果好，但价格也高于蒸汽硫化平板机。注射机有专用的橡胶注射机,也有用塑料注射机改制而成。橡胶模具根据成形方法分压制成型模具、压铸成型模具、注射成型模具、挤出成型模具等,橡胶模具材料多为碳钢(常用45钢、T8 A、T10 A 或 65Mn)和不锈钢,碳钢模具经调质处理和表面镀铬处理(镀铬层为0.005 ~ 0.011 mm)后再抛光,使型腔表面粗糙度小于 Ra 1.6 μm。橡胶成形时的压力和温度必须适宜,蒸汽加热的平板硫化机蒸汽压力为 0.4 ~ 0.5 MPa,硫化温度控制在(143 ~151) ±2℃ 范围内,工作压力控制在 12 ~ 15 MPa 范围内。液压机的工作压力控制在 10 ~15 MPa。注射机的工作压力一般为 100 ~140 MPa,硫化温度为 140 ~185℃。

橡胶压制成型时所需的坯料与塑料压制成型时的不同,前者不是粉料而是半成品胶料。压制前将胶料压制成一定厚度和宽度的胶片,然后剪切成形或由切胶机切成胶条,或由冲切机冲裁成圆环,或用压(挤)设备压(挤)出一定形状的胶绳,再按模具结构、型腔大小进行截断称重,置于模具型腔中经硫化定型获得橡胶制品。由此可见,几乎每一个橡胶制品成形前都要准备一个形状与其相似的半成品胶料。成形时半成品胶料的重量不宜过多,否则会使硫化时形成许多外溢胶边(飞边),造成胶料浪费,又影响外观质量;半成品胶料的重量也不宜过小,否则会使制品因缺胶造成缺陷、微孔而报废。加入型腔中半成品胶料的重量应控制在制品重量加上 5% ~10% 的飞边流失重量的范围内。

4)橡胶制品的成形过程

橡胶制品的生产过程是:生胶塑炼→生胶混炼→成型→硫化。

生胶塑炼的目的是提高生胶的可塑性。由于弹性的生胶很难与配合剂充分均匀地混合,使后续成型加工困难。生胶通过塑炼后,使橡胶分子发生裂解,减小相对分子质量而增加可塑性。塑炼通常在滚筒式塑炼机上进行,生胶放在两个相向旋转的滚筒之间(滚筒温度为 40 ~50℃),承受轧扁、拉长、撕裂等机械力的作用以及空气中氧的作用,并借助于摩擦生热使温度升高,促使生胶分子链被扯断裂,可塑性增大。此外,也可直接向生胶中通入热压缩空气,在热和氧作用下,促使生胶分子裂解,以增加其可塑性。

混炼是使生胶和配合剂混合均匀的加工过程。先将塑炼后的生胶在滚筒式炼胶机上预热,再按一定的顺序放入配合剂。一般应先放入防老化剂、增塑剂、填料等,最后放入硫化剂和硫化促进剂,这样可避免过早硫化而影响后续成型工序的进行。混炼时要不断翻动、切割胶层,并掌握适宜的温度和时间,以保证混炼质量。

橡胶的成形是指将经过混炼的胶料按照前述的压制成型、压铸成型、注射成型、挤出成型等方法获得与模具形状适应的半成品。

经过成形后的橡胶半成品,在成形过程中只是发生物理变化的形状改变,分子之间没有产生交联,因此缺乏良好的物理机械性能,实用价值不大,必须进行硫化处理。当橡胶半成品中加入硫化剂以后,经热处理或其他方式能使橡胶分子之间产生交联,形成三维网状结构,这一过程称为硫化。经过硫化处理的橡胶,其性能大大改善,尤其是橡胶的定伸应力、弹性、硬度、拉伸强度等一系列物理机械性能都会大大提高。

按硫化条件可分为冷硫化、室温硫化和热硫化三类。

(1)冷硫化

可用于薄膜制品的硫化,制品在含有 2% ~5% 氯化硫的二硫化碳溶液中浸渍,然后洗净干燥即可。

（2）室温硫化

硫化过程在室温和常压下进行，如使用室温硫化胶浆（混炼胶溶液）进行自行车内胎接头、修补等。某些大型的橡胶制品（如橡皮船等）常采用自然硫化胶浆，成形后在常温下放置几天甚至几十天让其逐渐自然硫化。

（3）热硫化

除了模压法常将制品成形与硫化同时进行外，其他方法成形后的橡胶半成品都需再送入硫化罐内进行硫化。大多数橡胶制品的硫化需要加热到 130～160℃左右，加压并保压一段时间后再取出。热硫化是橡胶制品硫化的主要方法。根据硫化介质及硫化方式的不同，热硫化又可分为直接硫化、间接硫化和混气硫化三种方法。

① 直接硫化　将制品直接置入热水或蒸汽介质中硫化。

② 间接硫化　制品置于热空气中硫化，此法一般用于某些外观要求严格的制品，如胶鞋等。

③ 混气硫化　先采用空气硫化，而后再改用直接蒸汽硫化。此法既可以克服蒸汽硫化影响制品外观的缺点，也可以克服由于热空气传热慢而导致硫化时间长和易老化的缺点。

橡胶硫化剂分无机和有机两大类。前一类有硫黄、一氯化硫、硒、碲等。后一类有含硫的促进剂（如促进剂 TMTD）、有机过氧化物（如过氧化苯甲酰）、醌肟化合物、多硫聚合物、氨基甲酸乙酯、马来酰亚胺衍生物等。用得最普遍的是元素硫和含硫化合物。

硫化是橡胶加工中的最后一个工序，经过硫化后的橡胶称硫化胶。

5.1.3　胶粘剂及其胶接工艺

胶粘剂可以对热塑性塑料或热固性塑料进行粘接。实际上，胶粘剂不仅可以胶接塑料制品，而且可以在塑料-金属，金属-金属，金属-陶瓷等非塑料的同种或异类材料之间进行胶接。如今，许多领域都离不开胶接技术。胶粘剂在工业、农业、交通、医学、国防以及人们生活各个方面，起着越来越重要的作用。甚至在某些领域里，胶接技术已逐渐替代传统的连接技术——焊接、铆接、螺纹和螺栓连接，成为一门独立的学科。胶接技术与焊接、铆接相比，具有如下优点：

① 适当的胶粘剂在正确的胶接工艺条件下，可以胶接任何材料、各种形状截面的零部件。

② 由于胶接技术是通过胶粘剂在整个被粘接表面上起作用，应力分布均匀，不存在局部的高应力区，受振动时胶接处不会遭受破坏，表现出很好的耐疲劳强度。

③ 使用胶接技术，可以得到刚性好、重量轻、装配简单的结构。如一台大型雷达采用胶接结构后，重量可以减轻 20% 左右；一架重型轰炸机用胶接技术代替铆接后，重量可下降34% 左右。

④ 胶接件的表面光滑，密封性好。光滑的连接表面对于高速飞行的飞机或飞行器以及曲面要求严格的雷达反射面等都具有重要意义。良好的密封性能可以提高零部件的防漏性能，延长使用寿命。

⑤ 经胶接后的零部件可以获得某些特殊性能，如导电性、绝缘性、导热性、导磁性等。

⑥ 胶接工艺简单，生产效率高，成本低。

胶接虽然有上述多种优点，但也存在有机胶胶接强度相对较低，耐温性差，易老化失效等缺点,这些不足应引起足够的重视,也是胶接技术今后应改进的方向。

1) 胶接的理论基础

胶接理论涉及表面物理、表面化学、高分子化学、无机化学、电学等多学科,因此,很难用一种理论来解释胶接现象。某一种理论只能部分地说明胶接问题。以下几种理论分别从不同的角度解释胶接机理。

① 吸附理论 吸附理论认为,当胶粘剂和被胶接物的分子在两相界面上接触时,胶粘剂中的聚合物高分子自溶液或熔融体迁移至被胶接物表面,使聚合物高分子的极性基团逐渐接近被胶接物表面的极性基团,当它们二者官能团和被胶接物表面之间的距离与分子间力的作用半径大小差不多(约 5×10^{-8} cm)时,聚合物高分子被吸附,并达到平衡。若胶粘剂的分子极性大,则吸附力大。

② 化学键理论 化学键理论认为,胶粘剂与被胶接物通过化学反应形成化学键而牢固粘接,由于化学键的强度比分子间的作用力(范德华力)高许多倍(1~2 个数量级),故形成化学键的粘附力最强,是最理想的胶接连接。

③ 扩散理论 扩散理论认为胶接是由于胶粘剂中聚合物高分子的端头或链节穿过最初接触面的扩散形成的。对于聚合物高分子来说,扩散的实质就是它们的溶解。因此,可以根据聚合物的相容性来确定其胶接能力。

④ 静电理论 静电理论认为,胶接的粘附力是由于胶粘剂和被胶接物之间的静电引力作用而产生的。

⑤ 机械理论 机械理论是最早提出的胶接理论。该理论认为,液态胶粘剂渗入被胶接物的微观多孔的表面,经固化后胶粘剂与被胶接物之间相互咬合,犹如钩、锚那样实现被胶接物间的牢固连接。机械理论要求被胶接物的表面应存在一定的粗糙度,而光滑的表面胶接时机械咬合作用不大。

2) 胶粘剂的组成、分类及其特点

胶粘剂的主要组成是粘性基料或凝胶物质、固化剂和各种助剂。粘性基料或凝胶物质在胶接工艺中起粘附作用,有天然与合成、无机与有机之分,如有机胶粘剂中的天然胶质(鱼胶、骨胶等)、合成树脂(如环氧树脂、酚醛树脂等)、橡胶液等,无机胶粘剂中的硅酸盐、磷酸盐等凝胶物质。固化剂的作用是与粘性基料起化学反应,形成网状交联结构,从而提高粘性基料的粘附力。各种助剂的作用是改善胶粘剂的某种性能(如韧性、电性能、耐温性、强度等)和满足某种要求(如便于操作、降低成本等)。常用的助剂类型有增韧剂、偶联剂、改性剂、稀释剂、填料等。

胶粘剂的种类繁多,目前国内外还没有统一的分类方法。常用的分类方法有:

① 按粘性基料的化学类型分:有机胶粘剂和无机胶粘剂两大类。

② 按外观形态分:有糊状、粉状、胶棒、胶带、溶剂型胶液和液态胶等。

③ 按胶接工艺分:有厌氧胶、热熔胶、常温固化胶、中温固化胶和高温固化胶等。

④ 按用途分:有结构胶、非结构胶、特种胶。

各类胶中结构胶具有较高的强度和较好的耐温性、耐环境性能、耐疲劳性能,有较高的韧性和能够承受较大负荷,如能长期承受大于 15 MPa 的剪切强度。特种胶是满足某种特殊性能和要求的胶粘剂,如耐高温胶、耐超低温胶、压敏胶、光敏胶、应变胶、导电胶、密封胶、导磁胶、绝缘胶等。

3）常用胶粘剂

（1）有机胶粘剂

① 环氧胶粘剂　环氧胶粘剂是以环氧树脂为粘接基料的胶粘剂。目前常用的环氧树脂主要是双酚 A 型的，它对许多工程材料（如金属、玻璃、陶瓷等）均有很强的粘附力。

由于环氧树脂是线型高聚物，本身不会固化，所以必须加入固化剂，使其形成体型结构，才能发挥其优异的物理、力学性能。常用的固化剂有胺类、酸酐类、咪唑类和聚酰胺树脂等。

环氧树脂固化后会变脆，为了提高冲击韧度，常加入增塑剂和增韧剂，如对苯二甲酸二丁酯、丁腈橡胶等。环氧胶粘剂常用作各种结构用胶。

② 改性酚醛胶粘剂　酚醛树脂固化后有较多的交联键，因此它具有较高的耐热性和很好的粘附力。但脆性较大，为了提高韧性，需要进行改性处理。

由酚醛树脂与丁腈混炼胶混合而成的改性胶粘剂称为酚醛-丁腈胶。它的胶接强度高，弹性、韧性好，耐振动，耐冲击，具有较广的使用温度范围，可在 - 50 ~ 180℃ 之间长期工作。此外，它还耐水、耐油、耐化学介质腐蚀。主要应用于金属及大部分非金属材料的结构中，如汽车刹车片的粘合，飞机中铝、钛合金的粘合等。

由酚醛树脂与缩醛树脂混合而成的胶粘剂称为酚醛-缩醛胶。它具有较高的胶接强度，特别是冲击韧度和耐疲劳性好。同时，也具有良好的耐老化性和综合性能，适用于各种金属和非金属材料的胶接。但其耐热性能比酚醛-丁腈胶差。

（2）无机胶

无机胶主要有磷酸型、硼酸型和硅酸型。目前工程上最常用的是磷酸型。

磷酸型胶粘剂的组成如下：

磷酸（相对密度为 1.7）100 ml ⎫
氢氧化铝（化学纯）5 ~ 10 g ⎬ 磷酸铝 1 ml ⎫ 调制成胶
氧化铜（180 目以上）3.5 ~ 4.5 g ⎭ ⎭

与有机胶粘剂相比，无机胶有下列特点：

① 优良的耐热性，长期使用温度为 800 ~ 1 000℃，并具有一定的强度，这是有机胶无法比拟的。

② 胶接强度高，抗剪强度可达 100 MPa，抗拉强度可达 22 MPa。

③ 较好的低温性能，可在 - 196℃ 下工作，强度几乎无变化。

④ 耐候性、耐水性和耐油性良好，但耐酸、碱性较差。

4）胶接接头设计

胶接接头的设计包括接头的几何形状、搭接形式、搭接长度和宽度、对称性等内容。为获得最好的胶接效果，进行接头设计时应遵守

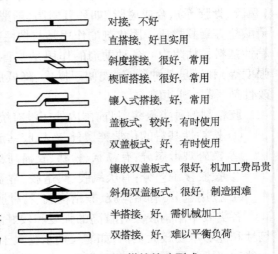

对接，不好

直搭接，好且实用

斜度搭接，很好，常用

楔面搭接，很好，常用

镶入式搭接，好，常用

盖板式，较好，有时使用

双盖板式，好，有时使用

镶嵌双盖板式，很好，机加工费昂贵

斜角双盖板式，很好，制造困难

半搭接，好，需机械加工

双搭接，好，难以平衡负荷

图 5-31　搭接接头型式

以下原则:受力方向应取在胶接强度最大的方向上;尽可能获得大的胶接面积;胶层薄而且连续;避免应力集中。

常见的接头形式有对接、搭接、角接、T形接等。

图5-31是对接和各种搭接的接头形式,其中楔面搭接是简单接头中效果最好的,其应力均匀分布在整个胶接面上,避免了单搭接接头所特有的应力集中;斜角搭接接头也有良好的应力均匀分布特点,且强度比直搭接接头高。但是斜角搭接和楔面搭接不适合薄片金属的搭接。

直角接头承受撕裂或劈裂应力时极容易受到破坏。可通过在拐角处的加强(如图5-32所示)来达到提高其接头强度的目的。

实心棒的对接胶接,可以通过增加胶接面积来达到增大粘附力的目的(如图5-33所示)。其中A型接头承受弯曲外力的能力较差,而承受拉伸、压缩和扭转外力的能力较好;B~D型接头承受拉伸、压缩、扭转、弯曲等外力的能力都较好。

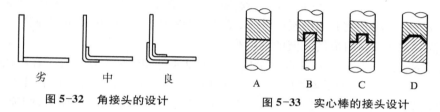

图5-32　角接头的设计　　　　图5-33　实心棒的接头设计

圆筒或管状接头,由于壁薄、胶接面积小,胶接强度不高,可以通过增大接头处的接触面积(如图5-34所示)以增大粘附力。

5)胶接前的表面处理

被胶接物的表面在胶接前往往要进行表面处理,经表面处理后更有利于胶接,可提高胶接处的强度和耐久性。表面处理的目的一是除去不利胶接的水分、油渍、油污和灰尘;二是改变被胶接物表面的物理化学性质。如在某些金属制品表面用化学法获得活性的、致密的特种氧化膜,或造成特定的粗糙度,或在某些惰性塑料表面形成有活性基团的易于胶接的特殊表面层等。

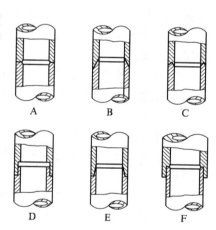

图5-34　管状接头的设计型式

常用的表面处理方法有:溶剂(包括水)擦洗;溶剂脱脂和蒸汽脱脂;机械打毛(如摩擦、喷砂、喷丸等);化学清洗和腐蚀;脱脂、机械粗化和化学处理联合使用等五种。

6)胶粘剂的选择

胶粘剂的作用是将经过处理的被胶接物牢固地连接起来。正确合理地选用胶粘剂,是胶接工艺中较为重要的一项工作。选用胶粘剂的一般原则是:

①　根据被胶接物的材料种类、性质和受力情况进行选择。大多数胶粘剂对金属材料间的胶接有较好的适应性,对不同材料间的胶接应考虑它们的热膨胀系数和固化温度,应选择两种材料都适用的胶粘剂。对受力大的零部件,应选择胶接强度高的胶粘剂,如环氧结构胶、聚氨酯等。

②　根据被胶接物的形状、结构和施工条件等情况进行选择。热塑性塑料、橡胶制品和

电器零件等不能经受高温;大型零件移动搬运困难,加热不便,应避免选用高温固化胶。一些薄而脆的零件,一般不能施加压力,不应选用加压固化胶。在流水生产线上应选用室温快干胶。在多道不同温度的加工过程中,前道胶接工序应采用耐温性高的胶粘剂,后道胶接工序采用耐温性低的胶剂。

③ 选用胶粘剂时还应考虑经济性和安全性。在其他条件许可的前提下,应尽量选择成本低、施工方便、低毒或无毒性的胶粘剂。

7)影响胶接质量的因素

胶接接头的强度取决于被胶接物及胶粘剂的性质、接头形式及其几何形状、环境条件等。具体表现在以下几方面:

① 热膨胀系数的影响　两被胶接物的热膨胀系数相差越大,胶接接头的质量越差。若两被胶接物的膨胀系数相差很大时,常选用低弹性模量的胶粘剂作为缓冲过渡层。

② 胶粘剂性质的影响　浸润是产生胶接的重要条件,浸润的好坏直接影响胶接质量。粘度低的胶液与被胶接物表面的浸润性好,则产生的粘附力大,胶接接头的强度高。一般由分子量较低的粘性基料组成的胶液的粘度小。

③ 温度和压力的影响　减小胶粘剂的粘度可以通过加热来实现。有时在胶接时(特别是寒冷的冬天)常常对被胶接物的表面加热至 $40 \sim 60℃$,待胶粘剂涂于其上可以显著降低其粘度,提高其浸润能力。胶接过程中,若对被胶接表面间的胶层施加压力,则能促使胶粘剂钻入粗糙的微孔中,提高浸润能力,增大接头的粘附力。

④ 水分的影响　被胶接表面或胶粘剂中含有过多的水分都会降低接头质量,有时会引起接头脱胶。

⑤ 表面处理情况的影响　被胶接物的表面状态,如表面化学结构、性质、清洁度、粗糙度和表面温度等都直接影响表面粘附力的大小,因此,对胶接接头强度有很大的影响。

8)胶接工艺过程

胶接方法的基本工艺过程是:

① 接头设计　根据零部件的结构、受力特征和使用的环境条件进行接头的形式、尺寸的设计。

② 胶粘剂的选择　根据前述的胶粘剂选用原则,选择合理的胶粘剂。

③ 表面处理　对于胶接接头的强度要求较高、使用寿命要求较长的被胶接物,应对其表面进行胶接前的处理。如机械打毛、清洗等。

④ 配胶　将组成胶粘剂的粘性基料、固化剂和其他助剂按照所需比例均匀搅拌混合,有时还需将它们在烘箱或红外线灯下预热至 $40 \sim 50℃$,以降低粘度,利于浸润,增加粘附力。

⑤ 装配与涂(注)胶　将被胶接物按所需位置进行正确装配或涂胶(有的涂胶在装配前),涂胶的方法有涂刷、辊涂、刀刮、注入等。胶粘剂应力求涂匀,胶层厚度要适中,一般无机胶的胶层厚度控制在 $0.1 \sim 0.2$ mm,有机胶胶层厚度控制在 $0.05 \sim 0.1$ mm 为宜。当涂有胶粘剂的表面发粘时,应立即进行胶接,胶接时可施以适当的压力,直至两胶接面牢固结合,在去除压力后也不会分离为止。还应注意排除在胶接前或胶接过程中释放出的挥发性气体,以防由于微小气泡存在于胶接层而降低强度。

⑥ 固化　固化是在一定的温度和压力下进行的。每种胶粘剂都有其自己的固化温度,

交联在一定的固化温度下才能充分进行。固化压力通常为$(2.9 \sim 98) \times 10^4$ Pa。

9）胶接工艺实例

胶接技术应用极广,有同质材料的胶接,也有异类材料的胶接。以下仅介绍几种胶接工艺。

（1）冲模导柱、导套与固定板的胶接

冲模的导柱、导套与固定板的传统连接方法是过盈配合。导柱、导套外径比孔径大0.03 mm左右,加工精度要求高,一般为一级精度。配合孔要在镗床上加工,加工成本较高。如果不用镗床,配合精度由钳工保证就比较困难。若采用胶接时内外圆加工精度要求可以大为降低,配合间隙可大到0.06 ~ 0.4 mm。间隙的大小是根据所选的胶粘剂来确定的,冲模胶接若选用无机胶粘剂或环氧胶粘剂,单面间隙可控制在0.1 ~ 0.2 mm,若选用高强型厌氧胶胶粘剂,单面间隙控制在0.03 ~ 0.08 mm。

根据胶粘剂的不同,常用的导柱、导套胶接工艺有以下几种:

① 环氧胶胶接导柱与固定板、导套与固定板　配方由140 g无规羧基丁腈橡胶与E-51环氧树脂的预反应物、填料等和20 g的051固化剂组成。

将预反应物和填料适当加热至50℃左右,加入051固化剂搅拌均匀即可使用。

将导柱、导套、固定板等需胶接部位用汽油清洗,丙酮清洗,晾干,涂胶,装配并注意保证模具要求的精度。然后将装配件放入烘箱中60℃固化1 h,再120℃固化2 h,随炉冷却。

若胶缝较大,也可以将被胶接件清洗后装配,不需胶接处涂脱模剂,放入烘箱中预热至80℃热透,在胶缝上的一边灌注环氧胶,使其充满全部间隙,再放入烘箱内固化。

② 氧化铜无机胶胶接导柱与固定板、导套与固定板　配方由3.5 ~ 4 g的氧化铜和1 cm³的磷酸等组成。

被胶接部位的表面处理与用环氧胶时的表面处理相同。

先称取适量氧化铜于铜板上,滴加磷酸于氧化铜上,用刀片不断搅拌,并不断挑起胶糊观察成丝情况,待成丝长度在30 ~ 40 mm时停止加磷酸,形成所需的胶粘剂。然后将胶粘剂涂于被胶接部位。装配,室温固化后再在100℃固化3 ~ 4 h。

③ 厌氧胶胶接导柱与固定板、导套与固定板　被胶接件的表面处理与前相同,这种胶是单组分,不需配制,不需要加热固化,室温固化快,是近年来研制、开发、推广应用的胶粘剂。

（2）刹车片的胶接

汽车刹车片多为石棉纤维填充的酚醛压制而成,若用铆钉、螺钉与钢板基体连接,经过使用一段时间后,铆钉头、螺钉头会严重磨损,将会导致刹车片与钢板基体脱落,影响车辆的安全性能。如今已改用胶接方法将刹车片与钢板基体连为一体。其胶接工艺过程是:先对钢板基体和刹车片进行砂布打磨或喷砂,再用溶剂清洗、干燥。然后在处理好的表面上涂506胶一次,晾20 ~ 30 min,再重复一次;然后在80℃预热1 h,趁热装配并在29.4×10^4 Pa的压力,180℃的温度下固化2 h,冷至60℃以下取出。经如此胶接后的刹车片耐水、耐油、耐热性好,耐久性也好,能在 -60 ~ +250℃长期使用。

5.2　工业陶瓷及其成形

陶瓷是各种无机非金属材料的通称,是现代工业生产中很有发展前途的一类材料。

5.2.1 陶瓷成形基础

1）陶瓷材料的性能

（1）力学性能

陶瓷材料具有很高的弹性模量和硬度，是各类材料中最高的，比金属高若干倍，比有机高聚物高 2～4 个数量级。如硬度极高的金刚石，其维氏硬度 >6 000 HV，可刻划蓝宝石（氧化铝，维氏硬度 1 500 HV 左右）。陶瓷之所以有这样高的弹性模量和硬度，是由于它具有强大的化学键所致。

陶瓷的塑性变形能力很低，在室温下几乎没有塑性。因为陶瓷晶体滑移系很少，共价键有明显的方向性和饱和性，离子键的同号离子接近时斥力很大，当产生滑移时极易造成键的断裂，再加上有大量气孔存在，所以陶瓷材料呈现出很明显的脆性特征，韧性极低。

由于陶瓷内有气孔、杂质和各种缺陷的存在，所以陶瓷材料的抗拉强度很低，抗弯强度较高，而抗压强度非常高，因受压时裂纹不易扩展。

（2）热性能

陶瓷材料熔点高，具有比金属材料高得多的耐热性。这也是由于它的离子键和共价键的强有力的键合，外层电子处于稳定的结构状态的缘故。此外，它的热膨胀系数低，导热性小，是优良的绝热材料。但陶瓷的抗热振性低，这是它的致命弱点之一。

（3）电性能

陶瓷材料的导电性变化范围很广。由于离子晶体无自由电子，所以大多数陶瓷材料都是良好的绝缘体。但不少陶瓷既是离子导体，又有一定的电子导电性。例如氧化物 ZnO、NiO、Fe_3O_4 等实际上是半导体，可见陶瓷也是重要的半导体材料。此外，最近几年出现的超导材料大多数也是陶瓷材料。

（4）化学性能

陶瓷的组织结构很稳定，这是由于它具有强大的离子键和共价键结合，并且在离子晶体中金属原子被包围在非金属原子的间隙中，形成稳定的化学结构。因此，陶瓷材料具有良好的抗氧化性和不可燃烧性，即使在 1 000℃ 的高温也不会被氧化。此外，陶瓷对酸、碱、盐等介质均具有较强的抗蚀性，与许多金属熔体也不发生作用，因而是极好的耐蚀材料和坩埚材料。

（5）光学性能

氧化铝透明陶瓷的出现，是光学材料的重大突破。透明陶瓷大多是单一晶相组成的多晶材料，1 mm 厚的试片透光率可达 80% 以上。

光学性能对于近代陶瓷材料来讲也占了重要地位，如制造固体激光器材料、光导纤维材料、光存储材料等。这些材料的研究和应用，对通讯、摄影、计算机等具有重要的实际意义。

2）常用工业陶瓷

（1）传统陶瓷（普通陶瓷）

传统陶瓷是以高岭土（$Al_2O_3 \cdot 2SiO_2 \cdot 2H_2O$）、长石 [钾长石（$K_2O \cdot Al_2O_3 \cdot 6SiO_2$）和钠长石（$Na_2O \cdot Al_2O_3 \cdot 6SiO_2$）]、石英（$SiO_2$）为原料配制成的。这类陶瓷的主晶相为莫来石，约占 25%～30%，玻璃相约占 35%～60%，气相约占 1%～3%。通过改变组成物的配比，熔剂、辅料以及原料的细度和致密度，可以获得不同特性的陶瓷。

传统陶瓷质地坚硬,有良好的抗氧化性、耐蚀性和绝缘性,能耐一定高温,成本低、加工成形性好。但由于含有较多的玻璃相,故结构疏松,强度较低;而且在一定温度下会软化,耐高温性能不如近代陶瓷,通常最高使用温度为 1 200℃ 左右。

传统陶瓷包括日用陶瓷和工业陶瓷两大类。日用陶瓷主要用于日用器皿和瓷器,如装饰瓷、餐具等,工业陶瓷主要用于电气、化工、建筑等部门,如绝缘子、耐蚀容器、管道、设备等。

（2）近代陶瓷（特种陶瓷）

① 氧化物陶瓷

氧化物陶瓷可以是单一氧化物,也可是复合氧化物。目前应用最广泛的是氧化铝陶瓷。这类陶瓷以 Al_2O_3 为主要成分,并按 Al_2O_3 的含量不同可分为刚玉瓷、刚玉-莫来石瓷和莫来石瓷,其中刚玉瓷中 Al_2O_3 的含量高达 99%。

氧化铝陶瓷的熔点在 2 000℃ 以上,耐高温,能在 1 600℃ 左右长期使用;具有很高的硬度,仅次于碳化硅、立方氮化硼、金刚石等,并有较高的强度、高温强度和耐磨性。此外,它还具有良好的绝缘性和化学稳定性,能耐各种酸碱的腐蚀。氧化铝陶瓷的缺点是热稳定性低。

氧化铝陶瓷广泛用于制造高速切削的刀具、量规、拉丝模、高温炉中的炉衬或炉管、坩埚材料、空压机泵零件、内燃机火花塞等。由于氧化铝能耐钠蒸气侵蚀和具有 90% 的光透明度,故可用来制作钠蒸气照明灯泡。

除氧化铝陶瓷外,还有氧化锆、氧化镁、氧化钙、氧化铍陶瓷等氧化物陶瓷。

② 氮化物陶瓷

周期表中第 Ⅲ—Ⅵ 族的过渡元素,均可生成高熔点氮化物,它们的化学稳定性好。最常用的氮化物陶瓷是氮化硅（Si_3N_4）和氮化硼（BN）陶瓷。

氮化硅陶瓷具有良好的耐磨性,摩擦系数小,有自润滑性,化学稳定性高,可耐各种无机酸和碱溶液的腐蚀,并能抵抗熔融铝、铅、镍等非铁金属的侵蚀,具有优异的绝缘性。可用来制造各种泵的密封环、热电偶套管、切削刀具、高温轴承等。

氮化硼陶瓷具有石墨型六方结构（又称白石墨）,具有自润滑性,在高压和 1 360℃ 温度时,六方氮化硼转变为立方结构的 β-BN,相对密度为 3.45,它能耐高温,具有极高的硬度,且能抗高温达 2 000℃,已成为仅次于金刚石硬度的新型超硬材料。常用作高温轴衬、高温模具、耐摩擦零件等。还可用作金属切削刀具材料,以适应高硬度金属材料（调质、淬火钢）、高强度钢和耐热钢的精加工,以及有色金属的低粗糙度加工等。

③ 碳化物陶瓷

碳化物陶瓷有 SiC、WC、TiC 等。这类材料具有高的硬度、熔点和化学稳定性。它具有较高的高温强度,其抗弯强度在 1 400℃ 时仍保持在 500~600 MPa,而其他陶瓷在 1 200℃ 时抗弯强度已显著下降。热压碳化硅陶瓷目前是高温强度最高的陶瓷。此外,它还具有很高的热传导能力,较好的热稳定性、耐磨性、耐蚀性和抗蠕变性。

碳化硅陶瓷可用来制造工作温度高于 1 500℃ 的零件,如火箭喷嘴、热电偶套管、高温电炉零件、核燃料的包封材料以及砂轮、磨料等。

（3）金属陶瓷

金属陶瓷是把金属的热稳定性和韧性与陶瓷的硬度、耐火度、耐蚀性综合起来而形成的具有高强度、高韧性、高耐蚀和高的高温强度的新型材料。

① 氧化物基金属陶瓷

这是目前应用最多的金属陶瓷。在这类金属陶瓷中,通常以铬为粘结剂,其含量不超过 10%。由于铬能和 Al_2O_3 形成固溶体,故可将 Al_2O_3 粉粒牢固地粘结起来。此外,铬的高温性能较好,抗氧化性和耐蚀性较高,所以和纯氧化铝陶瓷相比,改善了韧性、热稳定性和抗氧化能力。

氧化铝基金属陶瓷的特点是热硬性高(达 1 200℃),高温强度高,抗氧化性良好,与被加工金属材料的粘着倾向小,可提高加工精度和降低表面粗糙度。但它们的脆性仍较大,且热稳定性较低,主要用作工具材料,如刀具、模具、喷嘴、密封环等。

② 碳化物基金属陶瓷

碳化物基金属陶瓷应用较为广泛,常用作工具材料,通常又称为硬质合金。另外也作为耐热材料使用,是一种较好的高温结构材料。

硬质合金一般以钴为粘结剂,其含量在 3% ~ 8%。含钴量较高,则韧性和结构强度愈好,但硬度和耐磨性稍有下降。常用的硬质合金有 WC-Co、WC-TiC-Co 和 WC-TiC-TaC-Co 硬质合金。其性能特点是硬度高,达 86 ~ 93HRA(相当于 69 ~ 81HRC),热硬性好(工作温度达 900 ~ 1 000℃),用硬质合金制作的刀具的切削速度比高速钢高 4 ~ 7 倍,刀具寿命可提高几倍到几十倍。

近年来发展起来的钢结硬质合金的粘结剂为合金钢(高速钢或铬钼钢)粉末,且含量很高(50% ~ 65%)。它的热硬性与耐磨性略逊于一般硬质合金,但韧性好,并可进行锻造、热处理和切削加工,可用于制造各种形状复杂的刀具。

高温结构材料中最常用的是碳化钛基金属陶瓷,其粘接金属主要是 Ni、Co,含量高达 60%,以满足高温构件的韧性和热稳定性要求。其特点是高温性能好,如在 900℃ 时仍可保持较高的抗拉强度。碳化钛基金属陶瓷主要用作涡轮喷气发动机燃烧室、叶片、涡轮盘以及航空、航天装置中的某些耐热件。

3) 坯料的成形性能

陶瓷成形过程包括原料处理、坯料制备、坯体成形、坯体干燥上釉、烧结成陶瓷制品等工序。其中,坯体成形工序直接决定了陶瓷制品的质量。坯料是坯体成形所需的原料,坯料对坯体成形工艺的适应性叫做坯料的成形性能。用于坯体成形的坯料按照成形方式的不同可分为可塑泥团、浆料和粉料等形式。

(1) 可塑泥团的成形性能

可塑性是泥团的主要成形性能之一。可塑泥团是由固相、液相和少量气相组成的弹性-塑性系统,在外力作用下具有弹性和塑性行为,其含水量为 18% ~ 25%。影响泥团可塑性的因素有:固相颗粒大小和形状、原料的种类和液相的性质及数量。通常泥团中固相的颗粒愈细小,则比表面愈大,每个颗粒表面形成水膜所需水分愈多,泥团的可塑性则愈高;板片状、短杆状颗粒的比表面比球状和立方体颗粒的比表面大得多,故前两者颗粒形成的泥团的可塑性比后两者的高;水分是泥团出现可塑性的必要条件,适量的水才能使泥团达到最大的可塑性,水分过多或过少均不利,一般将在可塑性成形时泥团达到最大可塑性时的含水量称为可塑水分。此外,液体的表面张力也影响泥团可塑性,加入表面张力大的液体可提高泥团的可塑性。

坯体成形时要求可塑性泥团能长期保持塑性状态,易于流动和变形。

（2）泥浆的成形性能

泥浆是注浆成形时所用的坯料,其中含水量在28%～35%之间。其成形性能取决于泥浆的流动性、吸浆速度、脱模性、挺实性、加工性等。此外还受注浆成形过程中的物理-化学变化(如脱水、化学凝聚)的影响。

泥浆具有良好的流动性是注浆成形的首要条件。影响流动性的因素有:

① 固相含量、颗粒大小和形状　固相含量越高、颗粒越细小以及有棱有角的非球形的颗粒,都会增加泥浆流动的阻力,降低泥浆的流动性。

② 泥浆的温度　泥浆温度越高,则其粘度越低,流动性越好。

③ 泥浆的 pH 值　可以通过控制泥浆的 pH 值来提高瘠性料浆的流动性。通常瘠性料浆在酸性介质中的粘度比在碱性介质中的低,即在酸性介质中的流动性较好。

④ 电解质的影响　加入适当电解质可以改善泥浆的流动性。

注浆成形过程中,模型吸浆速度影响坯体的成形速率。各种因素对吸浆速度常数(注件厚度 L 的平方与吸浆时间的比值)的影响见图5-35。

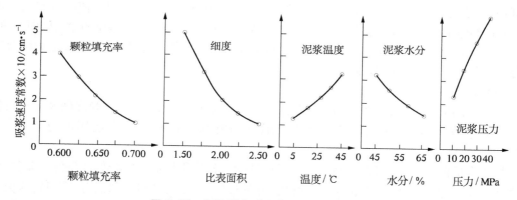

图5-35　各种因素对吸浆速度常数的影响

脱模性是指注浆成形中,当吸浆结束后,坯体脱离模型的难易程度,用离模系数 G 表示。G 为吸浆结束至离模时坯体中固体粒子所占体积百分比的变化,或者说是相当于这两种情况下坯体水分的变化。注浆成形时离模系数要求适当。G 过小,则坯体中水分没有多大变化,因而柔软、疏松,在以后的修坯、干燥过程中容易变形或开裂;若 G 过大,则坯体中水分少,由于在模型内收缩大,也容易开裂。

挺实能力是指脱模时坯体有足够硬度或湿强度、不致变形的能力。注浆成形的泥浆中增加粘土及硅酸钠的含量可以提高坯体的表面强度,但对坯体的平均强度影响不大,使坯体形成内外强度差。注浆坯体脱模后表面和心部的水分是不均匀的,而这种截面上水分的不均匀也会影响注浆坯体脱模时的强度大小。

加工性是指注浆成形的生坯(未经烧成的坯体)能承受钻孔、切割等加工工序的能力。坯体中粘土的含量增多,将提高其加工性,但粘土含量超过30%时,加工性略有减少。

（3）压制用粉料的成形性能

压制成形中粉料的流动性决定着它在模型中的充填速度和充填程度。而粉料的流动性与其粒度、粒度分布、颗粒形状等因素有关。粉料的粒度相同时,粒度很粗或很细时,在一定的压力下压制成形的能力较差;而含有不同粒度的粉料在一定压力下其密度和强度比相同粒度粉料的高;若粉料呈光滑的球形状,则其流动性好,成形性能好。流动性差的粉料难以在压制过程中迅速充满模具,所以,应向粉料中加入润滑剂,以提高其流动性。

4) 调整坯料成形性能的添加剂

为了使坯料适应不同的成形方法,常向坯料中加入添加剂。添加剂的种类及其作用分别为:

(1) 解凝胶

又称解胶剂、稀释剂,主要用于注浆成型。加入解凝胶的目的是改善泥浆的流动性。对于粘土质泥浆,添加剂为无机电解质(如苛性钠、碳酸钠、水玻璃等)、有机酸盐类(如枸橼酸钠、松香皂等)或聚合物电解质(如聚丙烯酸盐、羧甲基纤维素等);而对于瘠性料浆,添加剂为有机盐类或聚合物电解质。

(2) 结合剂

用于可塑成型,加入结合剂的目的是提高可塑泥团的塑性,增加坯体的强度。有两类结合剂:其一多为有机物及其溶液,它们在常温下能将坯料颗粒粘合在一起,使其具有成形能力,但在烧成时,它们便挥发、分解、氧化,这类结合剂也称为粘合剂,如聚乙烯醇、聚丙烯等。其二多为无机物质,它们在常温下能提高坯料的塑性,经烧成后仍留在坯体中,这类结合剂也称为粘结剂,如硅酸盐和磷酸盐等。

(3) 润滑剂

用于压制成型,加入润滑剂的目的是提高粉料的湿润性,减少粉料颗粒之间及粉料与模具之间的摩擦,以增大压制坯体的密度。通常润滑剂为含有极性官能团的有机物(如石蜡)。

加入合适的添加剂,可以提高坯料的成形性能。各种添加剂应符合如下条件:和坯料颗粒之间不发生化学变化,不会影响产品性能;分散性好,利于与坯料均匀混合;有机物应能在较低温度下烧尽,灰分少;氧化分解的温度范围力求宽些,以免引起坯体的骤然分解而破裂。

5.2.2 陶瓷成形方法

陶瓷生产过程是将配制好的符合要求的坯料用不同成形方法制造出具有一定形状的坯体,坯体经干燥、施釉、烧成等工序,最后得到陶瓷制品。成形过程包括原料处理、坯料的制备、坯体成形等过程,而坯体的成形是陶瓷生产中一个非常重要的环节。因此,陶瓷成形方法也就是指坯体的成形方法。常见的坯体成形方法有:可塑成型、注浆成型和压制成型等。本节将着重介绍坯体的成形技术。

1) 注浆法成型

注浆法成型是指将具有流动性的液态泥浆注入多孔模型内(模型为石膏模、多孔树脂模等),借助于模型的毛细吸水能力,泥浆脱水、硬化,经脱模获得一定形状的坯体的过程。注浆法成型的适应性强,能得到各种结构、形状的坯体。注浆法又根据成形压力的大小和方式的不同,可分为基本注浆法、强化注浆法、热压铸成型法和流延法等。

(1) 基本注浆法

基本注浆法的特点是泥浆的浇注、成形过程中不施加外力,浇注、成形是在自然重力条件下进行的。有空心注浆和实心注浆两种,所用的模型为石膏模型。

空心注浆法采用的石膏模型没有型芯(如图5-36所示),泥浆注满模型后,静置一段时间,使模型充分吸浆,当模型内壁粘附的厚度达到所要求的厚度时,倒出多余的泥浆,经干燥收缩、脱模后得到空心坯体。坯体的外形及其尺寸由模型的工作面决定,坯体的厚度主要取决于吸浆时间,同时与模型的温度、湿度以及泥浆的性质有关。空心注浆法适合小件、薄壁制品的成形。

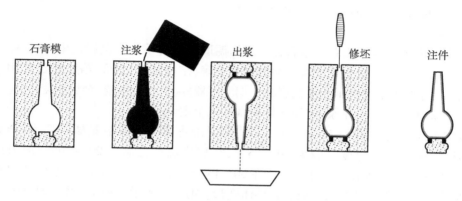

图5-36 空心注浆法示意图

实心注浆法是将泥浆注入外模与型芯之间,注浆过程中由于石膏模具的吸浆作用,泥浆量不断减少,须不断补充,当所注入的泥浆全部硬化后,便可获得坯体(如图5-37所示)。坯体的形状由模型的工作面决定,坯体的厚度由外模与型芯之间的空腔决定。实心注浆法适合于坯体的内外表面形状、花纹不同,大型、壁厚制品的成形。

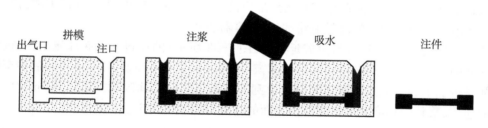

图5-37 实心注浆法示意图

实际生产中,常常根据产品的结构要求将空心注浆法和实心注浆法结合起来,即一件制品里某些部位用实心注浆法,其余部分用空心注浆法成形。

(2) 强化注浆法

在注浆过程中,人为地对泥浆施加外力,以加速注浆过程进行,提高吸浆速度,使坯体强度得到提高。强化注浆法由此得名。强化注浆法有真空注浆、离心注浆和压力注浆等。

① 真空注浆法 在模型外面抽取真空,或将紧固的模型放在处于负压的真空室里,造成模型内外的压力差,以提高注浆成形中的充型能力,提高吸浆速度。真空注浆成形制品的密度高。

② 离心注浆法 将金属离心铸造方法移植到陶瓷的成形中。离心注浆法适合于回转

空心壳体的成形。离心注浆法应注意控制泥浆中固体颗粒的粒度分布,尽可能使固体颗粒的大小均匀一致,以免造成坯体内外表面粒度分布不均匀,收缩不一致,形成内应力。

③ 压力注浆法 通过提高泥浆压力来增大注浆过程的推动力,提高吸浆速度,加速水分的扩散,以缩短注浆和吸浆时间,提高制品的密度和强度。压力注浆的压力分别为:微压注浆压力小于 0.05 MPa,中压注浆压力在 0.15 ~ 0.4 MPa 范围内,高压注浆压力大于 0.4 MPa,可达 3.9 MPa。采用高压注浆成形方法时,由于石膏模型的强度不够,易破裂,因此,应选用强度高的多孔树脂模或无机填料模。

(3) 热压铸成型

热压铸成型是将含有石蜡的浆料在一定的温度和压力下注入金属模中,待坯体冷却凝固后脱模的成形方法。热压铸成型制品的尺寸精确,结构紧密,表面光滑,广泛应用于制造形状复杂、尺寸要求精确的工业陶瓷制品。如电容器件、氧化物陶瓷、金属陶瓷等。

热压铸成型包括制备蜡浆、浇注坯体和排蜡三个主要工序。

蜡浆中的含蜡量一般为 12% ~ 16%。成形时的主要工艺参数是蜡浆温度,金属模温度,成形压力等。蜡浆温度一般为 60 ~ 75℃,金属模温度控制在 20 ~ 30℃,成形压力在 0.3 ~ 0.5 MPa 范围内为宜。坯体中的蜡在 60℃以上开始熔融,120℃以上挥发,含蜡的坯体在高温烧成时会由于石蜡的软化而引起坯体变形,因此,一般在烧成前,先在低于烧结温度下进行排蜡处理。排蜡时,将含蜡的坯体埋在以 Al_2O_3 粉、MgO 粉、SiO_2 粉或滑石粉为主要粉料的吸附剂中,包围着坯料的吸附剂可以支撑着坯料使其不致变形,并且吸附熔融的石蜡,随后石蜡挥发,便可达到排蜡目的。石蜡在 60 ~ 100℃ 的低温下熔化时体积会膨胀,因此,排蜡时的升温应该缓慢,以防起泡分层。

(4) 流延法成形

流延法是生产薄型或超薄型瓷片的成形方法,可成形厚度在 0.05 mm 以下的薄膜。常用于生产电子陶瓷工业中的薄膜电路基片、电容器瓷片等。

流延法的成形过程是:浆料由流延机(如图 5-38 所示)的加料漏斗底部流出,并被流延机嘴前面的刀片刮成一层平整而连续的薄膜,薄膜随基带向前移动,经过烘干箱后转至转鼓下面从基带面上脱离下来。薄膜的厚度由刮刀与基带面间的间隙(如图 5-39 所示)、基带运动的速度、浆料的粘度及加料漏斗内浆面的高度等因素所决定。

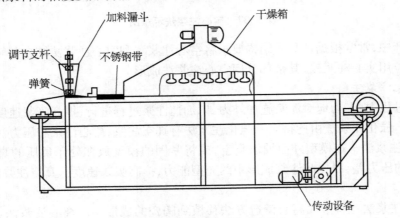

图 5-38 流延机结构示意图

流延法成形没有外力作用,浆料里塑化剂的含量较高,因此坯体的密度较低,烧成时收缩率为 20%~21%。

2)可塑成型

可塑成型是利用可塑性坯料在外力作用下发生塑性变形而制成坯体的方法。可塑成型方法有旋压成型、滚压成型、塑压成型、注塑成形和轧膜成形等几种类型。

（1）旋压成型和滚压成型

旋压成型是利用型刀和石膏模型进行成型的一种成形方法。其成形过程是:将适量的可塑性泥料置于安装在旋坯机上的石膏模中,然后将型刀逐渐压入泥料,

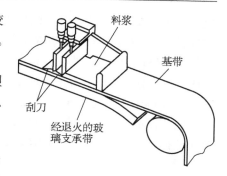

图 5-39 流延机加料部分结构示意图

随着石膏模的旋转和型刀的挤压作用,可塑性泥团被展开形成坯体。坯体的形状由型刀和模具的工作面形状确定,坯体的厚度就是型刀和模具工作面之间的距离。若将旋压成型用的扁平型刀改进成回转体型的滚压头,则上述的旋压成型便演变成滚压成型。滚压成型时,载着可塑性泥料的石膏模型和滚压头分别绕各自的轴线以一定速度同方向旋转,滚压头在旋转的同时逐渐压入泥料,使泥料受滚压作用而形成坯体。滚压成型有阳模滚压和阴模滚压两种(如图 5-40 所示)。滚压成型由于可塑性泥料是在滚压头的作用下均匀展开的,滚压头和泥料的接触面积大,受力由小到大,比较均匀。因此,滚压成型比旋压成型的坯体密度高,强度大,质量好,生产率高。

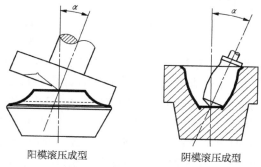

阳模滚压成型　　　　　　阴模滚压成型

图 5-40 滚压成型示意图

（2）塑性挤压成型

塑性挤压成型类似金属模锻。模型常以石膏制造,模型内部盘绕一根多孔性纤维管,以供通压缩空气或抽真空用。成形过程如图 5-41 所示:首先将一定厚度的可塑性泥料置于底

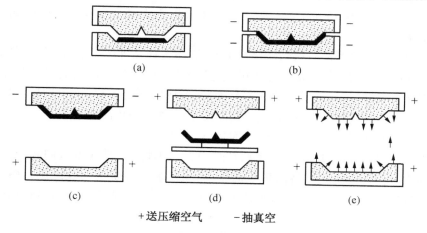

(a)　　　　　　　　　　(b)

(c)　　　　　　(d)　　　　　　(e)

+送压缩空气　　-抽真空

图 5-41 塑性挤压成型示意图

模上(如图(a));合模后上下模抽真空、挤压成型成为坯体(如图(b));稍后向底模通压缩空气,从上模中抽真空,使坯体与底模分离并被吸附于上模(如图(c));然后向上模通压缩空气,使坯体脱模并承放在托板上(如图(d));最后移走托板,向上下模通入压缩空气,使模型内的水分渗出,并用布擦干模型,为下一个坯体的成形作准备(如图(e))。

塑性挤压成型适合于各种碟形、盘类坯体的成形,如鱼盘、方盘、多角形盘碟及内外表面有花纹的制品。优点是在一定压力下成形,故坯体的致密度较高,强度高。缺点是石膏模型容易破损,寿命短,若压制压力较大时,可考虑采用多孔树脂模或多孔金属模等高强度模型。

(3)注射成型

陶瓷的注射成型与工程塑料的注射成型过程相似,在此不详叙。陶瓷注射成型的坯料是由不含水的陶瓷瘠性粉料与结合剂(热塑性树脂)、润滑剂、增塑剂等有机添加物按一定比例加热混合,干燥固化后经粉碎造粒而获得。其中有机添加物的含量通常在 20% ~ 30%,特殊的可达 50% 左右。

经注射成型获得的坯体在烧结前要进行脱脂处理(即清除坯体中的有机添加物)。脱脂时间为 24 ~ 96 h。

注射成型设备主要是柱塞式或螺杆式注射成型机,成型模具采用高强度的金属模。

注射成型的优点是可以生产形状复杂、尺寸精度要求高的制品。缺点是有机添加物含量较高,脱脂时间长,金属模具易磨损,一次性投资较高。

注射成型与热压铸成型有许多相似之处:如两者都包括瘠性料与有机添加物混合、成形、脱脂(排蜡)三个主要工序;它们都是在一定的温度和压力下完成成形的,成型模具都是金属模。不同之处是热压铸成型用的浆料必须在浇注前加热制成可以流动的蜡浆,而注射成型用的是粒状的无水粉料,成形时将粉料装入料斗在料筒里加热至塑性状态,在注入模具的瞬间,由于高温和高压的作用坯料呈流动状态;此外,热压铸成型的压力(常为 0.3 ~ 0.5 MPa)比注射成型的压力(常为 130 MPa)低得多。

(4)轧膜成形

轧膜成形方法与金属板料轧制相似,是生产薄片瓷坯的成形工艺之一。可轧制 1 mm 以下的坯片,常见的是 0.15 mm 左右的坯片。主要应用于电子陶瓷工业中的瓷片电容、电路基片等坯体的轧制。

轧膜用的坯料是由瘠性粉料和塑化剂组成,制坯过程是将预烧过的瘠性粉料磨细过筛,掺入塑化剂并搅拌均匀。然后倒在轧膜机上进行混炼(使粉料与塑化剂充分混合),在混炼过程中须不断吹风,使塑化剂中的溶剂逐渐挥发,形成较厚的膜片,这个过程也称粗轧。粗轧后的厚膜片再经过反复的轧炼,直至达到所要求的厚度为止而成为坯片。轧好的坯片应存放在一定湿度的环境中,以防坯片干燥脆化,还便于冲切。

轧膜成形过程中,由于坯料中固体颗粒受力方向不均匀(沿厚度方向和长度方向的压力较大,宽度方向的压力较小)将出现定向排列,致使坯片在烧成时收缩不一致,制品的力学性能呈现各向异性。轧膜时,若将膜片不断进行 90℃ 调向或反复折叠,可有效减轻制品的各向异性。

3)压制成型

压制成型是将含有一定水分的粒状粉料填充到模具中,使其在压力下成为具有一定形状和强度的陶瓷坯体的成形方法。根据粉料中含水量的多少,可分干压成型(含水量 < 7%)和半干压成型(含水量在 7% ~ 15% 之间),特殊的压制成型方法(如等静压法粉料中的含水量可低于 3%)。

压制成型的设备多为摩擦螺旋压力机或液压机。摩擦螺旋压力机对坯料施压的加速度大、卸压快、保压时间短,不宜用于压制厚坯体。液压机的压力恒定,有足够的保压时间,适宜于压制较厚坯体。

压制成型的加压方式有单面加压、双面同时加压、双面先后加压和四面加压(也称等静压)四种。单面加压,坯料中的压力分布不均匀,靠近施压处的压力大,远离施压处的压力小;双面同时加压,坯料中部的压力较小,可采用双面先后加压,使坯料的压力均匀,又由于两次加压中间有间歇,便于排出坯料中空气;而四面加压坯体所受的压力最均匀,故密度也最均匀。

压制成型的主要工艺参数是成形压力和加压速度。成形压力不够时,坯体的密度和强度低、收缩率大,易变形开裂。工业陶瓷制品的成形压力一般为 40 ~ 100 MPa,等静压成形压力稍高一些,约为 70 ~ 150 MPa。为提高压力的均匀性,通常采用多次加压(3 ~ 4 次)的办法。开始加压时压力不能太大,以利坯料中的气体排出,随后可逐渐加大压力,最后一次加压后提起上模时要慢、要轻,以防残留的空气急速膨胀,使坯体产生裂纹。施压时若同时进行粉料振动,则效果会更好。

5.2.3 陶瓷制品的生产过程

陶瓷制品的生产过程包括坯体成形前的坯料准备工作、坯体成形和坯体的后处理三大内容。

1) 坯体成形前的坯料准备工作

传统陶瓷坯料是用黏土、石英、长石等天然原料,经过拣选、破碎、配料、混合、磨细等工序,制成可塑成型用的可塑性泥团、注浆成型用的浆料、压制成型用的粉料等坯料,为成形作准备。

工程陶瓷和金属陶瓷的坯料制备工序也基本如此,只是一般都采用人工合成的化学原料,对原料的纯度、粒度和分布都有严格的要求,在制备过程中,要加强对化学成分和物理性能的检测与控制,严防有害杂质的混入。

2) 坯体成形

陶瓷制品种类繁多,形状、规格、大小不一,应该正确选择合理的成形方法以满足不同制品的要求。选择成形方法时,可以从以下几方面考虑:

① 根据产品的形状、大小和厚薄。一般形状复杂、尺寸精度要求不高产品可采用注浆法成型,简单的回转体可采用可塑成型中的旋压成型或滚压成型。

② 根据坯料的成形性能。可塑性较好的坯料适用于可塑成型,可塑性较差的坯料应用注浆法成型或压制成型。

③ 根据产品的产量和质量要求。产量较大的产品采用可塑成型,产品批量小的采用注浆法成型。产品质量要求高的采用压制成型。

此外,还应考虑生产的技术经济指标、工厂的设备条件和工人的操作技能与劳动强度等因素。

成形方法确定后,应选择成形设备,制定包括脱脂、排蜡等工序在内的成形温度、压力、成形模具等工艺参数,并严格按照规定的工艺参数进行成形操作,最终得到满足要求的坯体。

3）坯体的后处理

成形后的坯体含有较高的水分,强度较低,在运输和再加工过程中容易变形或破损,所以必须进行干燥。常用的干燥方法有热空气干燥、辐射干燥、高频电干燥、微波干燥和红外线干燥等。经适当干燥后的坯体,先对其施釉(有浸釉、淋釉、喷釉等方法)再送入窑炉内进行高温焙烧,在高温焙烧过程中通过一系列的物理和化学变化使其成瓷,得到陶瓷制品。普通陶瓷的焙烧温度一般为 1 250 ~ 1 450℃,工程陶瓷和金属陶瓷的焙烧温度在 1 450℃ 以上,有时甚至高达 2 000℃ 以上。

5.3 复合材料及其成形

由两种或两种以上物理、化学性质不同的物质,经人工合成的材料称为复合材料。它不仅具有各组成材料的优点,而且还可获得单一材料不具备的优越的综合性能。如钢筋混凝土就是用钢筋与石子、砂子、水泥等制成的复合材料,轮胎是由人造纤维与橡胶复合而成的复合材料。

5.3.1 复合材料的性能特点

（1）比强度和比模量高

在复合材料中,由于一般作为增强相的多数是强度很高的纤维,而且基体材料密度较小,所以复合材料的比强度、比模量比其他材料要高得多。这对宇航、交通运输工具,在保证性能的前提下要求减轻自重具有重大的实际意义。

（2）疲劳强度较高

碳纤维增强复合材料的疲劳极限相当于其抗拉强度的 70% ~ 80%,而多数金属材料疲劳强度只有抗拉强度的 40% ~ 50%。这是因为,在纤维增强复合材料中,纤维与基体间的界面能够阻止疲劳裂纹的扩展。当裂纹从基体的薄弱环节处产生并扩展到结合面时,受到一定程度的阻碍,因而使裂纹向载荷方向的扩展停止,所以复合材料有较高的疲劳强度。

（3）减振性好

当结构所受外载荷频率与结构的自振频率相同时,将产生共振,容易造成灾难性事故。而结构的自振频率不仅与结构本身的形状有关,而且还与材料比模量的平方根成正比关系。因为纤维增强复合材料的自振频率高,故可以避免共振。此外,纤维与基体的界面具有吸振能力,所以具有很高的阻尼作用。

除了上述几种特性外,复合材料还有较高的耐热性和断裂安全性,良好的自润滑和耐磨性等。但它也有缺点,如断裂伸长率较小,抗冲击性较差,横向强度较低,成本较高等。

复合材料的组成有两类物质:一类作为基体材料,形成几何形状并起粘接作用,如金属、陶瓷、树脂等;另一类作为增强材料(如一维的纤维、二维的片材、三维的颗粒料),起提高强度或韧性作用。金属基复合材料,如铝合金系列和钛与铁系列的纤维增强复合材料,主要用作耐热温度高于 300℃ 的材料;陶瓷基复合材料是一种耐热、耐磨损、耐腐蚀的高性能材料,其耐热温度可达400℃以上,有的可高达1 200℃左右。但是,金属基或陶瓷基复合材料的价格昂贵,主要用于航天、航空工业部门,一般工业应用不多见。目前广泛使用的是以树脂为基体材料纤维为增强材料的复合材料,其应用范围广,发展也很快。如在汽车、船舶、通讯、飞机、建筑、电子电气、机械设备、体育用品等方面都有应用。树脂基体纤维增强复合材料的命名方式是:增强材料的名称置前、基体材料的名称置后。例如,以玻璃纤维增强和聚丙烯塑料构成的复合材料称为"玻璃纤维增强聚丙烯基复合材料"或简称"玻璃纤维聚丙烯复合材料"或"玻璃纤维/聚丙烯复合材料"。

5.3.2 复合材料的分类

复合材料依照增强相的性质和形态,可分为纤维增强复合材料、层合复合材料和颗粒复合材料三类。

1）纤维增强复合材料

（1）玻璃纤维增强复合材料

玻璃纤维增强复合材料是以玻璃纤维及制品为增强剂,以树脂为粘结剂而制成的,俗称玻璃钢。

以尼龙、聚烯烃类、聚苯乙烯类等热塑性树脂为粘结剂制成的热塑性玻璃钢,具有较高的力学、介电、耐热和抗老化性能,工艺性能也好。与基体材料相比,其强度和疲劳性能可提高2～3倍以上,冲击韧度提高1～4倍,蠕变抗力提高2～5倍。此类复合材料达到或超过了某些金属的强度,可用来制造轴承、齿轮、仪表盘、壳体、叶片等零件。

以环氧树脂、酚醛树脂、有机硅树脂、聚酯树脂等热固性树脂为粘结剂制成的热固性玻璃钢,具有密度小、强度高、介电性和耐蚀性及成形工艺性好的优点,可制造车身、船体、直升机旋翼等。

（2）碳纤维增强复合材料

碳纤维增强复合材料是以碳纤维或其织物为增强剂,以树脂、金属、陶瓷等为粘结剂而制成的。目前有碳纤维-树脂、碳纤维-碳、碳纤维-金属、碳纤维-陶瓷复合材料等,其中以碳纤维-树脂复合材料应用最为广泛。

碳纤维-树脂复合材料中采用的树脂有环氧树脂、酚醛树脂、聚四氟乙烯树脂等。与玻璃钢相比,其强度和弹性模量高,密度小,因此它的比强度、比模量在现有复合材料中名列前茅。它还具有较高的冲击韧度和疲劳强度,优良的减磨性、耐磨性、导热性、耐蚀性和耐热性。

碳纤维-树脂复合材料广泛用于制造要求比强度、比模量高的飞行器结构件,如导弹的鼻锥体、火箭喷嘴、喷气发动机叶片等,还可制造重型机械的轴瓦、齿轮,化工设备的耐蚀件等。

2）层合复合材料

层合复合材料是由两层或两层以上的不同性质的材料结合而成,达到增强目的的复合材料。

以钢板为基体,烧结铜为中间层,塑料为表面层制成的三层复合材料,它的物理、力学性能主要取决于基体,而摩擦、磨损性能取决于表面塑料层。中间多孔性青铜使三层之间获得可靠的结合力。表面塑料层常为聚四氟乙烯（如 SF-1 型）和聚甲醛（如 SF-2 型）。这种复合材料比单一塑料提高承载能力 20 倍,导热系数提高 50 倍,热膨胀系数降低 75%,从而改善了尺寸稳定性,常用作无油润滑轴承,此外还可制作机床导轨、衬套、垫片等。

夹层复合材料是由两层薄而强的面板(或称蒙皮)与中间一层轻而柔的材料构成。面板一般由强度高、弹性模量大的材料,如金属板、玻璃等组成,而心料结构有泡沫塑料和蜂窝格子两大类。这类材料的特点是密度小,刚性和抗压稳定性高,抗弯强度好,常用于航空、船舶、化工等工业,如飞机、船舶的隔板及冷却塔等。

3) 颗粒复合材料

颗粒复合材料是由一种或多种颗粒均匀分布在基体材料内而制成的。颗粒起增强作用。

常见的颗粒复合材料有两类:一类是颗粒与树脂复合,如塑料中加颗粒状填料,橡胶用炭黑增强等;另一类是陶瓷粒与金属复合,典型的有金属基陶瓷颗粒复合材料等。

航天高新技术对先进复合材料的要求越来越高,促使先进复合材料向几个方向发展:

① 高性能化　包括原材料高性能化和制品高性能化。如用于航空航天产品的碳纤维由前几年普遍使用的 T300 已发展到 T700、T800 甚至 T1000。而一般环氧树脂也逐步被韧性更好、耐温更高的增韧环氧树脂、双马树脂和聚酰亚胺树脂等取代;对复合材料制品也提出了轻质、耐磨损、耐腐蚀、耐低温、耐高温、抗氧化等要求。

② 低成本化　低成本生产技术包括原材料、复合工艺和质量控制等各个方面。

③ 多功能化　航天先进复合材料正由单纯结构型逐步实现结构与功能一体化,即向多功能化的方向发展。

碳纤维增强复合材料(CFRP)是目前最先进的复合材料之一。它以其轻质高强、耐高温、抗腐蚀、热力学性能优良等特点,广泛用作结构材料及耐高温抗烧蚀材料,是其他纤维增强复合材料所无法比拟的。

5.3.3　复合材料的成形方法

1) 树脂基纤维增强复合材料的成形方法

树脂基纤维增强复合材料(又称玻璃钢)的成形方法有手糊成形、层压成形、模压成形、缠绕成形、挤出成形和注射成形等。

(1) 手糊成形

手糊成形是指用不饱和聚酯树脂或环氧树脂将增强材料粘结在一起的成形方法。手糊成形是制造玻璃钢制品最常用和最简单的一种成形方法。用手糊成形可生产波形瓦、浴缸、汽车壳体、飞机机翼、大型化工容器等。手糊成形具有如下优点:操作简单,设备投资少,生产成本低,可生产大型的、复杂结构的制品,适合多品种、小批量生产,且不受尺寸和形状的限制,模具材料适应性广。其缺点是生产周期长,制品的质量与操作者的技术水平有关,制品的质量不稳定,操作者的劳动强度大等。

典型手糊成形的玻璃钢制品的截面结构如图 5-42 所示。制品的厚度一般为 2 ~ 10 mm。有些特殊制品(如大的船体)的厚度可大于 10 mm。

手糊成形工艺所需原材料包括玻璃纤维及其织物、合成树脂等主要材料以及由固化剂、引发剂、促进剂、稀释剂、脱模剂、填料、触变剂等组成的辅助材料。

常用的玻璃纤维及其织物有以下几种:①无捻粗纱,用于喷射成形时填充死角或局部增

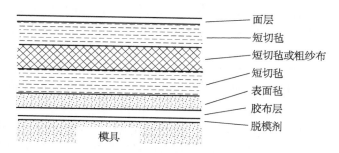

图 5-42 典型玻璃钢结构示意图

强等;②无捻粗纱布;③短切原丝毡;④加捻布;⑤短切纤维,用于填充死角;⑥玻璃布带。

常用的树脂为聚酯树脂和环氧树脂。聚酯树脂具有粘度低、流动性好、容易浸透玻璃纤维、价格便宜等优点,但制品的力学性能不如环氧树脂制品,由于固化收缩大,表面质量较差。环氧树脂具有粘度大、流动性差、价格高、制品的力学性能好、耐水耐碱性好等特点。在选用树脂时,除特殊的力学性能要求较高的制品外,一般都选用聚酯树脂。

手糊成形工艺过程如下:配制树脂胶液,剪裁增强材料,准备模具并在模具上涂刷脱模剂,喷涂胶衣,成形操作、脱模、修边和装配。其中的成形操作主要是指糊制及固化。又根据成形方式的不同分接触成形和低压成形两种,前者包括手糊法和喷射法成形,后者有袋压成形法。它们除成形操作有所差异外,其余均相同(如同样的配胶液,剪裁增强材料……)。

① 手糊法

图 5-43 是手糊法成形操作中的糊制过程示意图。糊制过程为:先在模具上涂刷一层脱模剂,再刷一层胶衣层,待胶衣层凝胶后(即发软而不粘手),立即在其上刷一层树脂,然后铺一层玻璃布,并用手动压辊沿着布的径向,顺一个方向从中间向两边用力滚动,以排除其中的气泡,使玻璃布贴合紧密,含胶量均匀。如此往复,直到达到设计的厚度。每次糊制厚度应小于 7 mm,否则,厚度太厚,固化发热量大,使制品内应力大而引起变形和分层。糊制工作虽然简单,但要求操作者做到快速、准确、含胶量均匀、无气泡及表面平整等。糊制的环境温度应保持在 15℃ 以上,最好在 25 ~ 30℃ 范围内,糊制完成后一般在常温下固化 24 h 后才能脱模,脱

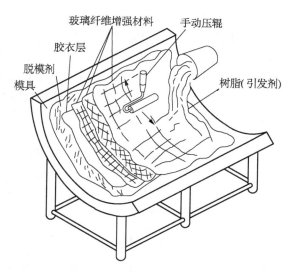

图 5-43 手糊法成形示意图

模后制品的强度在一定时间内会随时间的延长而增加,提高温度可以使强度达到最高值的时间缩短。因此,为了缩短玻璃钢制品的生产周期,常常在脱模后采取加热的后处理措施,通常环氧玻璃钢后处理加热温度控制在 150℃ 以内,聚酯玻璃钢控制在 50 ~ 80℃,一般不超过 120℃。

手糊法成形的模具有单模和对模两种。单模又分阴模和阳模,不论单模或对模都可根据工艺要求设计成整体式或拼装式。模具材料主要有木材、石蜡、水泥、金属、石膏、玻璃钢、陶土等。

当制品的形状是向内凹陷且要求其外表面光滑、尺寸准确时,常用阴模(如图 5-44(a))所示)成形。如生产机头罩、船壳等。若内凹深度太大,则阴模成形操作不便,排气困难,质量不易控制。

当制品的形状也是向内凹陷,但要求其内表面光滑、尺寸准确时,常用阳模(如图 5-44(b)所示)成形。阳模成形操作方便,便于通风,质量容易控制,阳模的应用较为广泛。

当制品要求其内、外表面均很光滑,厚度精确,可采用对模(如图 5-44(c))所示)成形。对模由阳模和阴模两部分组成,并通过定位销连接、定位。成形操作时,阳模在装料、脱模时要经常搬动,对于大制品的成形搬动较困难。因此,对模成形不适宜大制品的生产。

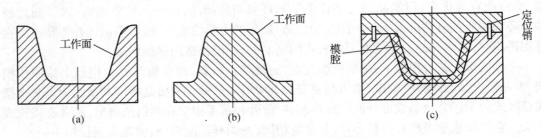

图 5-44　手糊成形模具结构示意图

② 喷射成形

手糊成形操作中的糊制工序如果不用手工而改用喷枪完成,即喷枪将纤维和树脂同时喷到模具上,这种制造玻璃钢制品的方法称为喷射成形。它实际上是半机械化手糊成形。具体操作过程是:加了引发剂的树脂和加了促进剂的树脂分别由喷枪上的两个喷嘴喷出,同时,切割器将连续玻璃纤维切割成短纤维,由喷枪的第三个喷嘴均匀地喷到模具表面上,再用压辊压实,经固化脱模得到制品,如图 5-45 所示。通常喷射速率为 $2 \sim 10$ kg/min。

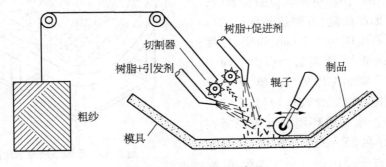

图 5-45　喷射成形示意图

喷射成形应等胶衣树脂凝胶后(发软而不粘手)开始操作,如果没有胶衣树脂,应先在模具上喷一层树脂,然后打开切割器,开始喷射树脂和纤维的混合物。第一层应喷射得薄一些(约 1 mm 厚),然后用短马海毛滚或猪鬃滚仔细滚压,以确保气体充分排出、树脂和固化剂混合均匀以及玻璃纤维被完全浸润。待这一层凝胶后再喷下一层,厚度约为 2 mm,如此重复,直至达到设计厚度。

对于强度要求较高的制品,纤维应用粗纱布,使用粗纱布时,先在模具上喷射足够的树脂,再铺上粗纱布,并用压辊仔细滚压,以利排除气泡,保证树脂和固化剂混合均匀、玻璃纤维被完全浸润。

与手糊法成形相比,喷射成形的优点是:由于半机械化操作,其生产率比手糊法高 2～4 倍;由于用粗纱布代替玻璃布,可降低材料费用;喷射成形没有搭缝,飞边少,制品的整体性好。缺点是树脂含量高,制品强度低,操作现场粉尘大,工作环境差。

③ 袋压成形

袋压成形是在手糊成形的制品上,装上橡胶袋或聚乙烯、聚乙烯醇袋,将气体压力施加到尚未固化的玻璃钢制品表面而使其成形的工艺方法。袋压成形工艺方法包括加压袋压法和真空袋压法,如图 5-46 所示。加压袋法的工作压力为 0.4～0.5 MPa,真空袋压法的压力为 0.05～0.06 MPa。

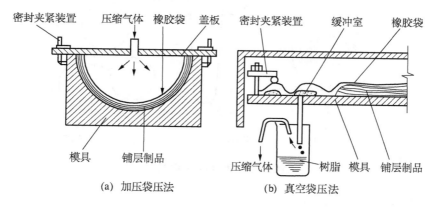

图 5-46　袋压成形示意图

袋压成形的优点是制品的两面都比较平滑,制品的质量高,成形周期短,树脂的适应性广,可适应聚酯、环氧、酚醛树脂等。缺点是成本较高,因受成形设备的限制而不适用于大尺寸制品。

手糊法、喷射成形法、袋压成形法所获得固化后的制品的脱模、修正等工作均相同。

（2）层压成形

层压成形是先将纸、布、玻璃布等浸胶,制成浸胶布或浸胶纸半成品,然后将一定量的浸胶布（或纸）层叠在一起,送入液压机,使其在一定温度和压力的作用下压制成板材（包括玻璃钢管材）的工艺方法。

层压成形的工艺过程是:叠合→进模→热压→冷却→脱模→加工→热处理。

叠合是将准备好的半成品（浸胶布、浸胶纸）按顺序组合成一个叠合体的过程。

进模是将搭配好的叠合体推入多层压机的热板间,等待升温加压。

热压分两阶段:预热阶段和热压阶段。预热阶段是升温至 130～140℃,压力保持在 4～5 MPa 范围内,升温速度不能过快,以 30～45 min 达到预热温度为宜。当树脂沿板坯边缘流出并出现硬化(即不能抽成细丝)时,预热阶段结束,转入热压阶段,并立即升高温度至160~170℃,加大压力至9~10 MPa,保温保压一定时间后制品固化。通常薄制品(<4 mm厚)保温时间不低于3 min/mm,厚制品(>5 mm厚)保温时间不低于5 min/mm。

达到保温时间后立即关闭电源,并维持原有的压力,通冷水或冷风冷却。当温度冷至60~70℃时,可降压脱模,必要时进行适当的机加工。

机加工后的制品可在120~130℃温度范围保温80~90 h,使树脂完全固化,提高制品的性能。

层压成形除可生产层压板外,还可用于玻璃钢卷管的生产,其工艺过程如图5-47所示。浸胶的胶布通过张力辊、导向辊,进入上辊筒,在已加热的上辊筒上受热变软发粘,然后卷入并粘到包有底布的管芯上去。当卷至规定的厚度时割断胶布,将卷好的胶布管芯送进加热炉中进行固化,经脱芯、修饰,便可获得玻璃钢管制品。

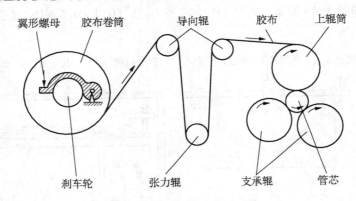

图5-47 卷管成形示意图

(3)模压成形

模压成形工艺是指将置于金属对模中的模压料,在一定的温度和压力作用下,压制成各种形状制品的过程。模压料是由树脂、增强材料和辅助材料组成。树脂常为酚醛树脂或酚醛环氧树脂,根据模压料中增强材料的分类,模压成形工艺可分为以下几种类型:

① 短纤维料模压法

此法是将预混或预浸后的短纤维状物料在金属对模中压制成形的一种方法,主要用于制备形状复杂、强度要求高、耐腐蚀的制品。这种方法的模压料中纤维含量较高(50%~60%的重量含量),纤维长度较长(30~50 mm)。

② 毡料模压法

此法是将浸毡机组制备的连续玻璃纤维预浸毡裁剪成所需形状,然后置于金属对模中压制成形的一种方法。

③ 层压模压法

此法是将预浸的玻璃布或其他织物裁剪成所需形状,然后在金属对模中层叠铺放压制成形的一种方法。它是介于层压与模压之间的一种工艺,适用于大型薄壁制品的成形。

④ 碎布料模压法

此法是将浸过树脂的玻璃布或其他织物的下脚料剪成碎块,在金属对模中加热压制成形的一种方法,适用于形状简单、性能要求不高的制品的成形。

⑤ 缠绕模压法

此法是将预浸的玻璃纤维或布带缠绕在一定的模型上,然后在金属对模中加热压制成形的一种方法,它是介于缠绕与模压之间的一种成形工艺,适用于有特殊要求的管材或回转体截面制品的成形。

⑥ 织物模压法

此法是先将预先织成所需形状的二维或三维织物进行浸渍树脂处理,然后将它们放在金属对模中加热压制成形的一种方法。其中的三维织物模压法由于在高度方向也存在增强纤维,并且纤维的配制也能根据受力情况合理分配,因此,可以明显提高层间的强度。与一般模压制品相比,织物模压制品有更好的重复性和可靠性,特别适用于具有特殊性能要求模压制品的成形。

⑦ 定向铺设模压法

此法是根据制品使用时的受力状态,将预浸渍的纤维进行定向铺设,然后将定向铺设的坯料放在金属对模中加热压制成形的一种方法。它特别适用于单向、双向应力型的大型制品的成形。

⑧ 吸附预成形坯模压法

此法是先将玻璃纤维用空气吸附法或湿浆吸附法制成与制品形状相似的预成形坯,再把此坯置于金属模具中,并在此坯上注入树脂,然后加热压制成形的一种方法。此法具有材料成本低、易于实现自动化等优点,适用于形状复杂的制品成形。

⑨ 散状模塑料模压法

此法是在预混料或称聚酯料团的基础上发展起来的。是将散状模塑料置于金属模中加热压制成形的一种方法。散状模塑料是聚酯型树脂。此法适用于复杂形状的整体成形,且能制成具有嵌件、孔洞、螺纹、筋、凸台等结构的制品。

⑩ 片状模塑料模压法

此法是将片状模塑料置于金属模中加热压制成形的一种方法。片状模塑料是由不饱和聚酯树脂、引发剂、增稠剂、填料、脱模剂、颜料等组成的树脂糊,充分浸渍短切纤维或毡片,两面再覆盖聚乙烯薄膜的薄片状模塑料。此法特别适用于大面积制品的成形,制品尺寸稳定性好、强度高、表面平整光滑。但也存在设备投资大,操作过程控制较复杂,对产品设计的要求较高等缺点。

综上所述,模压成形法与其他复合材料的成形方法相比,有较高的生产效率,适用于大批量生产,制品结构致密,有两个精制的表面且制品尺寸精确,表面光滑,成形后无需进行有损于制品性能的机械加工(如车、铣、磨、钻等)。成形过程易实现机械化和自动化。但成形所用的金属对模的设计与制造较复杂、费用较高,且制品尺寸受设备限制,通常只能限于中、小型玻璃钢制品的生产。

(4) 缠绕成型

缠绕成型是将经过树脂浸胶的连续纤维或带,按照一定规律缠绕到芯模上,经固化而成一定形状制品的一种工艺方法。与其他复合材料的成形方法相比,缠绕成型制得的玻璃钢制品具有以下优点:比强度高,可超过钛合金;制品质量高而稳定,易实现机械化自动化生产,生产率高;纤维按规定方向排列整齐,制品呈现各向异性,故可以按照受力要求确定纤维的排列方向、层次,以实现强度设计,因而制品结构合理。但缠绕成型仅适用于制造圆柱体、球体及某些正曲率回转体,而对负曲率回转体以及非回转体制品则难以缠绕。缠绕成型玻璃钢制品广泛应用于各种内压容器(如化工容器)和外压容器(如鱼雷)、贮罐槽车、化工管道和军工制品(如火箭发动机外壳、雷达罩等)等。

缠绕成型按树脂基体的状态不同可分为干法、湿法和半干法三种。干法是在缠绕前预先将玻璃纤维制成预浸渍带,然后卷在卷盘上待用,缠绕时再将预浸渍带加热软化后绕在芯模上的一种方法。干法缠绕张力均匀,速度较高,可达 100～200 m/min,设备清洁,易实现自动化缠绕,可严格控制纱带的含胶量和尺寸。缺点是设备复杂,投资大。湿法是在缠绕时将玻璃纤维经集束后进入树脂胶槽浸胶,在张力控制下直接缠绕在芯模上,然后固化成形的一种方法。湿法缠绕设备较简单,但对纱带质量不易控制和检验,张力不易调节,设备不清洁,维修困难。半干法与湿法相比,增加了烘干工序,与干法相比,缩短了烘干时间,降低了烘干程度。

缠绕工艺过程一般包括芯模或内衬的制造、树脂胶液的配制、纤维热处理烘干、浸胶、胶纱烘干、在一定张力下进行缠绕、固化、检验、加工成制品等工序。至于制品是采用干法或湿法或半干法缠绕成型,应根据制品的技术要求、设备情况、原材料及生产批量等诸多因素综合确定。

缠绕成型工艺应注意以下几方面问题:

① 制品是内压容器时,应采用内衬以防发生渗漏,若内衬的强度和刚度足以满足缠绕工艺要求时,内衬可以代替芯模而不必制造芯模。内衬材料可以是金属材料或非金属材料。

② 逐层递减张力制度 由于缠绕张力的作用,使后绕上的一层纤维会对先绕上的纤维发生压缩变形造成内松外紧,纤维不能同时受力,严重影响制品强度和疲劳性能。采用逐层递减张力制度后,可使整个玻璃钢层都具有相同的初应力和张紧程度,强度发挥好,制品质量高。

③ 分层固化制度 分层固化是指在内衬或芯模上缠绕一定厚度的玻璃钢缠绕层后使其固化,冷至室温,经表面打磨再缠绕第二层,依次类推,直至缠到强度设计要求的层数为止。经分层固化的容器好像把一个厚壁容器变成几个紧套在一起的薄壁容器从而削去了环向应力沿筒壁分布的高峰,还提高了纤维的初始张力和递减后的张力,使容器的强度和其他性能得到改善。

④ 纤维使用前应进行烘干,否则,纤维表面过量的水分会影响树脂与纤维的粘合。一般在 60～80℃经 24 h 烘干即可。此外,浸胶液的含胶量控制在 17%～25% 为宜。

(5) 挤出成型和注射成型

前述工程塑料成形方法中的挤出成型和注射成型也可以在玻璃钢的成形中沿用。它们主要适用于热塑性树脂玻璃钢的成形。

热塑性树脂玻璃钢与同类未增强的热塑性塑料相比,其机械强度可以提高 2～3 倍以上,还可提高热变形温度,提高抗蠕变能力,有的可达一倍以上;可降低膨胀系数 1～3 倍,降低吸水率,提高制品的尺寸稳定性;可提高耐疲劳强度 2～3 倍;可改善电绝缘性能。表 5-4列出了部分热塑性塑料增强前后的性能比较。

表5-4 部分塑料增强前后的性能比较

性能\塑料种类	σ_b /MPa	δ /%	α_k /(kJ·m^{-2})	E /GPa	吸水率 /%	热变形温度 /℃	线胀系数 ×10^{-5}/℃$^{-1}$
尼龙6-6	70	60.0	5.5	2.8	1.5	66~86	9.9
	210	2.2	20.3	10	0.6	≥200	1.6
聚苯乙烯	59	2.2	1.6	2.8	0.03	88	7.2
	98	1.1	13.4	8.5	0.07	104	4.0
聚碳酸酯	73.3	80	15.4	2.2	0.3	121	7.0
	138	1.7	95	11.0	0.09	140	1.6~2.7
ABS	77	3.2	2.4	3.6	0.2	93	7.2
	126	1.4	16.1	10.5	0.15	107	3.4
聚甲醛	70	60	7.6	2.8	0.25	110	9.0
	84	1.5	—	5.7	0.11	163	3.4
聚乙烯	23	600	8.0	0.84	0.01	48	1.6
	77	3.5	24.1	6.3	0.04	126	3.4

注:表中同种塑料上一行表示未增强,下一行表示用玻璃纤维增强。

在塑料成形一节已述,塑料的挤出和注射成型是用粒料。玻璃钢也是如此,只是玻璃钢中增强纤维应在造粒过程中便与树脂均匀地混合在一起。热塑性玻璃钢造粒方法有长纤维包覆挤出造粒法和短纤维挤出造粒法两种。前者是将纤维原丝多股集束在一起,与熔融树脂同时从模头挤出,长纤维被树脂包覆成料条,经冷却后切割成粒料;短纤维挤出造粒是将玻璃纤维与热塑性树脂一起送进挤出机,经熔融复合,通过模头挤出料条,冷却后切割成粒料。这两种造粒方法中,短纤维挤出造粒法其纤维较短,与树脂的润滑情况好,分散性好,因此目前玻璃钢的造粒常采用这一方法。

(6)挤拉成型

挤拉成型是指利用树脂的热熔粘流性和玻璃纤维的连续性松弛压缩的特点,将浸渍过树脂胶液的连续纤维,通过具有一定截面形状的成型模具,并在模腔内固化成型或凝胶,出模后加热固化,在牵引机构拉力作用下,连续引拔出无限长的型材制品的一种复合材料的加工方法。此法适用于制造各种不同截面形状的管、杆、棒、工字型、角形、槽型等型材或板材。

树脂基复合材料除了上述的各种成形方法外,还可以制成由玻璃钢板中间夹以不同形式的夹芯(如泡沫夹芯、玻璃布蜂窝夹芯、折板夹芯)制成玻璃钢夹层结构。玻璃钢夹层结构可满足对制品的比强度高、结构稳定性高、承载能力高、耐疲劳、隔音、隔热、抗振动等特殊性能要求。玻璃钢夹层结构的应用非常广泛,如飞机头部的雷达罩、机翼、尾锥以及许多民用建筑材料。限于篇幅,玻璃钢夹层结构的成形方法在此不作介绍,有关内容可查阅相应参考书。

2)金属-纤维复合材料

金属基复合材料是随着现代技术对材料越来越高的要求而发展起来的。有些结构材料除要求保证构件的力学性能外,还要求重量轻。树脂基复合材料能满足一般的高强度、低密度的要求,但若对材料有更高的强度要求,树脂基复合材料则难以胜任。金属基复合材料的研制、开发、应用弥补了这一缺憾。

金属基复合材料的金属基体通常是韧性好、抗冲击能力高的铝、钛、镁等轻合金或镍铬耐热合金,增强物可以是颗粒状、片状或纤维状,其中纤维状增强物的金属基复合材料应用较广。常用的增强纤维有氧化铝纤维、硼纤维、碳纤维、碳化硅纤维或金属晶须。氧化铝纤维的制造过程一般是在烷基氧化铝中加水聚合而成无机聚合体,再把这种聚合体和硅化合物放在有机溶剂中溶化,从而拉丝干燥,然后在空气中加热至 1 000℃ 以上进行焙烧而成;另一种氧化铝纤维的制造方法是直接从氧化铝的溶液中拉拔出单晶的 α-Al_2O_3 连续纤维。硼纤维的制造方法通常是卤化硼的氢还原法,即化学气相沉积法。也可以从熔融硼中直接拉拔出硼纤维。碳纤维的制造方法是先将有机纤维(如聚丙烯腈、人造纤维、木质素等)在 200~300℃ 范围进行预氧化,然后在惰性气体保护下,在 700~1 000℃ 范围进行碳化以及在 2 000~3 000℃ 范围再进行石墨化。在此氧化过程中,根据石墨化温度的不同,在 2 000℃ 左右制得的为碳纤维,在 3000℃ 左右制得的为石墨纤维。碳化硅纤维可用化学气相沉积法制得。

金属基复合材料的成形方法主要有以下几种:

(1) 扩散结合法

扩散结合法是将增强纤维与金属基体排布好,并在高温下加压,使纤维与基体扩散结合的一种成形方法。常用于生产各种复合板材或带材。图 5-48 是用扩散法生产带材的示意图,单层带材除用上述方法以外,还可采用电镀法、等离子喷涂法等。将数层单层带材叠合,经加热加压使其扩散可获得复合板材。

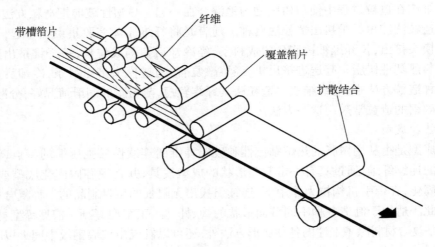

图 5-48　带材成形示意图

扩散结合法的优点是纤维取向性好,润湿性好,温度低而反应小,缺点是生产周期长。

(2) 熔融金属渗透法

熔融金属渗透法也称液态渗透法,是在真空或惰性气体介质中,使排列整齐的纤维束之间浸透熔融金属,经冷却结晶后获得纤维增强复合材料的一种成形方法。目前大致有三种渗透法:毛细管上升法;压力渗透法;真空吸铸法,如图 5-49 所示。

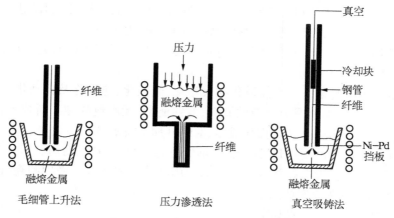

图 5-49　熔融金属渗透法示意图

熔融金属渗透法常用于生产圆棒、管子或其他截面形状的棒材、型材等。其优点是成形过程中不伤纤维，且适合各种金属基体及形状，纤维与金属基体的润湿良好。缺点是高温过程中界面反应大。

（3）等离子喷涂法

等离子喷涂法是在惰性气体保护下随等离子弧向排列整齐的纤维喷射熔融金属，待其凝固后形成金属基体纤维增强复合材料的一种方法。它不仅用于纤维增强复合材料的成形，还可用于层合复合材料的成形，如在金属基体表面上喷涂陶瓷或合金，形成层合复合材料。

等离子喷涂法的优点是增强纤维与金属基体的润湿性好，界面结合紧密，成形过程中纤维不受损伤。

5.4　非金属材料成形技术新进展

5.4.1　高分子材料成形技术新进展

高分子材料、助剂和加工设备是高分子材料生产中三个密切相关的物质条件。高分子材料和助剂直接影响其成形的工艺性能和制品的力学性能，加工设备的优良和精度的高低又直接影响其成形的生产率和制品的质量。结合国外高分子材料成形发展趋势和我国高分子材料工业现状，近年来，我国的高分子材料成形技术应着重以下几方面的努力：

① 加工成形基础理论的研究　研究高分子材料在成形过程中的流变行为、形态结构的变化，结构-性能-成形条件间的关系，填充改性和增韧机理，制品变形、破坏机理及失效原因的分析。

② 加工中的计算机辅助工程　目前我国已在利用计算机计算工艺参数，如压力降、流线分布和模拟简单型腔中的充填流动方面作了一些基础工作，如实现了对成形过程的在线和离线测量，测量其成形过程的压力-体积-温度的特性曲线，还可利用计算机对所获得的特性曲线参数进行成形过程的 CAE 模拟，利用计算机对各种加工过程（注射、挤出、吹塑等）的动态模拟，并将模拟结果与实际注射成形样品进行对比，为后续的改进提供理论依据。此外，目前计算机辅助设计、辅助制造技术也成功地应用于高分子材料成形技术领域，并将更

进一步得到发展。如双辊炼机和双螺杆挤出机混合分散过程的模拟,制品翘曲变形和收缩分析,大型注射制品模具设计,高分子材料基础数据库的建立。

③ 反应性加工技术　国内在这方面的研究较少,且仅限于基础研究,有关反应成形加工设备的研究更少。

④ 加工成形技术与设备　目前设备在大型化、微型化、连续化及自动化方面的发展已达到较高水平。当前的趋势是开发节约原料、节约能量、无废料的加工新技术,如反应性加工、动态注射成型、固态成形、微波固化成形、双螺杆加工技术等。

⑤ 高分子材料高效助剂　开发研究出高效、低毒、耐热等新型助剂。

⑥ 研发新型的测量设备和测量技术　如利用红外热成像技术来检测高分子材料成形时的拉伸、冲击和疲劳热效应特征。

⑦ 废旧高分子材料的回收利用。

以下介绍几种工程塑料成形的新技术。

1) 注射成型新技术

（1）无分流道赘物的注射成型

一般注射成型塑料制品都附有浇口和流道等赘物,需要事后经机械加工予以去除。这不仅浪费原料和注射机的能量,而且还增加了回料的处理工序,使制品的生产成本增加。无分流道赘物注射成型是在注射机的喷嘴到模具之间有一个歧管,分流道分布在歧管里,如图5-50所示。注射时,流道内的塑料始终保持在熔融流动状态,脱模时与制品分离,因此制品中没有分流道赘物。

（2）排气式注射成型

有些易吸湿的塑料（如聚碳酸酯、尼龙、有机玻璃、纤维素等）在成形前必须进行预干燥才能保证制品质量。而排气式注射机可以

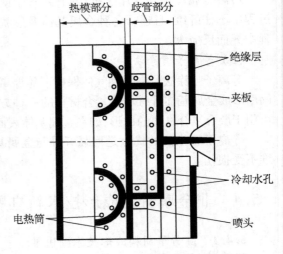

图5-50　无分流道赘物注射模

直接对它们进行成形而不必经过预干燥,从而缩短生产周期,提高生产率。此外,排气式注射机还可以直接成形含有单体、熔剂及挥发物的热塑性塑料。排气式注射机是在其料筒中部开设有排气口（如图5-51所示）,排气口与真空系统相连接。当塑料塑化时,由塑料发出的水汽、单体、挥发性物质及原料带入的空气,都可由真空泵从排气口抽出。排气式注射机的螺杆按其功能可分为四段,其中排气段始终对准排气口,螺杆在作旋转运动轴向前进时,由于排气段较细,螺槽较深,便不会完全被熔融塑料充满,从而可防止螺杆转动前进时物料从排气口中推出。

（3）反应注射模塑（RIM）

反应注射模塑是指在注射成型过程中,伴有化学反应的一些热固性塑料和弹性体加工的一种新方法,主要用于成形聚氨酯结构泡沫的模制品。通常的注射成型适用于热塑性塑料,但反应注射模塑用于热固性塑料。反应注射模塑过程是将液体状态的热固性塑料树脂

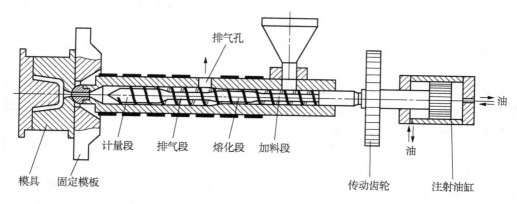

图 5-51　排气式注射机螺杆

以 $0.2 \sim 0.3$ MPa 的压力向模内注射以获得制品。

反应注射模塑的特点是成形过程中伴随有化学作用,只用几分钟的时间就可以由单体直接得到最终制品。制品收缩大,易产生裂痕及气泡,因此必须有施加保压的机构。此外,此技术由于直接采用液态热固性塑料注射到模腔一次成形,省去了先由液态单体合成为聚合物,再由高聚物固化的中间过程。

（4）动态注射成型

动态注射成型是借用普通移动螺杆式注射机,并对原工艺略加改进,其成形过程是:螺杆的快速转动将塑料不断塑化并挤入模具型腔中,待模具充满后,停止螺杆转动,并用螺杆原有的轴向推力使模腔内熔融塑料在压力下保持适当时间,经冷却凝固后脱模获得制品。其成形实质是注射和挤出相结合的一种方法。此法的优点是:可以制得重量超过注射机最大注射量的制品;制品中内应力小;由于熔融塑料停留在料筒内的量较少,时间短,比注射成型更适合于加工热敏性塑料。缺点是由于塑料的充模是借助螺杆的挤出,流动速度慢,难以形成薄壁制品。为避免制品过早凝固,模具必须加热至适宜的温度。

（5）共注射成型

共注射成型是指用两个或两个以上注射单元的注射成型机,将不同的品种或不同颜色的塑料,同时或先后注入模具内的成型方法。此法可生产多种色彩或多种塑料的复合制品。共注射成型法成形复杂制品时,注射量、注射速度、模具温度等工艺参数较难控制;喷嘴结构较复杂。目前共注射成型工艺还不是很成熟,且多为双色注射和双层注射,还有待进一步改进和完善。

2）挤出成型

挤出成型技术的发展,主要表现在设备和工艺的发展。

挤出成型设备的发展是在原挤出机的基础上,对某些部件进行改进,可以提高制品的质量。如通常挤出机的螺杆是单螺杆,塑料在料筒内的塑化、混合和计量都是由同一根螺杆来完成的,而螺杆的转速不能依照塑化、混合和计量的需要随意调整,这是单螺杆挤出机的一大不足。若改为 L 型两级式挤出机,由于相互垂直的两根螺杆的转动是彼此独立的,它们可以分别满足三种功能不同的转速要求。如可用其中一根慢速螺杆将塑料半熔化（利用外热和加压),用另一根快速的螺杆将塑料完全熔化和均匀化,两根垂直螺杆相汇处还可以排气。因此,L 型两级式挤出机比直式单根螺杆挤出机更先进。

两级式挤出机的组合除单螺杆-单螺杆的形式外,还可以是双螺杆-单螺杆、双螺杆-双螺杆的组合。

近年来,挤出成型工艺发展中属复合薄膜的共挤最典型。在平挤或吹塑的基础上,对机头和口模进行改进,如设计出转动的口模,就可生产出两种塑料相互交替的多层复合薄膜。

5.4.2 陶瓷成形技术新进展

近年来,随着生产技术的发展,对于高密度、高均匀度、高纯度等高性能陶瓷制品的需求越来越迫切。而等静压成型技术在陶瓷生产过程中的应用可以获得高密度、高均匀度的陶瓷制品。等静压成型是指装在封闭模具中的粉料在各个方向同时均匀受压成型的一种方法。根据成形温度的不同,等静压成型可分为常温等静压(或称冷等静压)和高温等静压(或称热等静压)。

常温等静压成型是利用液体介质不可压缩性及均匀传递压力的特性的一种成形方法。成形过程是将液压介质用高压泵压入密封容器内,使密封于弹性模具中的陶瓷粉料在各个方向受到均匀压力,成形为致密的坯体。成形的粉料含水量控制在 3% 以下,成形压力为 70 ~ 150 MPa。根据模具的不同结构形式,常温等静压可分为湿袋法和干袋法两种,如图 5-52 和 5-53 所示。湿袋法用的弹性模具与高压容器不连接,装满粉料的弹性模具在盛有液体介质的高压容器里各个方向均匀受力。高压容器内可同时放入几个模具。干袋法是将弹性模具直接固定在高压容器内,坯料成形时由于靠近模具的顶部和底部处无法加压而使制品的致密度和均匀性不及湿袋法。

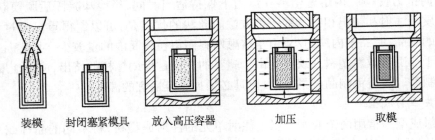

装模　　　封闭塞紧模具　　放入高压容器　　　加压　　　　取模

图 5-52　湿袋法等静压过程示意图

热等静压是将陶瓷坯体的成形和烧成工序结合起来同时进行的一种成形方法。它可直接采用粉末原料,也可先通过常温等静压成型或其他方法预压后再进行高温等静压烧成。一般其成形压力为 70 ~ 200 MPa,热等静压成型温度为 1 000 ~ 2 000℃。

凝胶注模成型是 20 世纪 90 年代开发的一种新型胶态成型工艺,是美国橡树岭国家实验室 Mark A·Janney 教授等人首先发明的。它将传统陶瓷工艺和化学理论有机结合起来,将高分子化学单体聚合的方法灵活地引入到陶瓷的成型工艺中,通过将有机聚合物单体及陶瓷粉末颗粒分散在介质中制成低粘度、高固相体积分数的浓悬浮体,并加入引发剂和催化剂,然后将浓悬浮体(浆料)注入非多孔模具中,通过引发剂和催化剂的作用使有机物聚合物单体交联聚合成三维网状聚合物凝胶,并将陶瓷颗粒原位粘结而固化成坯体。

凝胶注模成型作为一种新型的胶态成型方法,可净尺寸成型形状复杂、强度高、微观结

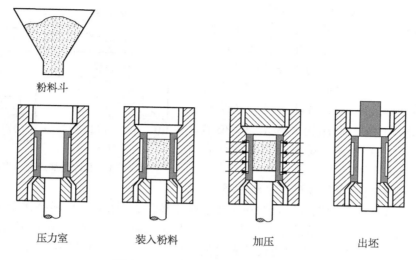

粉料斗

压力室　　　　　装入粉料　　　　　加压　　　　　出坯

图 5-53　干袋法等静压过程示意图

构均匀、密度高的坯体,烧结成瓷的部件较干压成型的陶瓷部件有更好的电性能。已广泛应用于电子、光学、汽车等领域,但具体需要解决的问题有:高固相低粘度浆料的制备,素坯干燥新方法和固相含量高带来的浆料中气泡排除的问题,制备薄膜、厚膜时,坯体的开裂、变形、氧阻凝带来的表面起皮等问题。

直接凝固注模成型是瑞士苏黎世高校的 L·Gaucker 教授 T·Graule 博士发明的一种净尺寸原位凝固胶态成型方法。这种方法利用了胶体化学的基本原理。其成型原理如下:对于分散在液体介质中的微细陶瓷颗粒,所受作用力主要有胶粒双电层斥力和范氏引力,而重力、惯性等影响很小。该成型方法已经成功地应用于成型氧化铝、氧化锆、碳化硅和氮化硅复杂形状的部件。该工艺的主要优点为不需要或只需少量的有机添加剂(<1%),坯体不需脱脂,坯体密度均匀,相对密度高(55%~70%),可以成型大尺寸形状复杂的陶瓷部件。

电泳浇注成型(EFD)是将一个外部电场作用于浆料上,促进带电粒子的迁移(电泳),随后沉积在相反电极上。EFD 工艺中,颗粒必须保持稳定分散状态,从而可以各自独立向电极运动,进而颗粒可以分别沉积,不发生团聚。悬浮颗粒必须具有高的电泳移动能力,沉积过程中,由于颗粒移动时双电层发生变形,即靠近基体的离子和颗粒浓度增加,稳定性条件发生变化。当电泳和静电力仍超过范德华力,颗粒开始堆积,从而开始形成吸引颗粒网络。EFD 工艺由于其简单性、灵活性、可靠性而逐步用于多层陶瓷电容器、传感器、梯度功能陶瓷、薄层陶瓷试管以及各种材料的涂层等。

层片叠加成形法(LOM)是美国 Helisys 开发并实现商业化的。其成形工艺见图 5-54,利用激光在 x-y 方向的移动切割每一层薄片材料,每完成一次薄片的切割,控制工作平台沿 z 方向移动以叠加新一层薄片材料。激光的移动由计算机控制。层与层之间的结合可以通过粘合剂或热压焊合。由于该方法只需要切割出轮廓线,因此成型速度较快,且非常适合制造层状复合材料。其原料一般是流延薄材。

三维打印成形(3-D Printing)是由美国麻省理工学院开发出来的,首先将粉末铺在工作台上,通过喷嘴把粘结剂喷到选定的区域,将粉末粘结在一起,形成一个层,而后工作台下降,填粉后重复上述过程直至做出整个部件。

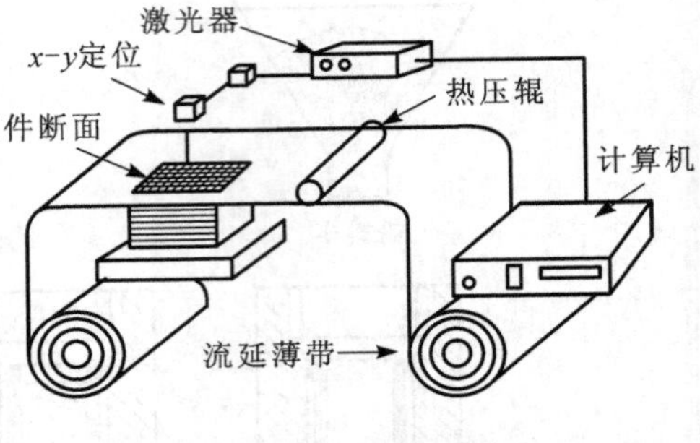

选区激光烧结成形(SLS)是以堆积在工作台上的粉末为原料,用高能二氧化碳激光器从粉末上扫描,将选定区域的粉末烧结以做出部件的每一层。由于陶瓷的烧结温度很高,难以用激光直接烧结成形,可以先将高分子粘结剂和陶瓷粉末均匀混合,利用选区激光烧结技术先制成陶瓷坯体,再通过去除粘结剂和烧结后处理获得最终的陶瓷制品。

图 5-54 层片叠加成形示意图

5.4.3 复合材料及其成形技术新进展

航天高新技术对航天先进复合材料的要求越来越高,采用复合材料替代金属结构材料已成为航空、航天飞行器减重的主要技术途径,也是实现航空航天产品防热、高温透波、高温承载等结构与功能的保障。因此也促使先进复合材料向几个方向发展:①高性能化,包括原材料高性能化和制品高性能化。如用于航空航天产品的碳纤维由前几年普遍使用的 T300 已发展到 T700、T800 甚至 T1000。而一般环氧树脂也逐步被韧性更好、耐温更高的增韧环氧树脂、双马树脂和聚酰亚胺树脂等取代;对复合材料制品也提出了轻质、耐磨损、耐腐蚀、耐低温、耐高温、抗氧化等要求。②低成本化,低成本生产技术包括原材料、复合工艺和质量控制等各个方面。③多功能化,航天先进复合材料正由单纯结构型逐步实现结构与功能一体化,即向多功能化的方向发展。

碳纤维增强复合材料(CFRP)是目前最先进的复合材料之一。它以其轻质高强、耐高温、抗腐蚀、热力学性能优良等特点,广泛用作结构材料及耐高温抗烧蚀材料,是其他纤维增强复合材料所无法比拟的。

陶瓷基复合材料在航天高新技术中也得到广泛的应用,如 Al_2O_3 陶瓷增韧增强复合材料。其增韧、增强的方法有:

1) Al_2O_3 陶瓷增韧技术

Al_2O_3 陶瓷增韧技术包括纳米颗粒增韧、纤维或晶须增韧、自增韧、ZrO_2 相变增韧、复合增韧等技术,不同的增韧方式,由于增韧机制不同,所达到的增韧效果有所差别。但单一增韧方法均难达到 Al_2O_3 陶瓷韧性和强度同时大幅提高的效果。尽管复合增韧的增韧机制尚待研究,但通过合理的制备工艺,复合增韧可克服单一增韧方式的不足,实现不同增韧方式间的互补,并最终获得强度和韧性兼备的理想 Al_2O_3 陶瓷基复合材料。

目前制备 Al_2O_3 陶瓷基复合材料一般采用热压烧结法(HP)或放电等离子烧结法(SPS)。与传统的无压烧结相比,材料致密度有较大提高,烧结时间也明显缩短。但其工艺操作较复杂,设备昂贵,以致生产成本也较高。因此,开发低成本的烧结工艺是陶瓷基复合材料烧结的一个重要研究方向。

2) Al_2O_3 陶瓷增强金属基复合材料

在提高金属耐蚀性方面,尽管 Al_2O_3 陶瓷涂层的制备技术已经相当成熟,且防护性良好,但制备成本较高,且一般需要金属过渡层来改善 Al_2O_3 陶瓷与金属基体的结合性。金属表面自生 Al_2O_3 防护层技术,金属与 Al_2O_3 间无明显界面,无需过渡层和昂贵设备,具有较好的应用价值。

具有三维连续网络结构的 Al_2O_3-金属复合材料,由于增强体和金属基体在空间成网络互穿结构,避免了传统颗粒、纤维(晶须)或层状增强的各向异性,改善了增强体和金属的整体结合性,因而大大提高了材料的强度、韧性、抗冲击性等力学性能。此外,在承受摩擦磨损时,三维网络 Al_2O_3-金属复合材料的硬质 Al_2O_3 在磨损表面形成微凸体并起承载作用,结构互锁抑制了金属基体的塑性变形和高温软化,减轻了粘着磨损,故表现出良好的耐磨性。

为进一步提高 Al_2O_3 网络陶瓷增强体的承载性,开发新型结构的陶瓷骨架是必经之路。人们曾根据骨骼、竹的结构设计出纤维或晶须增韧、增强的复合材料,由贝壳的结构设计出层状复合材料。由此可见,仿生技术在复合材料的设计中的重要性。此外,日益精密的计算机模拟仿真技术,可及时发现并修正设计的不足,减少设计的盲目性。以此推断,仿生设计和计算机模拟仿真技术将是未来新型网络 Al_2O_3 陶瓷骨架设计和研发的重要手段。

复合材料由于其组成的多元化,故其成形技术的发展也有某些金属或高分子材料成形技术发展的痕迹,或者说复合材料成形技术在吸取了金属材料、高分子材料成形技术的成功经验基础上不断完善得以继续发展。如塑料成形新技术中的反应注射模塑技术由于直接采用液态热固性塑料注射到模腔中一次成形,省去了由液态单体合成为高聚物,再由高聚物固化的中间过程,减少了工艺步骤,缩短了成形周期,可节约能源,提高生产率。复合材料成形新技术"增强反应注射模塑法"即 RRIM 法与前述的反应注射模塑成型方法如出一辙。RRIM 法的成型过程是将两种能快速起固化反应的原料,分别与短切纤维增强材料混合成浆料,在流动性很好的液态下混合并注入模具,在模具中两组分浆料迅速固化便可脱模获得制品。

复合材料成形技术之间的相互结合可以充分发挥各独立成形技术的优势。如生产热塑性玻璃钢管时,可将挤拉工艺和缠绕工艺相结合。即先用挤出工艺挤出塑料内衬,起密封、耐蚀作用,而纵向、环向玻璃钢增强层由挤拉和缠绕工艺完成。所获得的制品性能好、质量高。

与其他材料一样,复合材料成形技术的发展趋势是充分利用计算机技术,实现成形工艺、设备和模具的设计制造的自动化、机械化、大型化,改善劳动条件,缩短成形周期,降低生产成本,使制品价格性能比逐步降低。与当前迅猛发展的计算机技术完美结合,实现数字化设计、数字化制造、数字化装配等贯穿整个复合材料的生产过程已指日可待。

思考题

1. 工程塑料具有哪些聚集状态?塑料制品的成形和使用分别在什么状态?为什么?
2. 塑料的成形方法有哪些?其成形特点是什么?各适合于什么制品(举例说明)?
3. 对于诸如可乐塑料瓶、便携式塑料凳、塑料盆、变形金刚玩具等制品,应采用什么成形方法?
4. 冰箱内的塑料内胆应用什么方法成形?
5. 注射成型适用什么塑料?成型设备是什么?主要的成型工艺参数有哪些?如何制订工艺参数?
6. 胶接工艺有什么特点?
7. 橡胶成形有什么特点?有哪些成形方法?其成形设备是什么?
8. 陶瓷成形的坯料有哪几类?各适合什么成形方法?它们的成形模具材料是什么?试举例陶瓷制品,并分别说明它们的成形方法类型。
9. 复合材料的性能特点是什么?有哪些成形方法?试举例复合材料制品,并分别说明它们的成形方法类型。

6 材料成形方法的选择

前面已经介绍了铸造、锻压、焊接、粉末冶金和非金属材料成形等多种用于获取机械零件毛坯（或可以直接装配的零件）的成形方法，这些成形方法可获得相应的铸件、锻件、冲压件、焊接件、型材、粉末冶金件和工程塑料件等。在实际生产中，如何根据零件的不同材料、形状类别、尺寸大小、结构工艺性、精度高低、生产批量、经济性、环境友好性以及企业生产条件等因素，正确选择材料成形方法，是机械制造过程中的一个主要问题。本章在简要分析讨论成形件特点和几类常用零件毛坯成形方法的基础上，给出材料成形方法选择的基本原则和依据，并列举相关例子。

6.1 成形件的特点

6.1.1 铸件

铸件的材料可以是铸铁、铸钢或有色金属。通常用于形状复杂、强度要求一般的场合。目前生产中的铸件大多数是用砂型铸造，少数尺寸较小、精度要求较高的优质铸件一般采用特种铸造，如金属型铸造、离心铸造和压力铸造等。

砂型铸造的铸件，当用手工造型时，铸型误差较大，铸件精度低，因而铸件表面的加工余量也较大，影响后续的加工效率，故适用于单件小批生产；当大批量生产时，广泛采用机器造型，机器造型所需设备费较高，而且铸件的重量也受到一定限制，一般多用于中、小尺寸铸件。砂型铸造铸件的材料不受限制，铸铁应用最多，铸钢和有色金属也有一定的应用。

金属型铸造的铸件，比砂型铸造的铸件精度高，表面质量和力学性能好，生产率较高，但需要一套专用的金属型。金属型铸造适用于生产批量不大、尺寸不大、结构不太复杂和有色金属铸件。

离心铸造的铸件，金属组织致密，力学性能较好，外圆精度及表面质量均好，但内腔精度差，需留有较大的加工余量。离心铸造适用于黑色金属及铜合金等旋转体铸件（如套筒、管子和法兰盘等）。由于铸造时需要特殊设备，故生产批量大时才比较经济。

压力铸造的铸件精度高，表面粗糙度值小，因此，可以有效地控制后续切削加工的余量，节省材料。同时，铸件的结构可以较复杂，铸件上的各种孔、螺纹、文字及花纹图案均可铸出。但压力铸造需要一套昂贵的设备和铸型，故目前主要用于生产批量大、形状复杂、尺寸较小、重量不大的有色金属铸件。

几种常用铸件的基本特点、生产成本与生产条件见表6-1。

6.1.2 锻件

在生产中应用较多的锻件主要有自由锻件和模锻件两种。

自由锻件不需要专用模具，故精度低，锻件毛坯加工余量大，生产效率不高，一般只适合于单件小批生产、零件结构较为简单或大型零件。

表 6-1　几种常用铸件的基本特点、生产成本与生产条件

类型		砂型铸件	金属型铸件	离心铸件	熔模铸件	低压铸件	压铸件
零件	材料	任意	铸铁及有色金属	以铸铁及铜合金为主	所有金属，以铸钢为主	有色金属为主	锌合金及铝合金
	形状	任意	用金属芯时形状有一定限制	以自由表面为旋转面的为主	任意	用金属型与金属芯时形状有一定限制	形状有一定限制
	重量/kg	0.01 ~ 300 000	0.01 ~ 100	0.1 ~ 4 000	0.01 ~ 10(100)	0.1 ~ 3 000	<50
	最小壁厚/mm	3 ~ 6	2 ~ 4	2	1	2 ~ 4	0.5 ~ 1
	最小孔径/mm	4 ~ 6	4 ~ 6	10	0.5 ~ 1	3 ~ 6	3(0.8)
	致密性	低 ~ 中	中 ~ 较好	高	较高 ~ 高	较好 ~ 高	中 ~ 较好
	表面质量	低 ~ 中	中 ~ 较好	中	高	较好	高
成本	设备成本	低(手工) ~ 中(机器)	较高	较低 ~ 中	中	中 ~ 高	高
	模具成本	低(手工) ~ 中(机器)	较高	低	中 ~ 较高	中 ~ 较高	高
	工时成本	高(手工) ~ 中(机器)	较低	低	中 ~ 高	低	低
生产条件	操作技术	高(手工) ~ 中(机器)	低	低	中 ~ 高	低	低
	工艺准备时间	几天(手工) ~ 几周(机器)	几周	几天	几小时 ~ 几周	几周	几周 ~ 几月
	生产率/件·时$^{-1}$	<1(手工) ~ 100(机器)	5 ~ 50	2(大件) ~ 36(小件)	1 ~ 1 000	5 ~ 30	20 ~ 200
	最小批量	1(手工) ~ 20(机器)	1 000	10	10 ~ 10 000	100	10 000
产品列举		机床床身、缸体、带轮、箱体	铝合金、铜套	缸套、污水管	汽轮机叶片、成形刀具	大功率柴油机活塞、汽缸头、曲轴箱	微型电极外壳、化油器体

　　与自由锻件相比,模锻件的精度高,加工余量小,生产效率高,而且可以锻造形状复杂的毛坯件。特别是材料经锻造后锻造流线得到了合理分布,使锻件强度得到较大提高。生产模锻毛坯需要专用锻造模具和设备,因此主要适用于大批量生产和小型锻件。

　　常用锻件的基本特点、生产成本和生产条件见表 6-2。

表 6-2　常用锻件、挤压件、冷镦件、冲压件的基本特点、生产成本与生产条件

类　型		锻　件			挤压件	冷镦件	冲　压　件			
		自由锻件	模锻件	平锻件			落料与冲孔件	弯曲件	拉深件	旋压件
零件	材料	各种形变合金	同左	同左	同左,特别适用于铜、铝合金及低碳钢	同左	各种形变合金板料	同左	同左	同左
	形状	有一定限制	同左	同左	同左	同左	同左	同左	一端封闭的筒体、箱体	一端封闭的旋转体
	重量/kg	0.1～200 000	0.01～100	1～100	1～500	0.001～50				
	最小壁厚/mm	5	3	φ3～φ230棒料	1	1	最大板厚10	最大100	最大10	最大25
	最小孔径/mm	10	10		20	(1)5	(1/2～1)板厚		<3	
	表面质量	差	中	中	中～好	较好～好	好	好	好	好
成本	设备成本	较低～高	高	高	高	中～高	中	低～中	中～高	低～中
	模具成本	低	较高～高	较高～高	中	中～高	低～中	低～中	较高～高	低
	工时成本	高	中	中	中	中	低～中	低～中	中	中
生产条件	操作技术	高	中	中	中	中	低	低～中	中	中
	工艺准备时间	几小时	几周～几月	几周～几月	几天～几周	几周	几天～几周	几小时～几天	几周～几月	几小时～几天
	生产率/件·时⁻¹	1～50	10～300	400～900	10～100	100～10 000	100～10 000	10～1 000	10～1 000	10～100
	最小批量	1	100～1 000	100～10 000	1 000～10 000	100～10 000	100～10 000	1～1 000	100～10 000	1～100

6.1.3　冲压件和挤压件

冲压件是通过冲压工艺获得的成形件。通常用厚度 6 mm 以下的塑性良好的金属板料、条料加工成各种零件,也可用非金属板料(如塑料、石棉、硬橡胶板材等)冲压成各种制品。经冲压成形的零件,一般不再需要进行机械加工或只进行简单的补充加工即可投入使用。在汽车、交通运输机械和农业机械等机械设备中,冲压件所占的比重较大,其中很多薄壁件都采用冲压法成形,如各种罩壳、连接件、储油箱等。

冲压件的基本特点、生产成本与生产条件见表 6-2。

冷挤压是一种高效率的少无切削加工工艺。用于挤压件生产的材料主要有塑性良好的铜合金、铝合金以及低碳钢,中、高含碳量的碳素结构钢、合金轴承钢、工具钢等也可进行挤

压加工。采用冷挤压工艺获得的挤压件尺寸精确,表面光洁。挤压所形成的薄壁、深孔、异型截面等形状复杂的零件,一般不需要再进行切削加工,因而节约了加工工时和金属材料。目前,因受挤压设备吨位的限制,挤压件一般还只限于 30 kg 以下的零件。

挤压件的基本特点、生产成本与生产条件见表 6-2。

6.1.4 焊接件

焊接件生产简单方便,周期短,适用范围广。缺点是容易产生焊接变形,抗振性较差。对于性能要求高的重要机械零部件如床身、底座等,采用焊接式毛坯时,机械加工前应进行退火或回火处理,以消除焊接应力,防止零件变形。

焊接结构应尽可能采用同种金属材料制作,异种金属材料焊接时,往往由于两者热物理性能不同,在焊接处会产生很大的应力,甚至造成裂纹,必须引起注意。

常用焊接方法的特点及应用范围参见表 6-5。

6.1.5 型材

机械零件采用型材作为毛坯的占有相当大的比例。通常采用作为毛坯的型材有圆钢、方钢、六角钢以及槽钢、角钢等。型材根据其精度可分为普通精度的热轧材和高精度的冷轧(或冷拔)材两种。普通机械零件多采用热轧型材。冷轧型材尺寸较小,精度较高,多用于毛坯精度要求较高的中小型零件生产或进行自动送料的自动机加工中。冷轧型材价格相对贵些,一般用于批量较大的生产。

6.1.6 粉末冶金件

随着粉末冶金技术的不断发展,用金属粉末制造的粉末冶金件越来越多。粉末冶金的优点是:生产率高,适合生产复杂形状的零件,无需机械加工(或少量加工),节约材料,适合于生产多种材料或多种具有特殊性能材料搭配在一起的零件。它的缺点是:模具成本相对较高,粉末冶金件强度比相应的固体材料强度低,材料成本也相对较高。

粉末冶金构件的性能及应用见表 6-3。

表 6-3 粉末冶金构件的性能及应用

材料类别	密度/g·cm⁻³	抗拉强度/MPa	伸长率/%	应用举例
铁及低合金粉末压实件	5.2~6.8	5~20	2~8	轴承和低负荷结构元件
	6.1~7.4	14~50	8~30	中等负荷结构元件,磁性零件
合金钢粉末压实件	6.8~7.4	20~80	2~15	高负荷结构零、部件
不锈钢粉末压实件	6.3~ −7.6	30~75	5~30	抗腐蚀性好的零件
青铜	5.5~7.5	10~30	2~11	垫片、轴承及机器零件
黄铜	7.0~7.9	11~24	5~35	机器零件

6.1.7 工程塑料件

工程塑料件通常采用注塑工艺,在模具中一次成形,几乎可制成任何形状的制品,易成形和生产效率高是它的显著特点。同时,工程塑料件具有重量轻(工程塑料的密度约为铝合金的一半)、比强度高、摩擦系数较小、抗腐蚀性好等特点。此外,工程塑料还具有优良的绝缘、消音、吸震性能以及成本低廉等优点。因此,工程塑料的应用非常广泛。

但是,工程塑料件也存在一些缺点,主要是成形收缩率大,刚性差,耐热性差,易发生蠕变,热导率低而线胀系数大,尺寸不稳定,容易老化等。这使它在实际工程中的应用受到了一定的限制。

6.2 几类常用零件毛坯成形方法

常用机械零件按其形状结构特征和用途不同一般可分为轴类、套类、轮盘类和箱体类四大类零件。由于各类零件形状结构的差异和材料、生产批量及用途的不同,其毛坯的成形方法也不同。

6.2.1 轴类零件

轴类零件是回转体零件,其长度大于直径,常见的有光滑轴、阶梯轴、凸轮轴和曲轴等。在机械中,轴类零件主要用来支承传动件(如齿轮、带轮)和传递扭矩,它是机械中重要的受力零件。

轴类零件材料一般为钢和铸铁。光滑轴毛坯一般采用热轧圆钢和冷轧圆钢。阶梯轴毛坯,根据产量和各阶梯直径之差,可选用圆钢料或锻件。若阶梯直径相差较大,则采用锻件较有利;当要求阶梯轴毛坯有较高力学性能时,也应采用锻件。在单件小批生产时,采用自由锻;在成批大量生产时,采用模锻。对某些具有异形断面或弯曲轴线的轴,如凸轮轴、曲轴等,在满足使用条件的前提下,可采用球墨铸铁材料,用铸造的方法来获得毛坯,可降低制造成本。在有些情况下,还可以采用锻-焊或铸-焊结合的方法来制造轴类零件毛坯。如图 6-1 所示的汽车排气阀,将合金耐热钢的阀帽与普通碳素钢的阀杆焊成一体,这样做节约了合金钢的用材。图 6-2 所示的12 000 t水压机立柱毛坯,该立柱长 18 m,净重 80 t,采用 ZG270—500 分成 6段铸造,粗加工后采用电渣焊焊成整体毛坯。这样可以减少整体铸造的难度。

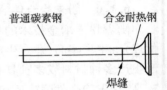

图 6-1 汽车排气阀锻-焊结构

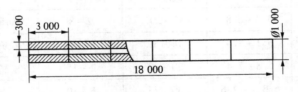

图 6-2 铸-焊结构的水压机立柱毛坯

6.2.2 套类零件

套类零件的结构特点是:具有同轴度要求较高的内、外旋转表面,壁薄且易变形,端面和轴线要求垂直,零件长度一般大于直径。套类零件主要起支撑或导向作用,在工作中承受径向力、轴向力和摩擦力。例如,滑动轴承、导向套和油缸等。

套类零件材料一般为钢、铸铁、青铜和黄铜等。当孔径小于 20 mm 时,毛坯常选用热轧或冷拉棒料,也可采用实心铸件;孔径大于 20 mm 时,采用无缝钢管或带孔的铸件和锻件,大批量生产时,也可采用冷挤压和粉末冶金等方法来制造毛坯。某些套类零件也可采用工程塑料件。

6.2.3 轮盘类零件

轮盘类零件的轴向尺寸一般小于径向尺寸,或两个尺寸相接近。属于这一类的零件有齿轮、带轮、飞轮、法兰盘和联轴节等。由于这类零件在机械中的使用要求和工作条件有很大差异,因此所用材料和毛坯成形方法各不相同。以齿轮为例,齿轮工作时齿面承受很大的接触应力和摩擦力,有时还要承受冲击力,齿根还会产生较大的弯曲应力。因此,中、小规格齿轮一般选用锻造毛坯,如图6-3(a),大量生产时可采用热轧或精密模锻的方法。在单件或小批量生产的条件下,直径100 mm以下的小齿轮可直接用圆钢作为毛坯,如图6-3(b)。直径500 mm以上的大型齿轮,锻造比较困难,可用铸钢或球墨铸铁件为毛坯,铸造齿轮一般以辐条结构代替锻钢齿轮的辐板结构,如图6-3(c)。对于生产批量为单件或数件的大型齿轮,可采用焊接方式制造其毛坯,如图6-3(d)。对于低速运行且受力不大或者在多粉尘的环境下开式运转的齿轮,可用灰铸铁铸造成形或用工程塑料注塑成形。受力较大的仪器仪表齿轮在大批量生产时,可采用板材冲压或非铁合金压力铸造成形,也可用塑料(如尼龙等)注塑成形。

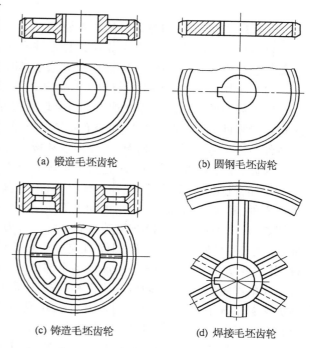

(a) 锻造毛坯齿轮　　　　　(b) 圆钢毛坯齿轮

(c) 铸造毛坯齿轮　　　　　(d) 焊接毛坯齿轮

图6-3　不同毛坯类型的齿轮

带轮、飞轮、手轮等受力不大或以承压为主的零件,一般采用灰铸铁件,单件生产时也可采用低碳钢焊接件。

法兰、套环等零件,根据受力情况及形状、尺寸等,可分别采用铸铁件、锻钢件或圆钢为毛坯。厚度较小者在单件或小批量生产时,也可直接用钢板下料。

6.2.4 箱体类零件

箱体类零件一般结构较为复杂,通常有不规则的外形和内腔,箱壁的厚度不等,箱体类零件包括各种机械的机身、底座、支架、横梁、工作台,以及齿轮箱、轴承座、阀体、泵体等。重量从几千克到数十吨不等,工作条件相差很大。对于一般的基础件如机身、底座等,以承受压力为主,并要求有较好的刚度和抗振性;有些机械的机身、支架往往同时承受压、拉和弯曲应力的联合作用,或者还有冲击载荷;工作台和导轨则要求有较好的耐磨性;有些箱体零件虽然受力不大,但要求有较好的刚性或密封性。

鉴于这类零件上述的结构特点和使用要求,其毛坯一般采用铸件。由于铸铁的铸造性能良好,价格便宜,并有良好的耐磨、耐压和吸振性能而得到广泛使用;受力复杂或受较大冲击载荷的箱体零件,则采用铸钢件;有些箱体零件为减轻重量,在刚度和强度允许的情况下,采用铝铸件。对于单件生产或生产周期要求很短的箱体类零件,可采用型钢焊接结构。焊接式箱体结构相对简单,成形快,但焊接结构中存在较大的内应力,若内应力消除不好易产生变形,其吸振性不如铸件。

6.3　材料成形方法选择的基本原则与依据

6.3.1　材料成形方法选择的基本原则

材料成形方法的种类很多,正确选择零件毛坯的成形方法,在技术和经济上都具有重要意义。总结生产实际经验,在毛坯成形方法选择时必须合理体现以下基本原则:

（1）选择的成形方法必须保证毛坯的使用要求

这里所说的毛坯的使用要求是指将毛坯最终制成机械零件的使用要求,零件的使用要求包括对零件形状、尺寸、精度和表面质量的要求,以及工作条件对零件性能的要求等。工作条件一般指零件的受力情况、工作温度和接触介质等。只有满足使用要求的毛坯才有价值。因此,保证毛坯的使用要求是选择毛坯成形方法的首要原则。

例如,机床的主轴和手柄,同属轴类零件,但其承载及工作情况不同。主轴应是机床的关键零件,其尺寸、形状、位置精度和表面质量要求很高,受力复杂,因此,比照有关成形方法的特点,常采用 45 钢或 40Cr 钢等具有良好综合力学性能的材料,用锻造的方法制造主轴毛坯;而机床手柄则采用低碳钢圆棒料或普通灰铸铁为毛坯即可。再如机床床身,它是基础件,其主要功能是支承和连接机床的各个部件,以承受压应力和弯曲应力为主,同时为了保证工作的稳定性,应具有较好的刚性和减振性,而且一般床身的形状都较复杂,并带有内腔,故大多数情况下,机床床身毛坯采用 HT150 或 HT200 铸造而成。对于少数重型机械,如轧钢机、大型锻压机的床身,因其承载要求特别高,可选用中碳钢或合金钢进行铸造来获得毛坯。对于特别大型的床身件,其铸件有困难,或床身的生产周期要求很短,且抗振性要求又不高时,可采用钢板焊接的方法制造床身毛坯。从上述的例子可知,在选择毛坯成形方法时,必须首先考虑毛坯的使用性能要求。

（2）选择的成形方法必须满足经济性要求

在所选择的成形方法能满足毛坯使用要求的前提下,如果有几个可供选择的成形方案,则应从经济性上进行分析比较,选择成本低廉的方案。

一般来说,生产批量对选定毛坯及其成形方法有很大的决定作用,在单件小批量生产的条件下,应选用常用材料、通用的生产设备和工具、低精度高生产率的毛坯生产方法。这样,毛坯生产周期短,能节省生产准备时间和工艺装备的设计制造费用。虽然单件产品消耗的材料及工时多,但总的成本还是较低的。在大批量生产的条件下,应选用专用材料、专用生产设备和工具,以及高精度高生产率的毛坯生产方法。这样,毛坯的生产率高、精度高。虽然专用材料、专用工艺装置增加了费用,但材料的总消耗量和后续的切削加工工时会大幅降低,总的成本会较低。通常的做法是:单件、小批生产时,铸件选用手工砂型铸造力法,锻件采用自由锻或胎模锻方法,焊接则以手工或半自动焊接为主;在批量生产条件下,则分别采用机器造型、模锻、埋弧自动焊和自动、半自动气体保护焊的方法制造毛坯,这样做经济上也比较合算。

在选择成形方法时,应该把满足零件、毛坯的使用要求与降低成本统一起来。脱离实际使用要求,对成形加工提出过高要求,会造无谓的浪费;反之,不顾使用要求,片面强调降低成形加工成本,则会导致零件达不到工作要求。因此,为能有效降低生产成本,应合理选择零件材料及其成形方法。例如,发动机曲轴,其形状复杂,具有空间多根轴线,工作时,承受交变、弯曲与冲击等载荷,曲轴设计时主要考虑其强度和韧度等要求,加工时精度要求也非常高。对于曲轴毛坯的成形,过去都选用调质钢(如40、45、40Cr、35CrMo 等)模锻成形,现在则普遍改用疲劳强度与耐磨性较高的球墨铸铁(如 QT600-3、QT700-2 等),砂型铸造成形。这不仅满足使用要求,而且成本降低了 50% ~80%,加工工时减少了 30% ~50%,还提高了耐磨性。

在实际生产中,为获得最大的经济效益,不能仅以成形工艺角度考虑经济性,而应该从降低零件的总成本来考虑问题。即应该从所选材料价格、整个制造过程的加工费用、零件的成品率、材料利用率与回收率、零件的寿命成本、再制造费用和报废回收处理费用等多方面进行综合考虑。

（3）选择成形方法应与环境要求相适宜

现在的工业生产,必须高度重视环境保护问题,力求做到与环境相宜,对环境友好。对环境友好就是要使环境负载小,其主要含义是:①能量耗费少,CO_2 产生少(以煤、石油等化工染料为主的能源,会大量排出 CO_2 气体);②贵重资源用量少;③废弃物少,再生处理容易,能够实现再循环;④不使用、不生产对环境有害的物质。

选择的成形方法应该尽量做到是低能耗的。零件毛坯成形过程的能耗由零件材料及其形成的工艺流程所决定。根据有关资料,钢铁由棒材到制品的几种成形加工方法的单位能耗与材料利用率如表6-4。

表6-4　几种成形加工方法的单位能耗、材料利用率比较

成形加工方法	单位能耗/10^6J·kg^{-1}	材料利用率/%
铸　　造	30 ~38	90
冷、温变形	41	85
热 变 形	46 ~49	75 ~80
机械加工	66 ~82	45 ~50

由表6-4可见,铸造与塑性变形等加工方法的单位能耗不算大,其材料的利用率较高。以切削为主的机械加工方法,单位能耗较大,其材料利用率也较低。由于成形加工方法与材料密切相关,因此,在满足使用功能的前提下,应尽量选择能采用低单位能耗成形加工的材料和单位能耗小的成形加工方法。

选择的成形方法还应该考虑到环境的负载性。要考虑从原料到材料,从材料经成形加工成零件,从零件经使用至损坏而废弃,或回收、再生(再制造)、再使用的整个过程中所消耗的全部能量,以及在各阶段产生的废弃物、有害气体、废水等情况。也就是说,要评价环境的负载性,谋求对环境友好,不能只考虑制品的生产工程,而应全面考虑生产、

还原两个工程。所谓还原工程就是指制品制造过程的废弃物及其使用后的废弃物的再循环、再资源化工程。从这一角度出发,将会对材料与成形方法的选择产生根本性的影响。例如汽车在使用过程中需要燃料并排出废气,人们就希望出现更节能的汽车,这就要求汽车的轻量化和发动机的高效率等等。这必然要通过更新汽车用材与成形方法才能实现。

上述三项基本原则相互联系,考虑时应在保证使用要求的前提下,力求做到质量好、成本低、制造周期短和符合环保要求。常用毛坯的成形方法及其有关内容比较,见表6-5。这些内容比较是选择和确定毛坯成形方法的重要参考依据。

表6-5　常用毛坯的成形方法及其有关内容比较

比较内容	铸造	锻造	冲压	焊接	型材
成形特点	液态成形	固态下塑性变形		借助金属原子间的扩散和结合	固态下切割
对原材料工艺性能要求	流动性好,收缩率小	塑性好,变形抗力小	塑性好	强度好,塑性好,液态下化学稳定性好	
适用材料	铸铁,铸钢,有色金属	中碳钢,合金结构钢	低碳钢和有色金属薄板	低碳钢和低合金结构钢,有色金属	碳钢、合金钢,有色金属
适宜的形状	形状不受限制,可相当复杂,尤其是内腔形状	自由锻件简单,模锻件可较复杂	可较复杂	形状不受限	简单,一般为圆形或平面
适宜的尺寸与重量	砂型铸造不受限制	自由锻不受限制,模锻件<150 kg	不受限	不受限	中、小型
毛坯的组织和性能	砂型铸造件晶粒粗大、疏松、缺陷多、杂质排列无方向性。铸铁件力学性能差,耐磨性和减振性好;铸钢件力学性能较好	晶粒细小、较均匀、致密,可利用流线改善性能,力学性能好	组织细密,可生产纤维组织。利用冷变形强化,可提高强度和硬度,结构刚性好	焊缝区为铸态组织,熔合区及过热区有粗大晶粒,内应力大,接头力学性能达到或接近母材	取决于型材的原始组织和性能
毛坯精度和表面质量	砂型铸造件精度低,表面粗糙(特种铸造较好)	自由锻件精度较低,表面粗糙;模锻件精度中等,表面质量较好	精度高,表面质量好	精度较低,接头处表面粗糙	取决于切削方法
材料利用率	高	自由锻件较低,模锻件中等	较高	较高	较高

续表 6-5

比较内容	铸造	锻造	冲压	焊接	型材
生产成本	低	自由锻件较高,模锻件较低	低	中	较低
生产周期	砂型铸造较短	自由锻短,模锻长	长	短	短
生产率	砂型铸造低	自由锻低,模锻较高	高	中、低	中、低
适宜的生产批量	单件和成批(砂型铸造)	自由锻单件小批,模锻成批大量	大批量	单件、成批	单件、成批
适用范围	铸铁件用于受力不大,或承压为主的零件,或要求减振、耐磨的零件;铸钢件用于承受重载而形状复杂的零件,如床身、立柱、箱体、支架和阀体	用于承受重载、动载或复杂载荷的重要零件,如主轴、传动轴、杠杆和曲轴等	用于板料成形的零件	用于制造金属结构件或组合件,以及零件的修补	一般中、小型简单件

6.3.2 材料成形方法选择的依据

选择材料成形方法的主要依据有:

(1) 零件类别、用途、功能、使用要求及其结构、形状、尺寸、技术要求等

根据零件类别、用途、功能、使用性能要求、结构形状与复杂程度、尺寸大小、技术要求等,可基本确定零件应选用的材料与成形方法。而且,通常是根据材料来选择成形方法。例如,前面提及的机床床身,根据其功能是支撑和连接机床的各个部件,以承受压力和弯曲应力为主,且应具有较好的刚度和减振性。同时,机床床身一般形状复杂、并带有内腔,故在大多数情况下,机床床身选用灰铸铁件为毛坯,其成形工艺一般采用砂型铸造。

(2) 零件的生产批量

选择成形方法应考虑零件的生产批量,通常是:单件小批量生产时,选用通用设备和工具、低精度低生产率的成形方法;大批量生产时,采用专用设备和高精度、高效率的成形方法。近年来,近净成形新工艺也得到了越来越多的应用。例如,某厂采用轧制成形方法生产高速钢直柄麻花钻,年产量两百万件,原轧制毛坯的磨削余量为 0.4 mm。后采用高精度的轧制成形工艺,轧制毛坯的磨削余量减少为 0.2 mm,由于材料成本约占制造成本的 78%,故仅仅磨削余量的减少,每年就可节约高速钢约 48 t,约 40 万元左右,另外还可节约磨削工时和砂轮损耗,经济效益非常明显。

在一定条件下,生产批量还会影响毛坯材料和成形工艺的选择,如机床床身,大多数情况下采用灰铸铁件为毛坯,但在单件生产条件下,由于其形状复杂,制造模样、造型、造芯等工序耗费材料和工时较多,经济上往往不合算,若采用焊接件,则可以大大缩短生产周期,降低生产成本(但焊接结构床身的减振、减摩性能不如灰铸铁件)。又如齿轮,在生产批量较小时,可直接用圆钢棒料切割获得齿轮毛坯,但当生产批量较大时,则用锻造方法制造齿坯,一方面可以改善高齿轮的机械性能,另一方面可以获得较好的经济效益。

（3）现有生产条件

在选择成形方法时，必须考虑企业的实际生产条件，如设备条件、技术水平、管理水平等。一般情况下，应在满足零件使用要求的前提下，充分利用现有生产条件。当采用现有条件不能满足产品生产要求时，也可考虑调整毛坯种类、成形方法，对设备进行适当的技术改造；或扩建厂房，更新设备，提高技术水平；或通过企业间协作解决。如单件生产大、重型零件时，一般工厂往往不具备重型与专用设备，此时可采用板、型材焊接，或将大件分成几小块进行铸造、锻造或冲压，再采用铸-焊、锻-焊、冲-焊联合成形工艺拼成大件，这样不仅成本较低，而且一般工厂也可以生产。又如，有一个规模不大的机械工厂，承接了每年生产 2 000台机车附件的生产任务，该产品由一些小型锻件、铸件和标准件组成。这些锻件若能采用锤上模锻成形的方法生产最为理想，但该厂无模锻锤，经过技术、经济分析，认为采用胎膜锻成形比较切实可行和经济合理，然后把有限的资金用于对铸造生产进行技术改造，增置了造型机使铸件生产全部采用机器造型，并实现铸造生产过程的半机械化，不仅提高了铸件质量，也提高了该厂的铸造生产能力。

6.4 材料成形方法选择举例

例1：承压油缸

承压油缸的形状及尺寸如图 6-4 所示，材料为 45 钢，年产量 200 件。技术要求：工作压力 15 MPa，进行水压试验的压力 3 MPa。图纸规定内孔及两端法兰接合面要加工，不允许有任何缺陷，其余外圆部分不加工。现提出如表 6-6 所示的六类成形方案进行分析比较。

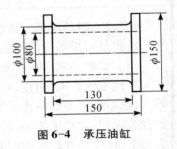

图 6-4　承压油缸

表 6-6　承压油缸成形方案分析比较

方案	成形方案		优点	缺点
1	用 φ150 mm 圆钢直接加工		全部通过水压试验	切削加工费高，材料利用率低
2	砂型铸造	平浇：两法兰顶部安置冒口	工艺简单，内孔铸出，加工量小	法兰与缸壁交接处补缩不好，水压试验合格率低，内孔质量不好，冒口费钢水
		立浇：上法兰用冒口，下法兰用冷铁	缩松问题有改善，内孔质量较好	仍不能全部通过水压试验
3	平锻机模锻		全部通过水压试验，锻件精度高，加工余量小	设备、模具昂贵，工艺准备时间长
4	锤上模锻	工件立放	能通过水压试验，内孔锻出	设备昂贵、模具费用高，不能锻出法兰，外圆加工量大
		工件卧放	能通过水压试验，法兰锻出	设备昂贵、模具费用高，锻不出内孔，内孔加工量大

续表6-6

方案	成形方案	优点	缺点
5	自由锻镦粗、冲孔、带心轴拔长，再在胎模内锻出法兰	全部通过水压试验，加工余量小，设备与模具成本不高	生产率不够高
6	用无缝钢管，两端焊上法兰	通过水压试验，材料最省，工艺准备时间短，无需特殊设备	无缝钢管不易获得
结论		考虑批量与现实条件，第5方案不需特殊设备，胎模成本低，产品质量好，且原材料供应有保证，最为合理	

例2：开关阀

图6-5所示的开关阀安装在管路系统中，用以控制管路的"通"或"不通"。当推杆1受外力作用向左移动时，钢珠4压缩弹簧5，阀门被打开。卸除外力，钢珠在弹簧作用下，将阀门关闭。开关阀外形尺寸为116 mm×58 mm×84 mm，其零件的毛坯成形方法分析如下：

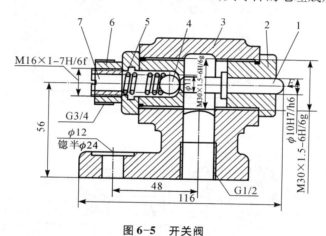

图6-5 开关阀

1—推杆 2—塞子 3—阀体 4—钢珠 5—压簧 6—管接头 7—旋塞

推杆（零件1） 承受轴向压应力、摩擦力，要求耐磨性好，其形状简单，属于杆类零件，采用中碳钢（45钢）圆钢棒直接截取即可。

塞子（零件2） 起顶杆的定位和导向作用，受力小，内孔要求具有一定的耐磨性，属于套类件，采用中碳钢（35钢）圆钢棒直接截取。

阀体（零件3） 是开关阀的重要基础零件，起支承、定位作用，承受压应力，要求具有良好的刚度、减振性和密封性，其结构复杂，形状不规则，属于箱体类零件，宜采用灰铸铁（HT250）铸造成形。

钢珠（零件4） 承受压应力和冲击力，要求较高的强度、耐磨性和一定的韧性，采用轴承钢（GCr15钢）螺旋斜轧成形，可采用标准件。

压簧（零件5） 起缓冲、吸振、储存能量的作用，承受循环载荷，要求具有较高疲劳强度，不能产生塑性变形，根据其尺寸（1 mm×12 mm×26 mm），采用碳素弹簧钢（65 Mn钢）冷拉钢丝制造。

管接头(零件6)起定位作用,旋塞(零件7)起调整弹簧压力作用,均属于套类件,受力小,采用中碳钢(35 钢)圆钢棒直接截取。

例 3：单级齿轮减速器

图 6-6 所示单级齿轮减速器,外形尺寸为 430 mm×410 mm×320 mm,传递功率5 kW,传动比为 3.95,对这台齿轮减速器主要零件的毛坯成形方法分析如下：

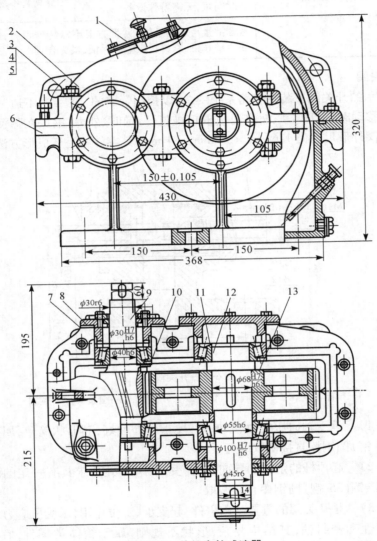

图 6-6 单级齿轮减速器

1—窥视孔盖 2—箱盖 3—螺栓 4—螺母 5—弹簧垫圈 6—箱体 7—端盖
8—调整环 9—齿轮轴 10—挡油盘 11—滚动轴承 12—轴 13—齿轮

窥视孔盖(零件1)用于观察箱内情况及加油,力学性能要求不高。单件小批量生产时,采用碳素结构钢(Q235A)钢板下料,或手工造型铸铁(HT150)件毛坯。大批量生产时,采用优质碳素结构钢(08 钢)冲压而成,或采用机器造型铸铁件毛坯。

箱盖(零件2)、箱体(零件6)是传动零件的支承件和包容件,结构复杂,其中的箱体承受压力,要求有良好的刚度、减振性和密封性。箱盖、箱体单件小批量生产时,采用手工造型的铸铁(HT150或HT200)件毛坯,或采用碳素结构钢(Q235A)手工电弧焊焊接而成。大批量生产时,采用机器造型铸铁件毛坯。

螺栓(零件3)、螺母(零件4)起固定箱盖和箱体的作用,受纵向(轴向)拉应力和横向切应力。采用碳素结构钢(Q235A)镦、挤而成,为标准件。

弹簧垫圈(零件5)其作用是防止螺栓松动,要求良好的弹性和较高的屈服强度。由碳素弹簧钢(65Mn)冲压而成,为标准件。

调整环(零件8)其作用是调整轴和齿轮轴的轴向位置。单件小批量生产采用碳素结构钢(Q235)圆钢下料车削而成。大批量生产采用优质碳素结构钢(08钢)冲压件。

端盖(零件7)用于防止轴承窜动,单件、小批生产时,采用手工造型铸铁(HT150)件或采用碳素结构钢(Q235)圆钢下料车削而成。大批量生产时,采用机器造型铸铁件。

齿轮轴(零件9)、轴(零件12)和齿轮(零件13)均为重要的传动零件,轴和齿轮轴的轴杆部分受弯矩和扭矩的联合作用,要求具有较好的综合力学性能;齿轮轴与齿轮的轮齿部分受较大的接触应力和弯曲应力,应具有良好的耐磨性和较高的强度。单件生产时,采用中碳优质碳素结构钢(45钢)自由锻件或胎模锻件毛坯,也可采用相应钢的圆钢棒车削而成。大批量生产时,采用相应钢的模锻件毛坯。

挡油盘(零件10)其用途是防止箱内机油进入轴承。单件生产时,采用碳素结构钢(Q235)圆钢棒下料切削而成。大批量生产时,采用优质碳素结构钢(08钢)冲压件。

滚动轴承(零件11)受径向和轴向压应力,要求较高的强度和耐磨性。内外环采用滚动轴承钢(GCr15钢)扩孔锻造,滚珠采用滚动轴承钢(GCr15钢)螺旋斜轧,保持架采用优质碳素结构钢(08钢)冲压件。滚动轴承为标准件。

例4: 台式钻床

图6-7是台式钻床。该钻床由底座、立柱、主轴支承座、主轴、传动带及带轮、操纵手柄和电机等组成。这里以批量生产为条件,其部分零件毛坯成形方法如下:

底座 底座是台式钻床的基础零件,主要承受静载荷压应力。它具有较为复杂的结构形状,下底部有空腔,属于箱体类零件。宜选用灰铸铁(如HT200),采用铸造毛坯。

主轴 主轴是钻床的重要零件,工作时主要承受轴向压应力弯曲应力,受力情况较复杂。但毛坯结构形状较简单,属于轴类零件。宜选用中碳钢(如45钢),采用锻造毛坯。

带轮 带轮形状结构简单,属轮盘类零件。由于带轮的工作载荷较小,为减轻重量,通常采用铝合金制造。宜选用铸铝(如ZL102),采用

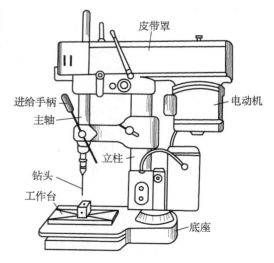

图6-7 台式钻床

铸造毛坯。

皮带罩壳　皮带罩壳在钻床上主要起防护和防尘作用,不承受载荷,因此,宜选用薄钢板(如 Q235),采用焊接方法制造毛坯。

操纵手柄　手柄工作时,承受弯曲应力。受力不大,且结构形状较简单,属于轴类零件。可直接选用碳素结构钢(如 Q235A 钢),采用型材毛坯,在圆钢棒料上截下即可。

立柱　立柱是台式钻床的支承零件,工作时主要承受压应力、弯曲应力等,结构简单且体积较大,一般选用灰铸铁,采用铸造毛坯。

例 5:汽车发动机曲柄连杆机构

曲柄连杆机构是汽车发动机实现工作循环,完成能量转换的主要运动部件。它由活塞承受燃气压力在汽缸内作直线运动,通过连杆转换成曲轴的旋转运动,实现向外输出动力的功能。曲柄连杆机构由机体组、活塞连杆组和曲轴飞轮组等组成。机体组包括如图 6-8 所示的汽缸体与汽缸套、如图 6-9 所示的汽缸盖、如图 6-10 所示的油底壳等主要零件;活塞连杆组包括活塞、连杆、活塞环、活塞销等主要零件,如图 6-11 所示;曲轴飞轮组包括曲轴、轴瓦、飞轮等主要零件,如图 6-12 所示。表 6-7 列出了曲柄连杆机构部分主要零件的毛坯成形方法。

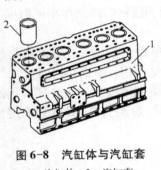

图 6-8　汽缸体与汽缸套

1—汽缸体　2—汽缸套

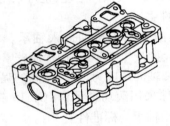

图 6-9　汽缸盖

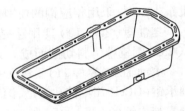

图 6-10　油底壳

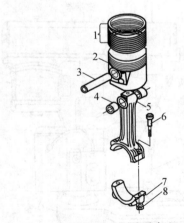

图 6-11　活塞连杆组

1—活塞环　2—活塞　3—活塞销　4—衬套
5—连杆　6—连杆螺栓　7—连杆轴瓦　8—连杆螺母

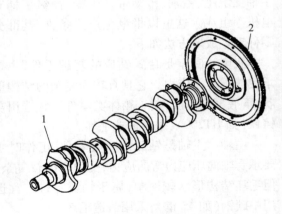

图 6-12　曲轴飞轮组

1—曲轴　2—飞轮

表6-7 汽车发动机曲柄连杆机构主要零件的毛坯成形方法

组别	零件名称	受力状况和使用要求	材料及成形方法
机体组	汽缸体	其形状复杂,特别是内腔,并铸有冷却水套。发动机的所有部件都装于其上,应具有足够的刚度与抗压强度,有吸振性要求	HT250灰铸铁铸造成形(砂型、机器造型)
	气缸套	镶入汽缸体内,是汽缸的工作表面,与高温、高压的燃气接触,要求耐高温、耐腐蚀	合金铸铁铸造成形
	气缸盖	主要功用是封闭汽缸上部,并与活塞顶部和缸套内壁一起形成燃烧室。盖上铸有冷却水套、进出水孔、火花塞孔、进排气通道、进排气门座、气门导管孔、摇臂轴支架等,形状复杂	合金铸铁铸造成形
	油底壳	主要功用是贮存机油并封闭曲轴箱,成为曲轴箱的组成部分,故也称下曲轴箱,其受力很小	薄钢板冲压成形
活塞连杆组	活塞	活塞形状较复杂,主要作用是承受汽缸中的燃气压力,在汽缸内作高速往复运动,并将力通过活塞销传给连杆以推动曲轴旋转。活塞顶部与汽缸盖、汽缸壁共同组成燃烧室。活塞顶部直接与高温燃气接触,并承受燃气带来的冲击性高压力。活塞在汽缸内作高速运动,惯性力大,导致活塞受力复杂。故要求活塞质量小,导热性好,热膨胀系数小,尺寸稳定性好,并有较高强度等	铝硅合金,金属型铸造成形(也有用液态模锻成形)
	活塞环	包括气环和油环,按在活塞的活塞环槽内,与汽缸壁直接接触。气环的主要作用是保证活塞与汽缸壁间的密封;油环的主要作用是刮除汽缸壁上多余的润滑机油。活塞环受燃气高温、高压作用,随活塞在气缸中作高速往复运动,磨损严重,要求减摩与自润滑性	合金铸铁铸造成形
	活塞销	功用是连接活塞和连杆小头,将活塞承受的气体作用力传给连杆。活塞销在高温下承受很大的周期性冲击载荷,润滑条件较差,要求足够的刚度和强度,表面耐磨,重量尽可能小,通常为空心圆柱体。	低碳合金钢棒或管直接车削、外表面渗碳处理
	连杆(包括连杆盖)	连杆小头与活塞销相连,连杆大头与曲轴的曲柄销相连,功用是将活塞承受的力传给曲轴,使活塞的往复运动转变为曲轴的旋转运动。受到压缩、拉伸和弯曲等交变载荷。要求连杆在尽可能小的条件下有足够的刚度和强度	调质钢模锻或辊锻成形(也有用球墨铸铁铸造成型)
	衬套	装在连杆小头孔内,与活塞销配合,有相对转动,要求减摩性好	青铜铸造成形
	连杆螺栓、螺母	连接紧固连杆大头与连杆瓦盖,承受拉压交变载荷及很大冲击力,要求高屈服强度与韧度	合金调质钢锻造成形
曲轴飞轮组	曲轴	曲轴轴线弯曲,主要传动轴,承担功率输入与输出的传递任务,承受弯曲、扭转、一定冲击等复杂载荷,要求足够刚度、弯扭强度、疲劳强度和韧度,良好耐磨性(轴颈部)	球墨铸铁砂型铸造成形(也有用调质钢模锻成形)
	飞轮	装在曲轴上,其主要功能是将输入曲轴的一部分能量贮存起来,用于克服其他阻力,保证曲轴均匀旋转。要求足够大的转动惯量,故尺寸大	用灰铸铁(也有用球墨铸铁或铸钢)铸造成形

毛坯成形技术的发展非常迅速,目前少、无切削加工的新技术和新工艺,如精铸、精锻、粉末冶金、冷挤压、特种轧制等,越来越多地得到了推广和应用。这些新技术和新工艺具有效率高、质量好、用料省、成本低等优点,必将大大促进毛坯生产不断向前发展。

思考题

1. 举例说明生产批量不同与毛坯成形方法选择之间的关系。
2. 为什么说毛坯材料确定之后,毛坯的成形方法也就基本确定了?
3. 为什么齿轮多用锻件,而带轮和飞轮多用铸件?
4. 选择毛坯成形方法的三个基本原则是什么?它们之间的相互关系如何?
5. 试确定普通车床床头箱的材料及其毛坯成形方法,并说明基本理由。

参考文献

1 林江主编. 机械制造基础[M]. 北京:机械工业出版社,2007

2 罗继相,王志海主编. 金属工艺学[M]. 武汉:武汉理工大学出版社,2009

3 董选普,李继强主编. 铸造工艺学[M]. 北京:化学工业出版社,2009

4 柳百成,黄天佑主编. 铸造成型手册:上册[M]. 北京:化学工业出版社,2009

5 范金辉,华勤旺主编. 铸造工程基础[M]. 北京:北京大学出版社,2009

6 夏巨谌,张启勋主编. 材料成形工艺[M]. 北京:机械工业出版社,2010

7 童幸生主编. 材料成形工艺基础[M]. 武汉:华中科技大学出版社,2010

8 吕振林主编. 铸造工艺及应用[M]. 北京:国防工业出版社,2011

9 骆莉,陈仪先,王晓琴主编. 工程材料及机械制造基础[M]. 武汉:华中科技大学出版社,2012

10 陈宗民,于文强主编. 铸造金属凝固原理[M]. 北京:北京大学出版社,2014

11 李集仁,翟建军编著. 模具设计与制造(第二版)[M]. 西安:西安电子科技大学出版社,2010

12 戴枝荣,张远明主编. 工程材料及机械制造基础(Ⅰ)——工程材料[M]. 北京:高等教育出版社,2006

13 吕广庶,张远明主编. 工程材料及成形技术基础[M]. 北京:高等教育出版社,2011

14 沈其文主编. 材料成形工艺基础(第三版)[M] 武汉:华中科技大学出版社,2003.

15 严绍华主编. 材料成形工艺基础(第二版)[M]. 北京:清华大学出版社,2008

16 李爱菊,孙康宁主编. 工程材料成形与机械制造基础[M]. 北京:机械工业出版社,2012

17 张万昌主编. 热加工工艺基础[M]. 北京:高等教育出版社,1991

18 李庆春主编. 铸件形成理论基础[M]. 北京:机械工业出版社,1982

19 何少平,许晓嫦主编. 热加工工艺基础[M]. 北京:中国铁道出版社,1998

20 俞汉清,陈金德主编. 金属塑性成形原理[M]. 北京:机械工业出版社,2011

21 徐春,张弛,阳辉编. 金属塑性成形理论[M]. 北京:冶金工业出版社,2009

22 吕炎主编. 锻造工艺学[M]. 北京:机械工业出版社,1995

23 王孝培. 冲压手册(第2版)[M]. 北京:机械工业出版社,2005

24 王仲仁主编,中国机械工程学会锻压学会编. 锻压手册(1 锻造)[M]. 北京:机械工业出版社,2002

25 林法禹主编. 特种锻压工艺[M]. 北京:机械工业出版社,1991

26 周作平,申小平编著. 粉末冶金机械零件实用技术[M]. 北京:化学工业出版社,2006

27 印红羽编. 粉末冶金模具设计手册(第3版)[M]. 北京:机械工业出版社,2012

28 何红媛主编. 材料成形技术基础[M]. 南京:东南大学出版社,2004

29 张启芳主编. 热加工工艺基础[M]. 南京:东南大学出版社,1996

30　林江主编.机械制造基础[M].北京:机械工业出版社,2008

31　中国机械工程学会焊接学会编.焊接手册[M].北京:机械工业出版社,2008

32　娄春华.高分子科学导论[M].哈尔滨:哈尔滨工业大学出版社,2013

33　张京珍.塑料成型工艺[M].北京:中国轻工业出版社,2010

34　夏文干,蔡武峰,林德宽编著.胶接手册[M].北京:国防工业出版社,1989

35　虞福荣编著.橡胶模具设计制造与使用(修订版)[M].北京:机械工业出版社,2004

36　田锡唐主编.焊接结构[M].南京:东南大学出版社,1982

37　王文翰主编.焊接技术手册[M].郑州:河南科学技术出版社,1999

38　刘康时主编.陶瓷工艺原理[M].广州:华南理工大学出版社,1991

39　倪礼忠,陈麒编著.聚合物基复合材料[M].上海:华东理工大学出版社,2007

40　赵玉庭,姚希鲁编.复合材料聚合物基体[M].武汉:武汉理工大学出版社,1992